现代数学基础丛书·典藏版 13

傅里叶积分算子理论及其应用

仇庆久 陈恕行
是嘉鸿 刘景麟 蒋鲁敏 编

科学出版社
北京

内 容 简 介

本书介绍了近代线性偏微分方程理论中的一个重要内容——傅里叶积分算子的局部理论及其在偏微分方程中的应用。全书共分四章。前三章叙述基本概念、分布奇性的微局部分析以及傅里叶积分算子的运算。最后一章介绍它们在微局部化简、拟基本解的构造及解的奇性分析等方面的应用。

读者对象为大学数学系高年级学生、研究生、教师及有关的科学工作者。

图书在版编目(CIP)数据

傅里叶积分算子理论及其应用/仇庆久，陈恕行等著. —北京：科学出版社，1985.9（2016.6 重印）

（现代数学基础丛书・典藏版；13）

ISBN 978-7-03-005992-5

I. ①傅… II. ①仇… ②陈… III. ①傅里叶积分算子 IV. ①O177.6

中国版本图书馆 CIP 数据核字(2016) 第 113035 号

责任编辑：张 扬／责任校对：林青梅
责任印制：徐晓晨／封面设计：王 浩

科学出版社 出版
北京东黄城根北街 16 号
邮政编码：100717
http://www.sciencep.com

北京厚诚则铭印刷科技有限公司印刷
科学出版社发行 各地新华书店经销
*
1985 年 9 月第 一 版 开本：B5(720×1000)
2016 年 6 月印 刷 印张：16
字数：202 000

定价：118.00 元

（如有印装质量问题，我社负责调换）

序 言

本书简要地介绍傅里叶积分算子局部理论的基本概念及其在偏微分方程中的某些应用．我们希望本书能够作为一个导引，帮助读者了解这一理论的基本内容，从而为接触近代文献以及从事有关的研究工作做好必要的准备．

全书共分四章．第一章叙述有关的基本概念．第二章给出分布的奇性的微局部分析法，主要是波前集概念及其计算，并讨论了傅里叶分布的波前集．第三章讨论傅里叶积分算子的运算，并研究了傅里叶分布的表示和傅里叶积分算子在索伯列夫空间 H^s 中的有界性．第四章介绍傅里叶积分算子在偏微分方程中的应用，主要是拟微分算子的微局部化简、双曲算子的拟基本解的构造以及偏微分方程的解的奇性分析等．

阅读本书仅需具备大学数学专业课程中有关微分方程及泛函分析等方面的知识．书末的三个附录概要地介绍了分布理论、微分流形和渐近展开等内容，作为本书的预备知识．另外，本书力求叙述清楚易懂，论证严谨详尽．

在本书的编写过程中，我们得到了谷超豪教授、王柔怀教授和齐民友教授的热情鼓励和指导．他们仔细审阅了本书的手稿并提出了许多宝贵的意见．在此书得以出版之际，我们谨向三位老师表示衷心的感谢．此外，还必须提及的是，郑绍远教授于1979年夏在成都所作的关于傅里叶积分算子的系统讲演使我们获益甚多，并且也是促使我们编写本书的一个重要因素，在此向他致谢．

由于编者水平所限，书中错误或不妥之处在所难免，殷切希望读者给予指正，提出宝贵意见．

目　　录

第一章　Fourier 积分算子的定义和某些基本概念

§1. 引　　言

自六十年代中期以来，随着偏微分方程理论的发展，出现了拟微分算子和 Fourier 积分算子的理论. 它们为研究线性偏微分方程中许多经典问题，以及进而研究一般线性微分算子理论提供了强有力的工具. 并且，这一理论经进一步发展，逐渐地被应用到非线性偏微分方程以及其他学科. 本书的目的仅是作为一个导引. 我们将在本书中简要地介绍 Fourier 积分算子的局部理论，其中包括：Euclid 空间内的 Fourier 积分算子的概念、主要性质、运算以及在线性偏微分方程微局部理论中的某些应用. 另外，本书将把拟微分算子作为 Fourier 积分算子的特例，在多处进行介绍.

大家知道，Fourier 变换在常系数线性偏微分方程理论中起着重要的作用. 通过这种变换，原来自变量空间中的微分运算转化为对偶变量空间中的代数运算，从而可把原自变量空间中的许多问题转化到对偶变量空间中进行讨论，所以它能成功地处理常系数方程中许多困难的问题(例如基本解存在定理等). 但是这种方法对变系数方程却是不适用的. 处理变系数方程的古典方法之一是(收敛的或渐近的)级数解法. 如所周知，级数解法的局限性很大，应用的范围不广. 在一定意义上说，Fourier 积分算子以及拟微分算子理论就是为处理变系数方程问题而产生的现代工具. 它在变系数方程中所起的作用与 Fourier 变换在常系数方程中所起的作用有些相近；同时，它又采纳了幂级数解法的某些思想，并加以改造，使之成为一种博采众长的新理论.

本章介绍 Fourier 积分算子的基本概念，即要给出 Fourier 积分算子的定义以及若干基本性质. 在此之前，先在这一节讨论两个例子，以使读者对 Fourier 积分算子有某些感性认识. 为此，我们把这两个例子限制于常系数的特殊情形.

[例 1] 考察波动方程的 Cauchy 问题

$$\begin{cases} \dfrac{\partial^2 u}{\partial t^2} - c^2(\Delta u) = 0 & (x,t)\in \mathbf{R}^n \times (0,+\infty) \\ u(x,0) = 0 & \\ \dfrac{\partial u}{\partial t}(x,0) = f(x) & x\in \mathbf{R}^n \end{cases} \tag{1.1}$$

将 (1.1) 关于 x 形式地作 Fourier 变换，得

$$\begin{cases} \dfrac{d^2\hat{u}}{dt^2} + c^2|\xi|^2\hat{u} = 0 \\ \hat{u}(\xi,0) = 0 \\ \dfrac{d\hat{u}}{dt}(\xi,0) = \hat{f}(\xi) \end{cases} \tag{1.2}$$

其中 $\hat{u}$ 和 $\hat{f}$ 分别表示 u 和 f 关于 x 的 Fourier 变换，即

$$\hat{u}(\xi,t) = \int e^{-i\langle x,\xi\rangle}u(x,t)dx \tag{1.3}$$

$$\hat{f}(\xi) = \int e^{-i\langle x,\xi\rangle}f(x)\,dx$$

于是，它们的逆变换分别是

$$u(x,t) = (2\pi)^{-n}\int e^{i\langle x,\xi\rangle}\hat{u}(\xi,t)d\xi \tag{1.4}$$

和

$$f(x) = (2\pi)^{-n}\int e^{i\langle x,\xi\rangle}\hat{f}(\xi)d\xi$$

(1.2) 的解是

$$\hat{u}(\xi,t) = (2i)^{-1}\frac{\hat{f}(\xi)}{c|\xi|}(e^{ic|\xi|t} - e^{-ic|\xi|t}) \tag{1.5}$$

这样，(1.1) 的解可以形式地表示为

$$u(x,t) = (2\pi)^{-n}\iint e^{i(\langle x-y,\xi\rangle+c|\xi|t)}(2ic|\xi|)^{-1}f(y)dyd\xi$$
$$-(2\pi)^{-n}\iint e^{i(\langle x-y,\xi\rangle-c|\xi|t)}(2ic|\xi|)^{-1}f(y)dyd\xi \tag{1.6}$$

［例 2］ 考察一般的高阶常系数双曲型方程的 Cauchy 问题

$$p(D_x, \partial_t)u = f(x,t) \quad (x,t) \in \mathbf{R}^n \times (0, +\infty)$$
$$\frac{\partial^j u}{\partial t^j}(x,0) = \varphi_j(x) \quad x \in \mathbf{R}^n, j = 0,1,\cdots,m-1 \tag{1.7}$$

其中

$$\partial_t = \frac{\partial}{\partial t}, \quad D_{x_k} = i^{-1}\frac{\partial}{\partial x_k}, \quad D_x^\alpha = D_{x_1}^{\alpha_1}\cdots D_{x_n}^{\alpha_n}$$

$\alpha = (\alpha_1, \cdots, \alpha_n)$是多重指标,

$$|\alpha| = \sum_{k=1}^{n} \alpha_k, \quad \alpha! = \alpha_1!\cdots\alpha_n!$$

$p(D_x, \partial_t)$ 是 D_x 及 ∂_t 的 m 次多项式. 用 $p_m(D_x, \partial_t)$ 表示算子 $P = p(D_k, \partial_t)$的 m 次齐次部分,并称为 P 的主部，在 (1.7) 中，我们假设 $p(D_x, \partial_t)$关于初始曲面 $t = 0$ 是 m 阶严格双曲型的,即对任意固定的非零 $\xi \in \mathbf{R}_n$, $p_m(\xi, i\tau) = 0$ 关于 τ 有 m 个相异的实根 $\lambda_j(\xi)(j=1,2,\cdots, m)$.

对 (1.7) 关于 x 作 Fourier 变换,得

$$\begin{cases} p(\xi, \partial_t)\hat{u} = \hat{f}(\xi, t) \\ \dfrac{\partial^j \hat{u}}{\partial t^j}(\xi, 0) = \hat{\varphi}_j(\xi) \quad j = 0,1,\cdots,m-1 \end{cases} \tag{1.8}$$

它的解是

$$\hat{u}(\xi, t) = \sum_{j=0}^{m-1} E_j(\xi, t)\hat{\varphi}_j(\xi) + \int_0^t E_{m-1}(\xi, t - t_1)\hat{f}(\xi, t_1)dt_1 \tag{1.9}$$

其中 $E_j(\xi,t)(j = 0,1,\cdots,m-1)$ 是下述问题的唯一解

$$p(\xi, \partial_t)E_j = 0$$
$$\frac{\partial^l E_j}{\partial t^l}(\xi, 0) = \delta_{j,l} \quad l = 0, 1,\cdots, m-1 \tag{1.10}$$

为对 (1.9) 进行 Fourier 逆变换,先讨论 (1.10) 的解 $E_j(\xi,t)$ 所具有的形式.

首先注意，由严格双曲的假设可以推知：若将 $p(\xi, i\tau) = 0$ 关于 τ 的根记为 $\tau_1(\xi), \cdots, \tau_m(\xi)$，则当 $|\xi|$ 充分大时，这 m 个根也互不相同.

事实上，记 $\eta = \frac{\xi}{|\xi|}$，$\mu = \frac{\tau}{|\xi|}$，$a = \frac{1}{|\xi|}$，则方程

$$p(\xi, i\tau) = |\xi|^m\{p_m(\eta, i\mu) + ap_{m-1}(\eta, i\mu) + \cdots + a^m p_0(\eta, i\mu)\} = 0$$

可化为

$$F(\eta, a, \mu) \equiv p_m(\eta, i\mu) + ap_{m-1}(\eta, i\mu) + \cdots + a^m p_0(\eta, i\mu) = 0$$

根据严格双曲性的假设，对任一 η_0，方程 $F(\eta_0, 0, \mu) = 0$ 关于 μ 有互不相同的 m 个根 $\mu_k(k = 1, \cdots, m)$，从而

$$\frac{\partial F}{\partial \mu}(\eta_0, 0, \mu_k) \neq 0$$

由隐函数定理知，在 $(\eta_0, 0)$ 的邻域，相应于每个 k 有函数 $\mu_k(\eta, a)$ 满足方程 $F(\eta, a, \mu) = 0$，这表示当 a 充分小且 η 于 η_0 的邻近时，$F(\eta, a, \mu)$ 关于 μ 有 m 个相异实根. 于是，利用单位球 $|\eta| = 1$ 的有限覆盖可知，存在 $M > 0$，使当 $|\xi| \geqslant M$ 时，$p(\xi, i\tau)$ 关于 τ 有 m 个互异的根 $\tau_k(\xi)$ $(k = 1, \cdots, m)$.

这样，(1.10) 中方程在 $|\xi| \geqslant M$ 时有如下形式的通解

$$E_j(\xi, t) = \sum_{k=1}^{m} C_{j,k}(\xi) e^{i\tau_k(\xi)t} \tag{1.11}$$

将 (1.11) 代入 (1.10) 的初始条件之中以定诸 $c_{j,k}(\xi)$，得

$$\sum_{k=1}^{m} c_{j,k}(\xi)(i\tau_k(\xi))^l = \delta_{j,l}$$

$$l = 0, 1, \cdots, m-1 \tag{1.12}$$

上述关于 $c_{j,k}(\xi)$ 的方程组的系数行列式是 Vandermonde 行列式，由于 $|\xi| \geqslant M$ 时 $\tau_k(\xi)$ 互不相同，所以 (1.12) 关于 $c_{j,k}(\xi)$ 是可解的. 这就表明，当 $|\xi| \geqslant M$ 时，由 (1.11) 及 (1.12) 可得 (1.10) 的解 $E_j(\xi, t)$ 的表示式.

为求 (1.9) 的 Fourier 逆变换，记(1.9)中一般项 $E_j(\xi,t)\hat{\varphi}_j(\xi)$ 的 Fourier 逆变换是

$$u_j(x,t)=(2\pi)^{-n}\int e^{i\langle x,\xi\rangle}E_j(\xi,t)\hat{\varphi}_j(\xi)d\xi \tag{1.13}$$

任取 $\psi(\xi)\in C_c^\infty(\mathbf{R}_n)$，使当 $|\xi|<M$ 时 $\psi\equiv 1$，且

$$\operatorname{supp}\psi\subset\{\xi;|\xi|<2M\}$$

于是

$$u_j(x,t)=(2\pi)^{-n}\int_{|\xi|<2M}e^{i\langle x,\xi\rangle}\psi(\xi)E_j(\xi,t)\hat{\varphi}_j(\xi)d\xi$$
$$+(2\pi)^{-n}\int_{|\xi|>M}e^{i\langle x,\xi\rangle}(1-\psi(\xi))E_j(\xi,t)\hat{\varphi}_j(\xi)d\xi \tag{1.14}$$

上式右面的第一个积分在有限区域上进行，它可写为

$$(2\pi)^{-n}\int_{R^n}\int_{|\xi|<2M}e^{i\langle x-y,\xi\rangle}\psi(\xi)E_j(\xi,t)\varphi_j(y)d\xi dy$$
$$=\int_{R^n}K_j(x,y)\varphi_j(y)dy$$

如所周知，当 $|\xi|<2M$ 时，定解问题 (1.10) 的解 $E_j(\xi,t)$ 虽然不能由(1.11) 及 (1.12)定出，但 (1.10) 仍有唯一的 C^∞ 解. 因而，上式中的 $K_j(x,y)$ 是一个 C^∞ 函数，以它为核的算子是一个光滑算子. 又利用 (1.11)，在 (1.14) 右面的第二项积分可写为

$$\sum_{k=1}^{m}(2\pi)^{-n}\int_{|\xi|>M}e^{i\langle x,\xi\rangle}(1-\psi(\xi))c_{j,k}(\xi)e^{i\tau_k(\xi)t}\hat{\varphi}_j(\xi)d\xi$$
$$=\sum_{k=1}^{m}(2\pi)^{-n}\int_{|\xi|>M}e^{i(\langle x,\xi\rangle+\lambda_k(\xi)t)}(1-\psi(\xi))$$
$$\times c_{j,k}(\xi)e^{i(\tau_k(\xi)-\lambda_k(\xi))t}\ \hat{\varphi}_j(\xi)d\xi$$

记

$$\phi_k(x,y,\xi;t)=\langle x-y,\xi\rangle+\lambda_k(\xi)t$$
$$a_{j,k}(\xi,t)=(1-\psi(\xi))c_{j,k}(\xi)e^{i(\tau_k(\xi)-\lambda_k(\xi))t}$$

上式又可写为

$$\sum_{k=1}^{m}(2\pi)^{-n}\iint e^{i\phi_k(x,y,\xi;t)}a_{j,k}(\xi,t)\varphi_j(y)d\xi dy \tag{1.15}$$

注意到 $\lambda_k(\xi)$ 是 $p_m(\xi,i\tau)=0$ 的 m 个互异实根，它是 ξ 的

齐一次函数．所以 $\phi_k(x, y, \xi; t)$ 也是 ξ 的齐一次实函数．再看 $a_{j,k}(\xi, t)$，按前面的讨论知，$F(\eta, 0, \mu)$ 在 $(\eta, 0)$ 的邻域中有互异根 $\mu_k(\eta, a)$，而由隐函数定理知它们是解析的，于是当 a 充分小时展开式

$$i[\mu_k(\eta, a) - \mu_k(\eta, 0)] = \sum_{s=1}^{\infty} d_{k,s}(\eta)a^s$$

成立．由此知

$$\begin{aligned} i[\tau_k(\xi) - \lambda_k(\xi)] &= \sum_{s=1}^{\infty} d_{k,s}\left(\frac{\xi}{|\xi|}\right)|\xi|^{1-s} \\ &= \sum_{s=1}^{\infty} \tau_{k,s}(\xi) \end{aligned}$$

其中 $\tau_{k,s}(\xi)$ 是 ξ 的 $-s$ 次齐次函数，再将此式代入 $a_{j,k}(\xi, t)$ 的表达式中，得

$$\begin{aligned} a_{j,k}(\xi;t) &= (1 - \psi(\xi))c_{j,k}(\xi)\exp\left[\sum_{s=0}^{\infty}\tau_{k,s}(\xi)t\right] \\ &= \sum_{l=0}^{\infty} a_{j,k}^{(l)}(\xi,t) \end{aligned} \tag{1.16}$$

式中，当 $|\xi|$ 适当大时，$a_{j,k}^{(l)}(\xi,t)$ 是 ξ 的齐次函数；且随着 l 的增大，$a_{j,k}^{(l)}(\xi,t)$ 关于 ξ 的幂次逐渐减小．事实上，若记 $a_{j,k}^{(0)}(\xi,t)$ 关于 ξ 的幂次是 $\alpha_{j,k}$，则 $a_{j,k}^{(l)}(\xi,t)$ 关于 ξ 的幂次是 $\alpha_{j,k} - l$，把上述结果代入 (1.15)，再由 (1.9) 就可得到 (1.7) 的解的表达式．

至此我们看到，除相差一个含 C^∞ 核的积分算子外，上面两例的解均可由形如

$$Af(x) = \int e^{is(x,\xi)}a(x, \xi)\hat{f}(\xi)d\xi \tag{1.17}$$

或更一般地，由形如

$$Af(x) = \iint e^{i\phi(x,y,\xi)}a(x,y,\xi)f(y)dyd\xi \tag{1.18}$$

的算子表出（在 (1.17) 及 (1.18) 中我们省略了参数 t）．由此可以推想，这类算子在双曲型方程的 Cauchy 问题求解中起着重要的作用．与利用 Fourier 变换方法处理常系数方程相仿．在研究一般

的变系数方程时，我们常常事先假设所考虑的问题具有 (1.17)(或 (1.18))形式的解，然后再设法定出所需的 $s(x,\xi)$ (或 $\phi(x, y,\xi)$) 和 $a(x, \xi)$ (或 $a(x, y,\xi)$)，并说明形式解确实是原问题的解或相差一个光滑算子. 如果这个过程能够完成，那么我们不仅得到了解的结构表达式，而且还可由此表达式对解进行定性的讨论. 问题在于，尽管 Fourier 变换是这类算子的一个特例(当 $s(x,\xi)=\langle x,\xi\rangle$, $a(x,\xi)=1$ 时)，这类算子一般说来要比 Fourier 变换复杂得多. 因此，我们必须对这类算子进行详细的研究，其中首先是 $s(x, \xi)$ (或 $\phi(x,y,\xi)$) 和 $a(x,\xi)$ (或 $a(x,y,\xi)$) 的讨论、算子的严格定义以及它的基本性质，这是本章以下各节的内容.

我们将称这算子是(**局部**) Fourier **积分算子**，它的一系列性质将密切地依赖于函数 ϕ 和 a，在本书中我们限于考察 ϕ 和 a 属于较简单的函数类的情形. 此外，还可以将 Euclid 空间中的 Fourier 积分算子理论推广到流形上面去，从而建立相应的整体理论，这在本书中将不涉及.

§2. 位相和振幅

Fourier 积分算子不但出现在定解问题的解的表示式中，而且线性偏微分算子本身也可以用它来表示. 例如，设变系数线性偏微分算子 P 为

$$p(x, D)=\sum_{|\alpha|\leqslant m} a_\alpha(x) D^\alpha$$

由 $\widehat{D^\alpha u}=\xi^\alpha \hat{u}$，形式地就可将上述算子写为

$$\begin{aligned} p(x, D)u &= (2\pi)^{-n}\int e^{i\langle x,\xi\rangle}\sum_{|\alpha|\leqslant m} a_\alpha(x)\xi^\alpha\hat{u}(\xi)d\xi \\ &= (2\pi)^{-n}\int e^{i\langle x,\xi\rangle}p(x,\xi)\hat{u}(\xi)d\xi \\ &= (2\pi)^{-n}\iint e^{i\langle x-y,\xi\rangle}p(x,\xi)u(y)dyd\xi \end{aligned}$$

其中 $p(x,\xi)$ 是对应于 $p(x,D)$ 的 m 次多项式，$\langle x,\xi\rangle$ 或 $\langle x-y,$

$\xi\rangle$ 是关于 ξ 的齐一次函数，故上式具有 (1.17) 或 (1.18)形式. 当然，这个 Fourier积分算子形式比较简单，但由 §1 中两个例子知道，它的"逆"算子却可以是十分复杂的 Fourier 积分算子，其复杂性在于：首先，$\phi(x,y,\xi)$ 及 $a(x,y,\xi)$ 将随着所考虑的具体问题而异，而且寻找它们的过程并不简单(见第四章). 其次，当 ϕ 和 a 确定后，由它们所确定的不一定是经典意义下的积分 (1.17) 或 (1.18)，此时需讨论至少可以在 Schwartz 分布论框架中获得确切意义的条件.

以上的分析表明，ϕ 和 a 必须限制在某个函数类中，在本节中我们将对 ϕ 和 a 分别给出这样的函数类，它们既比较简单，也比较典型. 在本书中，如果不加特别声明，凡涉及到相应的 ϕ 和 a，均默认它们已分别属于本节所述的函数类.

为简便起见，我们先考虑如下形式的所谓振荡积分

$$\iint e^{i\phi(x,\theta)}a(x,\theta)u(x)dxd\theta \tag{2.1}$$

它不一定在通常的 Lebesgue 积分意义下可定义.

一、位相函数

定义 2.1 若实值函数 $\phi(x,\theta)$，$(x,\theta)\in\Omega\times\mathbf{R}_N\backslash\{0\}$ ($\Omega\subset\mathbf{R}^n$ 是开集)，满足如下条件，则称 $\phi(x,\theta)$ 是 $\Omega\times\mathbf{R}_N\backslash\{0\}$ 中的一个**位相函数**

(1) $\phi(x,\theta)\in C^\infty(\Omega\times\mathbf{R}_n\backslash\{0\})$;

(2) $\phi(x,\theta)$ 关于 θ 是正齐一次函数[1];

(3) $\phi(x,\theta)$ 关于 x,θ 无临界点，即

$$\nabla_{(x,\theta)}\phi(x,\theta)\neq 0 \qquad (x,\theta)\in\Omega\times\mathbf{R}_N\backslash\{0\}$$

有时，我们在 $\Omega\times\mathbf{R}_N\backslash\{0\}$ 的锥子集 Γ 上考察位相函数. 所谓 $\Omega\times\mathbf{R}_N\backslash\{0\}$ 的子集 Γ 是一个**锥**，那是指：若 $(x,\theta)\in\Gamma$，则

---

1) 如果函数 $f(x,\theta)$ 满足条件：对任意 $t>0$，在 $\Omega\times\mathbf{R}_N\backslash\{0\}$ 中成立. $f(x,t\theta)=t^sf(x,\theta)$ (特别，此处 s 可取零及负值)，则称为是关于 θ 为**正齐 s 次函数**.

对任意 $t>0$ 均有 $(x,t\theta)\in\Gamma$. 显然，$\Omega\times\mathbf{R}_N\backslash\{0\}$ 本身也是一个锥. 但我们通常说的锥是指它的真子锥. 因此，若定义 2.1 中的三个条件仅在 $\Omega\times\mathbf{R}_N\backslash\{0\}$ 的一个开锥 Γ 上成立，则称 $\phi(x,\theta)$ 是开锥 Γ 上的位相函数.

记 $\quad C_\phi=\{(x,\theta)\in\Omega\times\mathbf{R}_N\backslash\{0\};\phi_\theta(x,\theta)=0\}\qquad(2.2)$

它是位相函数 $\phi(x,\theta)$ 关于 θ 的临界点集. 显然它是一个锥集. 另外，当 $\phi(x,\theta)$ 仅是开锥 Γ 上的位相函数时，定义 C_ϕ 的表达式也相应地变化为

$$\{(x,\theta)\in\Gamma;\quad\phi_\theta(x,\theta)=0\}$$

定义 2.2 若位相函数 ϕ 还满足条件

(4) 在 C_ϕ 上如把 $\nabla_{(x,\theta)}\phi_{\theta_j},j=1,\cdots,N$ 视作 N 个 $n+N$ 维的矢量时，它们是线性独立的， (2.3)

则称 ϕ 为非退化位相函数.

[例 1] 上节例 1 中的 $\phi(x,y,t,\xi)=\langle x-y,\xi\rangle\pm c|\xi|t$ 是 $\mathbf{R}^{2n}\times(0,+\infty)\times\mathbf{R}_n\backslash\{0\}$ 上的非退化的位相函数.

事实上，容易验证 ϕ 是一个位相函数. 并且

$$C_\phi=\left\{(x,y,t,\xi);x_j-y_j=\pm c\frac{\xi_j}{|\xi|}t,j=1,\cdots,n\right\}$$

C_ϕ 在 $\Omega=\mathbf{R}^{2n}\times(0,\infty)$ 上的投影是

$$\sum_{j=1}^{n}(x_j-y_j)^2=c^2t^2\qquad(2.4)$$

它就是波动方程的特征锥. 同样可证 $\nabla_{(x,y,t,\xi)}\phi_{\xi_j},j=1,\cdots,n$ 在 C_ϕ 上线性独立，故 ϕ 是非退化位相函数.

二、振幅函数

(2.1) 中的函数 $a(x,\theta)$ 称为此积分的振幅函数. 最简单的振幅函数类是有限项的和式

$$a(x,\theta)=\sum a_j(x,\theta)$$

其中 $a_j(x,\theta)$ 关于 θ 是齐 j 次多项式. 线性微分算子所对应的振幅就是这种情形. 然而，§1 中两例表明，(2.1) 中的振幅函数应

该取为无限项在某种意义下之和，并且 $a_j(x,\theta)$ 也不一定是θ的齐次多项式，而是一般的齐次函数，其关于θ的齐次性次数可以是负数．因此，作为一个自然的推广，我们可以不再把 $a_j(x,\theta)$ 限制在θ的齐次多项式的范围之内，而容许它为θ的一个齐次的C^∞函数，其次数 $\to -\infty$．事实上，我们还可以作另外的推广，并且到目前为止已有许多种类的振幅函数被研究，这里，我们将介绍一种较为典型的振幅函数类 $S^m_{\rho,\delta}$，它是由 L. Hörmander[8] 引进的．

定义 2.3 取实数 ρ, δ 满足 $\rho>0$, $\delta<1$，并设m为任意实数．若函数 $a(x,\theta)$满足下面条件，则称它属于 $S^m_{\rho,\delta}(\Omega\times\mathbf{R}_N)$类．

(1) $a(x,\theta)\in C^\infty(\Omega\times\mathbf{R}_N)$.

(2) 对任意多重指标 α, β及Ω中的紧集 K，存在常数 $C_{\alpha,\beta,K}>0$，使当 $x\in K$, $\theta\in\mathbf{R}_N$ 时有

$$|\partial_x^\beta\partial_\theta^\alpha a(x,\theta)|\leqslant C_{\alpha,\beta,K}(1+|\theta|)^{m-\rho|\alpha|+\delta|\beta|} \tag{2.5}$$

当 $a\in S^m_{\rho,\delta}(\Omega\times\mathbf{R}_N)$ 时，也称a为 $S^m_{\rho,\delta}(\Omega\times\mathbf{R}_N)$ 型象征，或称a为m次(ρ,δ)型象征．

在不致混淆时，$S^m_{\rho,\delta}(\Omega\times\mathbf{R}_N)$ 可简记为 $S^m_{\rho,\delta}$，若 $\delta=1-\rho$，则简记 $S^m_{\rho,1-\rho}$ 为 S^m_ρ．特别地，S^m_1 简记为 S^m，并记

$$S^\infty_{\rho,\delta}=\bigcup_m S^m_{\rho,\delta},\quad S^{-\infty}_{\rho,\delta}=\bigcap_m S^m_{\rho,\delta}$$

同样，我们也能定义 $\Gamma\subset\Omega\times\mathbf{R}_N\backslash\{0\}$ 上的象征类$S^m_{\rho,\delta}(\Gamma)$，此时仅要求 (2.5) 在$\Gamma$中成立．此外，我们也可以把定义 2.3 中两个条件内的 $\mathbf{R}_N$ 改为 $\mathbf{R}_N\backslash\{\theta;|\theta|<M\}$；即改为 $a\in C^\infty(\Omega\times\mathbf{R}_N\backslash\{\theta;|\theta|<M\})$，及

$$|\partial_x^\beta\partial_\theta^\alpha a(x,\theta)|\leqslant C_{\alpha,\beta,K}|\theta|^{m-\rho|\alpha|+\delta|\beta|}$$
$$x\in K,\theta\in\mathbf{R}_N,|\theta|\geqslant M \tag{2.6}$$

此时称a对充分大的θ属于 $S^m_{\rho,\delta}$ 类．

定义 2.4 若 $a(x,\theta)\in C^\infty(\Omega\times\mathbf{R}_N)$，称集合

$$\{(x,t\theta);(x,\theta)\in\operatorname{supp}a,\ t\geqslant 0\} \tag{2.7}$$

为 $a(x,\theta)$ 的锥支集，记为 cone supp a.

[例 2] 改写 (1.6) 中积分为

$$\iint e^{i(\langle x-y,\xi\rangle \pm c|\xi|t)}\frac{1}{2ic|\xi|}f(y)dyd\xi$$

$$=\iint e^{i(\langle x-y,\xi\rangle \pm c|\xi|t)}\frac{\psi(\xi)}{2ic|\xi|}f(y)dyd\xi$$

$$+\iint e^{i(\langle x-y,\xi\rangle \pm c|\xi|t)}\frac{1-\psi(\xi)}{2ic|\xi|}f(y)dyd\xi$$

其中 $\psi(\xi)\in C_0^\infty(\mathbf{R}_n)$，$\operatorname{supp}\psi\subset\{\xi;|\xi|<2M\}$，且当 $|\xi|<M$ 时 $\psi\equiv 1$. 如 §1 已指出，上式右面第一项是一个含 C^∞ 核的积分算子，又在第二项积分中的振幅 $a=\dfrac{1-\psi(\xi)}{2ic|\xi|}$ 在 $\mathbf{R}^n\times\mathbf{R}_n$ 上属于 S_1^{-1}.

［例 3］ 若 $a\in S^{m_1}_{\rho_1,\delta_1}$，$b\in S^{m_2}_{\rho_2,\delta_2}$，记 $\rho=\min(\rho_1,\rho_2)$，$\delta=\max(\delta_1,\delta_2)$，则 $ab\in S^{m_1+m_2}_{\rho,\delta}$.

［例 4］ 若 $a\in S^m_{\rho,\delta}$，则 $\partial_x^\beta\partial_\theta^\alpha a\in S^{m-\rho|\alpha|+\delta|\beta|}_{\rho,\delta}$.

［例 5］ 设 Ω 为 $\mathbf{R}^n$ 中有界域，其中每一点都可作一平行于 x_n 轴的直线与 $\Omega\cap\{x_n=x_{n_0}\}$ 相交，实函数 $a(x,\theta)\in S^0_{\rho,\delta}(\Omega\times\mathbf{R}_N)$，则 $b(x,\theta)=e^{i\int_{x_{n_0}}^{x_n}a(x',t,\theta)dt}\in S^0_{\rho,\delta}(\Omega\times\mathbf{R}_N)$，其中 $x'=(x_1\cdots x_{n-1})$.

事实上，由 $a(x,\theta)\in S^0_{\rho,\delta}$，可知

$$\int_{x_{n_0}}^{x_n}a(x',t,\theta)dt\in S^0_{\rho,\delta}$$

又由 $b(x,\theta)$ 的表示式知

$$|\partial_x^\beta\partial_\theta^\alpha b(x,\theta)|\leqslant|b|\sum|\partial_x^{\beta_1}\partial_\theta^{\alpha_1}\int_{x_{n_0}}^{x_n}a(x',t,\theta)dt|\cdots$$

$$\times|\partial_x^{\beta_s}\partial_\theta^{\alpha_s}\int_{x_{n_0}}^{x_n}a(x',t,\theta)dt| \tag{2.8}$$

在 (2.8) 右端和式中每一项均有 $\sum_{i=1}^{s}\beta_i=\beta$，$\sum_{i=1}^{s}\alpha_i=\alpha$，由例 3，4 即可知 $b(x,\theta)\in S^0_{\rho,\delta}$.

［例 6］ 若实值函数 $a_1,\cdots,a_l\in S^0_{\rho,\delta}(\Omega\times\mathbf{R}_N)$，$f$ 是 R^l 中的一个 C^∞ 函数，则 $f(a_1(x,\theta),\cdots,a_l(x,\theta))\in S^0_{\rho,\delta}(\Omega\times\mathbf{R}_N)$.

事实上，由于 $a_j\in S^0_{\rho,\delta}$，$j=1,\cdots,l$，故只要 x 限制在 Ω 的任

一紧子集K中时，它们就有界，从而$f(a_1,\cdots,a_l)$及其关于变量a_i的导数亦如此．又由链式法则可知，当多重指标α, β满足$|\alpha|+|\beta|\leqslant 1$时$f(a_1,\cdots,a_l)$作为$(x,\theta)$的函数满足$m=0$时的(2.5)．为证明$f$的高阶导数$\partial_x^\beta\partial_\theta^\alpha f(a_1,\cdots,a_l)$满足估计式(2.5)$(m=0)$，只要对$|\alpha|+|\beta|$施行归纳法，并利用例2与例3的结果即可．

又考虑$\theta\to\infty$时$(a_1,\cdots,a_l)$的极限点集合，若f仅在这个集合的某邻域内是C^∞函数，则f对充分大的θ而言也属于$S^0_{\rho,\delta}$．

下面讨论$S^m_{\rho,\delta}$类的某些基本性质，这是为建立 Fourier 积分算子一些基本性质作准备．

一、 变量的变换

定义 2.5 设Ω_1, Ω_2分别是$\mathbf{R}^{n_1}$, $\mathbf{R}^{n_2}$内的开集，Ψ是由$\Omega_1\times\mathbf{R}_{N_1}$到$\Omega_2\times\mathbf{R}_{N_2}$的连续映射

$$\Psi:\Omega_1\times\mathbf{R}_{N_1}\to\Omega_2\times\mathbf{R}_{N_2}$$
$$(x,\xi)\longmapsto(y,\eta)$$

若对任意$t>0$，有$\Psi(x,t\xi)=(y,t\eta)$，则称Ψ为**正齐一次映射**．

若把$\Omega_1\times\mathbf{R}_N$和$\Omega_2\times\mathbf{R}_{N_2}$分别换为它们的真子锥$\Gamma_1$和$\Gamma_2$，则可类似地定义由$\Gamma_1$到$\Gamma_2$的正齐一次映射．

显然，Ψ为正齐一次映射意味着$y=y(x,\xi)$和$\eta=\eta(x,\xi)$分别是ξ的正齐零次和正齐一次函数．

定理 2.1 设$a\in S^m_{\rho,\delta}(\Omega_2\times\mathbf{R}_{N_2})$, Ψ是$\Omega_1\times\mathbf{R}_{N_1}$到$\Omega_2\times\mathbf{R}_{N_2}$的正齐一次$C^\infty$映射．又设在$\xi\neq 0$时$\eta\neq 0$，则当下面三个条件之一成立时，有$a\circ\Psi\in S^m_{\rho,\delta}(\Omega_1\times\mathbf{R}_{N_1})$．

(1) $\rho+\delta=1$．

(2) $\rho+\delta\geqslant 1$，且上述$y(x,\xi)$仅是x的函数．

(3) ρ和δ无限制，但Ψ由$y=y(x)$, $\eta=\eta(\xi)$组成，此处$\eta(\xi)$是正齐一次函数．此即表示Ψ是$\Omega_1\to\Omega_2$的映射$y=y(x)$与$R_{N_1}\to R_{N_2}$的正齐一次映射$\eta=\eta(\xi)$的直积．

又若用 Γ_1 和 Γ_2 分别替换 $\Omega_1\times\mathbf{R}_{N_1}$ 和 $\Omega_2\times\mathbf{R}_{N_2}$，则上述结论仍成立.

证. 记 $b=a\circ\Psi$, $b^k=(\partial_{\eta_k}a)\circ\Psi$, $b_k=(\partial_{y_k}a)\circ\Psi$，有

$$\begin{aligned}\partial_{x_k}b&=\sum_{j=1}^{n_2}b_j\frac{\partial y_j}{\partial x_k}+\sum_{j=1}^{N_2}b^j\frac{\partial\eta_j}{\partial x_k}\\ \partial_{\xi_k}b&=\sum_{j=1}^{n_2}b_j\frac{\partial\eta_j}{\partial\xi_k}+\sum_{j=1}^{N_2}b^j\frac{\partial\eta_j}{\partial\xi_k}\end{aligned}\tag{2.9}$$

其中 $\frac{\partial y_j}{\partial x_k}$, $\frac{\partial\eta_j}{\partial x_k}$, $\frac{\partial y_j}{\partial\xi_k}$ 和 $\frac{\partial\eta_j}{\partial\xi_k}$ 分别是 ξ 的正齐 0,1,—1 和 0 次函数.

利用 $\eta(x,\xi)=|\xi|\eta\left(x,\frac{\xi}{|\xi|}\right)$，任取 Ω_1 中紧集 K，且记

$$C_1=\min_{x\in K,|\xi|=1}|\eta(x,\xi)|,\quad C_2=\max_{x\in K,|\xi|=1}|\eta(x,\xi)|$$

则有

$$C_1|\xi|\leqslant|\eta(x,\xi)|\leqslant C_2|\xi|\qquad x\in K\tag{2.10}$$

由定理的假设，$C_1>0$.

由此可以推知 b_j 和 b^j 分别可用 $(1+|\xi|)^{m+\delta}$ 和 $(1+|\xi|)^{m-\rho}$ 去估计. 从而 $b_j\frac{\partial y_j}{\partial x_k}$, $b^j\frac{\partial\eta_j}{\partial x_k}$, $b_j\frac{\partial y_j}{\partial\xi_k}$ 和 $b^j\frac{\partial\eta_j}{\partial\xi_k}$ 分别可用 $(1+|\xi|)$ 的 $m+\delta,m+1-\rho$, $m+\delta-1$ 和 $m-\rho$ 次幂去估计，于是，由 (2.9)，在情形 (1) 时 $\partial_{x_k}b$ 和 $\partial_{\xi_k}b$ 分别可用 $(1+|\xi|)$ 的 $m+\delta$ 和 $m-\rho$ 次幂估计. 在情形(2)时，由于 $\frac{\partial y_j}{\partial\xi_k}=0$, $\partial_{x_k}b$ 和 $\partial_{\xi_k}b$ 也有与情形 (1) 同样的估计. 同样，在情形 (3) 时，由于 $\frac{\partial y_j}{\partial\xi_k}=0$, $\frac{\partial\eta_j}{\partial x_k}=0$，故 $\partial_{\xi_k}b$ 与 $\partial_{\xi_k}b$ 的估计如上.

这样，对 b 当 $|\alpha|+|\beta|\leqslant1$ 时证得 (2.5) 成立. 然后利用对 $|\alpha|+|\beta|$ 的归纳法，按上面类似的分析就可得到 b 的各高阶导数所相应的 (2.5). 定理证毕.

二、 $S^m_{\rho,\delta}$ 的线性拓扑结构

$S^m_{\rho,\delta}(\Omega\times\mathbf{R}_N)$ 是一个线性空间，在其中还可定义半模族如下.

取Ω中的上升紧集序列 $\{K_j\}$：$K_1\subset\cdots\subset K_j\subset K_{j+1}\subset\cdots$，使 $\bigcup_j K_j=\Omega$. 对 $a(x,\theta)\in S^m_{\rho,\delta}$，记使 (2.5) 成立的最小常数 C_{α,β,K_j} 为 $\rho_{\alpha,\beta,j}[a]$，即

$$\rho_{\alpha,\beta,j}[a]=\sup_{x\in K_j,\theta\in\mathbf{R}_N}|(1+|\theta|)^{-m+\rho|\alpha|-\delta|\beta|}\partial_x^\beta\partial_\theta^\alpha a(x,\theta)| \quad (2.11)$$

易知，它们构成一个可分离的可列半模族 $\{\rho_{\alpha,\beta,j}[a]\}$，带上由这族半模所产生的线性拓扑结构之后，$S^m_{\rho,\delta}(\Omega\times\mathbb{R}_n)$ 成为一个 Fréchet 空间.

下面的定理有助于我们对上述拓扑结构有更进一步的了解.

定理 2.2 设M是 Fréchet 空间 $S^m_{\rho,\delta}(\Omega\times\mathbf{R}_N)$ 中有界集，又 $m'>m$，则在M上，逐点收敛拓扑、$C^\infty(\Omega\times\mathbf{R}_N)$ 拓扑以及 $S^{m'}_{\rho,\delta}(\Omega\times\mathbf{R}_N)$ 拓扑，三者是等价的.

证. 在M上取函数列 $\{a_n(x,\theta)\}$，假设它按 $S^{m'}_{\rho,\delta}(\Omega\times\mathbb{R}_N)$ 拓扑收敛于零，即 $a_n\to 0\,(S^{m'}_{\rho,\delta})$. 于是，对任意多重指标 α, β 以及 $\Omega\times\mathbf{R}_N$ 中紧集，$\partial_x^\beta\partial_\theta^\alpha a_n(x,\theta)$ 在此紧集上一致收敛于零，即 $a_n\to 0(C^\infty)$，从而更有 $a_n\to 0$ 在 $\Omega\times\mathbf{R}_N$ 上点点成立.

现设 $\{a_n\}$ 是M上的点点收敛于零的序列. 由于M是 $S^m_{\rho,\delta}$ 中的有界集，对任意多重指标 α, β 及 $\Omega\times\mathbf{R}_N$ 上的紧集 E，存在常数 $M_{\alpha,\beta,E}$，使对 $(x,\theta)\in E$ 以及任意 n，一致地有 $|\partial_x^\beta\partial_\theta^\alpha a_n(x,\theta)|\leqslant M_{\alpha,\beta,E}$，这样，$\{a_n\}$ 在 E 上是一个一致有界且等度连续的函数列. 按 Arzelà-Ascoli 定理，存在子列 $\{a_{n_k}\}$ 在 E 上一致收敛. 但由假设，在 $\Omega\times\mathbf{R}_N$ 上，$a_n\to 0$ 点点成立. 故在 E 上一致地有 $a_n\to 0$，同样，由M是 $S^m_{\rho,\delta}$ 中有界集的性质，知 a_n 的一阶导数也是一致有界等度连续的，因而一致收敛于零. 如此类推，可知 a_n 的各阶导数在 E 上一致收敛于零. 再由 E 的任意性，有 $a_n\to 0(C^\infty(\Omega\times\mathbf{R}_N))$.

再证 $a_n\to 0(S^{m'}_{\rho,\delta})$，即需证对任意 $\varepsilon>0$，任意多重指标 α, β 以及紧集 $K\subset\Omega$，存在 N，使当 $n>N$，$(x,\theta)\in K\times\mathbf{R}_N$时有

$$(1+|\theta|)^{-m'+\rho|\alpha|-\delta|\beta|}|\partial_x^\beta\partial_\theta^\alpha a_n|<\varepsilon$$

由于 $\{a_n\}\subset M$，故存在常数 $M_{\alpha,\beta,K}$，使有

$$(1+|\theta|)^{-m+\rho|\alpha|-\delta|\beta|}|\partial_x^\beta\partial_\theta^\alpha a_n| \leqslant M_{\alpha,\beta,K} \quad \forall (x,\theta)\in K\times \mathbf{R}_N$$

又因 $m'>m$，对上述的 α,β,K，存在 $\theta_0>0$，使当 $|\theta|>\theta_0$ 时 $M_{\alpha,\beta,K}(1+|\theta|)^{m-m'}<\varepsilon$. 因而，当 $x\in K, |\theta|>\theta_0$ 时有

$$\begin{aligned}&(1+|\theta|)^{-m'+\rho|\alpha|-\delta|\beta|}|\partial_x^\beta\partial_\theta^\alpha a_n|\\&\quad=(1+|\theta|)^{m-m'}\{(1+|\theta|)^{-m+\rho|\alpha|-\delta|\beta|}|\partial_x^\beta\partial_\theta^\alpha a_n|\}<\varepsilon\end{aligned}$$

但另一方面，由上已知，当 $|\theta|\leqslant\theta_0$，$x\in K$ 时一致地有 $\partial_x^\beta\partial_\theta^\alpha a_n\to 0$，故存在 N，使当 $n\geqslant N$ 时有

$$(1+|\theta|)^{-m'+\rho|\alpha|-\delta|\beta|}|\partial_x^\beta\partial_\theta^\alpha a_n|<\varepsilon$$

结合上面两不等式，就得 $a_n\to 0(S^{m'}_{\rho,\delta})$. 定理得证.

由此定理可以推知，对于 $S^m_{\rho,\delta}$ 中任一函数，可用 $S^{-\infty}_{\rho,\delta}$ 中函数列按 $S^{m'}_{\rho,\delta}$ 拓扑逼近，亦即我们有如下的定理.

定理 2.3 按 $S^{m'}_{\rho,\delta}$ 拓扑，$S^{-\infty}_{\rho,\delta}$ 在 $S^m_{\rho,\delta}$ 中稠密，此处 m' 是大于 m 的任一实数.

证. 设 $a\in S^m_{\rho,\delta}(\Omega\times\mathbf{R}_N)$，取 $\psi(\theta)\in C_c^\infty(\mathbf{R}_N)$，$0\leqslant\psi(\theta)\leqslant 1$，$\operatorname{supp}\psi\subset\{\theta;|\theta|<\theta_0\}$，且在 $\theta=0$ 附近 $\psi\equiv 1$，对任意 $\varepsilon>0$ $(\varepsilon<1)$，作 $a_\varepsilon(x,\theta)=\psi(\varepsilon\theta)a(x,\theta)$，则 $a_\varepsilon(x,\theta)\in S^{-\infty}_{\rho,\delta}$，又

$$\partial_x a_\varepsilon(x,\theta)=\psi(\varepsilon\theta)\partial_x a(x,\theta)$$

$$\partial_\theta a_\varepsilon(x,\theta)=\varepsilon\psi'(\varepsilon\theta)a(x,\theta)+\psi(\varepsilon\theta)\partial_\theta a(x,\theta)$$

$$\partial_x^\beta\partial_\theta^\alpha a_\varepsilon(x,\theta)=\sum_{|\alpha_1|+|\alpha_2|=|\alpha|}C_{\alpha_1,\alpha_2}\varepsilon^{|\alpha_1|}\psi^{(|\alpha_1|)}(\varepsilon\theta)\partial_x^\beta\partial_\theta^{\alpha_2}a(x,\theta)$$

注意，当 $\alpha_1\neq 0$ 时，对 $|\theta|>\dfrac{\theta_0}{\varepsilon}$，$\psi^{(|\alpha_1|)}(\varepsilon\theta)\equiv 0$，而对 $|\theta|\leqslant\dfrac{\theta_0}{\varepsilon}$，有不等式

$$\begin{aligned}(1+|\theta|)^{\rho|\alpha_1|}\varepsilon^{|\alpha_1|}&\leqslant\left(1+\frac{\theta_0}{\varepsilon}\right)^{\rho|\alpha_1|}\varepsilon^{|\alpha_1|}\\&=(\varepsilon+\theta_0)^{\rho|\alpha_1|}\varepsilon^{(1-\rho)|\alpha_1|}\leqslant C\end{aligned}$$

因此有

$$\begin{aligned}&(1+|\theta|)^{-m+\rho|\alpha|-\delta|\beta|}|\partial_x^\beta\partial_\theta^\alpha a_\varepsilon(x,\theta)|\\&\quad\leqslant C\Bigg\{\sum_{\substack{|\alpha_1|+|\alpha_2|=|\alpha|\\ \alpha_1\neq 0}}(1+|\theta|)^{\rho|\alpha_1|}\varepsilon^{|\alpha_1|}|\psi^{(|\alpha_1|)}(\varepsilon\theta)|\\&\qquad\times(1+|\theta|)^{-m+\rho|\alpha_2|-\delta|\beta|}|\partial_x^\beta\partial_\theta^{\alpha_2}a|\end{aligned}$$

$$+\phi(\varepsilon\theta)(1+|\theta|)^{-m+\rho|\alpha|-\delta|\beta|}|\partial_x^\beta\partial_\theta^\alpha a|\Big\}$$

$$\leqslant C\Big\{\sum_{\substack{|\alpha_1|+|\alpha_2|=|\alpha|\\ \alpha_1\neq 0}}|\phi^{(|\alpha_1|)}(\varepsilon\theta)|(1+|\theta|)^{-m+\rho|\alpha_2|-\delta|\beta|}|\partial_x^\beta\partial_\theta^{\alpha_2}a|$$

$$+\phi(\varepsilon\theta)(1+|\theta|)^{-m+\rho|\alpha|-\delta|\beta|}|\partial_x^\beta\partial_\theta^\alpha a|\Big\}$$

$$\leqslant C\sum_{|\alpha_1|+|\alpha_2|=|\alpha|}|\phi^{(|\alpha_1|)}(\varepsilon\theta)|(1+|\theta|)^{-m+\rho|\alpha_2|-\delta|\beta|}|\partial_x^\beta\partial_\theta^{\alpha_2}a|$$

为简便起见，在上述一系列不等式中，我们均用了同一个 C 表示各种不同的常数因子(在本书中我们将常采用这一作法，并不每次声明).

由于 $\phi(\varepsilon\theta)$ 及其各阶导数有关于 ε 一致的界，故上面不等式表示 $\{a_\varepsilon\}$ 是 $S^m_{\rho,\delta}$ 中的一个有界集，另外，当 $\varepsilon\to 0$ 时，显然 $a_\varepsilon(x,\theta)$ 在 $\Omega\times\mathbf{R}_N$ 上逐点收敛于 $a(x,\theta)$，利用定理 2.2，就有 $a_\varepsilon\to a(S^{m'}_{\rho,\delta})$. 定理证毕.

由定理 2.3，借助类似于古典泛函分析中的处理[27]，可以得到下面的线性映射扩张定理.

定理 2.4 记 $S_0=\{a(x,\theta);a\in C^\infty(\Omega\times\mathbf{R}_N)$，且当 $|\theta|$ 充分大时 $a=0\}$. 设 L 是由 S_0 到 Fréchet 空间 F 的线性映射；且对任意 m 而言，L 于 S_0 上关于由 $S^m_{\rho,\delta}$ 诱导出的拓扑是连续的，则 L 可以唯一地扩张到 $S^\infty_{\rho,\delta}$ 上，使得它是 $S^\infty_{\rho,\delta}$ 到 F 的线性映射，且对一切 m，它是 $S^m_{\rho,\delta}$ 到 F 中的连续映射.

证. 任取 $a\in S^\infty_{\rho,\delta}$，则存在 m_0 使 $a\in S^{m_0}_{\rho,\delta}$，作 $a_\varepsilon(x,\theta)=\phi(\varepsilon\theta)a(x,\theta)$，此处 $\phi(\varepsilon\theta)$ 如定理 2.3 的证明中所示. 于是 $a_\varepsilon(x,\theta)\in S^{-\infty}_{\rho,\delta}$，且 $a_\varepsilon(x,\theta)\to a(x,\theta)\,(S^{m_0'}_{\rho,\delta})$，$m_0'>m_0$.

又 $a_\varepsilon(x,\theta)\in S_0$，从而由定理的假设，$\{La_\varepsilon\}$ 是 F 中的 Cauchy 序列，因而存在极限属于 F. 将此极限定义为 La，这样就完成了 L 向 $S^\infty_{\rho,\delta}$ 上的扩张. 容易证明这个 La 其实不依赖于 S_0 中逼近于 a 的 a_ε 的取法.

显然，由原来 L 的线性性质以及上述极限的唯一性，可得扩张后的映射 L 仍是线性映射. 为证 L 按 $S^m_{\rho,\delta}$ 拓扑的连续性. 取序列

$\{a_n\}$，使 $a_n \in S^m_{\rho,\delta}$，且 $a_n - a \xrightarrow{n\to\infty} 0(S^m_{\rho,\delta})$，由定理 2.3 的证明过程可知 $(a_n)_\varepsilon - a_\varepsilon \xrightarrow{n\to\infty} 0(S^m_{\rho,\delta})$ 对 ε 一致成立. 但 $(a_n)_\varepsilon - a_\varepsilon \in S_0$，由 L 在 S_0 上关于 $S^m_{\rho,\delta}$ 拓扑的连续性，有 $L[(a_n)_\varepsilon - a_\varepsilon] \xrightarrow{n\to\infty} 0(F)$ 对 ε 一致地成立. 于是再令 $\varepsilon \to 0$，就有 $L(a_n - a) \xrightarrow{n\to\infty} 0(F)$，即 $La_n \to La(F)$. 定理得证.

三、渐近展开

前面已经提到，一个振幅函数从形式上看可以是不同次的齐次函数的无限项之和. 一般讲来，这级数不一定收敛. 此时，我们设法按渐近分析的思想把此级数理解为某个振幅的渐近展开式. 关于渐近展开的概念可以参见本书的附录三. 在这里，我们将用它来具体研究振幅函数的渐近展开问题.

定理 2.5 设 $\{m_j\}, j = 0,1,\cdots$ 是一个单调下降地趋于 $-\infty$ 的实数序列. 又设 $a_j \in S^{m_j}_{\rho,\delta}, j = 0,1,\cdots$，则存在 $a \in S^{m_0}_{\rho,\delta}$，使对任意正整数 l 总有

$$a - \sum_{j<l} a_j \in S^{m_l}_{\rho,\delta} \tag{2.12}$$

并且，若另有满足上式的 $a' \in S^{m_0}_{\rho,\delta}$，则 $a - a' \in S^{-\infty}_{\rho,\delta}$. 记为

$$a = a' \quad \mod S^{-\infty}_{\rho,\delta}$$

证. 先取一个逼近于 Ω 的上升紧集序列 $\{K_l\}: K_1 \subset K_2 \subset \cdots$，$\bigcup_l K_l = \Omega$，又取 $\varphi(\tau) \in C^\infty(\mathbf{R}_1)$，它在 $|\tau| \leqslant \frac{1}{2}$ 时为零，在 $|\tau| \geqslant 1$ 时为 1. 再设法取单调上升且足够快地趋于 $+\infty$ 的实数序列 $\{\tau_j\}$，使得对一切满足 $|\alpha| + |\beta| + i \leqslant j$ 的 α, β, j 和 i，当 $x \in K_i$ 时总有

$$\left|\partial_x^\beta \partial_\theta^\alpha \left(\varphi\left(\frac{|\theta|}{\tau_j}\right) a_j(x,\theta)\right)\right| \leqslant 2^{-j}(1 + |\theta|)^{m_{j-1} - \rho|\alpha| + \delta|\beta|} \tag{2.13}$$

最后令

$$a(x,\theta) = \sum_{j=0}^{\infty} \varphi\left(\frac{|\theta|}{\tau_j}\right) a_j(x,\theta) \tag{2.14}$$

则可证明 $a(x,\theta)$ 就是定理中所要求的.

先说明存在满足 (2.13) 的单调上升地趋于∞的实数序列 $\{\tau_j\}$.

由 $\varphi(\tau)$ 的作法,只要所有 τ_j 都≥1, 则 $\left\{\varphi\left(\frac{|\theta|}{\tau_j}\right)\right\}$ 在 $S^0_{\rho,\delta}$ 中就有界,所以 $\varphi\left(\frac{|\theta|}{\tau_j}\right)a_j(x,\theta)\in S^{m_j}_{\rho,\delta}$, 且存在不依赖于 τ_j 的正常数 C_{α,β,K_i}, 使当 $(x,\theta)\in K_i\times\mathbf{R}_N$ 时有

$$\left|\partial_x^\beta\partial_\theta^\alpha\left(\varphi\left(\frac{|\theta|}{\tau_j}\right)a_j(x,\theta)\right)\right|\leqslant C_{\alpha,\beta,K_i}(1+|\theta|)^{m_j-\rho|\alpha|+\delta|\beta|}$$

$$=C_{\alpha,\beta,K_i}(1+|\theta|)^{m_j-m_{j-1}}\times(1+|\theta|)^{m_{j-1}-\rho|\alpha|+\delta|\beta|}$$

今选取上升序列 $\{\tau_j\}$, 要求它满足: 只要 $|\alpha|+|\beta|+i\leqslant j$ 就有

$$C_{\alpha,\beta,K_i}\left(1+\frac{\tau_j}{2}\right)^{m_j-m_{j-1}}\leqslant 2^{-j}$$

由于对固定的 j 而言, 满足条件 $|\alpha|+|\beta|+i\leqslant j$ 的 α,β,i 仅有有限多个,因而,只要再注意到 $m_j-m_{j-1}<0$, 就知总可以取得到所需要的上升序列 $\{\tau_j\}$.

这样,对 $K_i\times\mathbf{R}_N$ 中任意一点 (x,θ), 当 θ 满足 $|\theta|\geqslant\frac{1}{2}\tau_j$ 时, 只要 $|\alpha|+|\beta|+i\leqslant j$, 就有 $C_{\alpha,\beta,K_i}(1+|\theta|)^{m_j-m_{j-1}}\leqslant 2^{-j}$, 而当 θ 满足 $|\theta|\leqslant\frac{\tau_j}{2}$ 时 $\varphi\left(\frac{|\theta|}{\tau_j}\right)=0$, 所以,对满足 $|\alpha|+|\beta|+i\leqslant j$ 的 α,β,i, 当 $(x,\theta)\in K_i\times\mathbf{R}_N$ 时 (2.13) 成立.

下面来证明由 (2.14) 作出的 $a(x,\theta)$ 满足定理中的要求. 为此先要注意,对任意固定有界范围内的 θ 而言,只要 j 适当大就有 $\varphi\left(\frac{|\theta|}{\tau_j}\right)=0$. 所以在 $\Omega\times\mathbf{R}_N$ 中任意紧集上看,由 (2.14) 右端所表示的级数实为有限项之和. 因而,由(2.14)所表示的 $a(x,\theta)$ 对任意点 $(x,\theta)\in\Omega\times\mathbf{R}_N$ 是存在的,并且无穷次可微.

任取 α,β 及紧集 $K\subset\Omega$, 存在 i 使得 $K\subset K_i$. 对任意非负整

数 l，记 $j_0=\max(|\alpha|+|\beta|+i,l)$ 有

$$\left|\partial_x^\beta\partial_\theta^\alpha\left(a-\sum_{j<l}a_j\right)\right|\leqslant\left|\partial_x^\beta\partial_\theta^\alpha\left(\sum_{j<l}\left(\varphi\left(\frac{|\theta|}{\tau_j}\right)-1\right)a_j\right)\right|$$
$$+\left|\partial_x^\beta\partial_\theta^\alpha\left(\sum_{j=l}^{j_0}\varphi\left(\frac{|\theta|}{\tau_j}\right)a_j\right)\right|$$
$$+\left|\partial_x^\beta\partial_\theta^\alpha\left(\sum_{j=j_0+1}^{\infty}\varphi\left(\frac{|\theta|}{\tau_j}\right)a_j\right)\right|$$
$$=\mathrm{I}+\mathrm{II}+\mathrm{III}$$

当 $|\theta|>\tau_{l-1}$ 时 $\mathrm{I}=0$，并注意在 $\varphi'\left(\frac{|\theta|}{\tau_j}\right)$，$\varphi''\left(\frac{|\theta|}{\tau_j}\right)$，$\cdots$ 每一个的支集上恒有 $\frac{1}{2}\leqslant\frac{|\theta|}{\tau_j}\leqslant 1$，就不难看出

$$\mathrm{I}\leqslant C'_{\alpha,\beta,K_i}(1+|\theta|)^{m_l-\rho|\alpha|+\delta|\beta|}\qquad\forall(x,\theta)\in K_i\times\mathbf{R}_N$$

II 是有限项之和，其中每一项都有类似上面的估计，故也有

$$\mathrm{II}\leqslant C''_{\alpha,\beta,K_i}(1+|\theta|)^{m_l-\rho|\alpha|+\delta|\beta|}\qquad\forall(x,\theta)\in K_i\times\mathbf{R}_N$$

对于 III，其中任何一项均有 $|\alpha|+|\beta|+i<j_0+1\leqslant j$，由 (2.13)，有

$$\mathrm{III}\leqslant\sum_{j=j_0+1}^{\infty}2^{-j}(1+|\theta|)^{m_{j-1}-\rho|\alpha|+\delta|\beta|}$$
$$\leqslant\left(\sum_{j=j_0+1}^{\infty}2^{-j}\right)(1+|\theta|)^{m_{j_0}-\rho|\alpha|+\delta|\beta|}$$
$$\leqslant C'''_{\alpha,\beta,K_i}(1+|\theta|)^{m_l-\rho|\alpha|+\delta|\beta|}$$
$$\forall(x,\theta)\in K_i\times\mathbf{R}_N$$

合并上面三个不等式，可知当 $(x,\theta)\in K\times\mathbf{R}_N$ 时有

$$\left|\partial_x^\beta\partial_\theta^\alpha\left(a-\sum_{j<l}a_j\right)\right|\leqslant C_{\alpha,\beta,K}(1+|\theta|)^{m_l-\rho|\alpha|+\delta|\beta|}$$

这样，我们就证明了 (2.12)．又特别取 $l=0$，即得 $a\in S^{m_0}_{\rho,\delta}$．

最后，若有另一 $a'(x,\theta)\in S^{m_0}_{\rho,\delta}$ 使得以它代替 a 时 (2.12) 也成立，

$$a'(x,\theta)-a(x,\theta)=\left(a'-\sum_{j<l}a_j\right)-\left(a-\sum_{j<l}a_j\right)$$

由假设，右面两项均属于 $S^{m_l}_{\rho,\delta}$，所以 $a'-a\in S^{m_l}_{\rho,\delta}$. 再由 l 的任意性以及 $m_l\downarrow-\infty$（单调下降，趋于负无穷），有 $a'-a\in S^{-\infty}_{\rho,\delta}$. 定理证毕.

定义 2.6 设 $\{m_j\}, j=0,1,\cdots$ 是一个单调下降地趋于 $-\infty$ 的实数序列. 又设 $a\in S^{m_0}_{\rho,\delta}$, $a_j\in S^{m_j}_{\rho,\delta}$. 若对任意正整数 l, 有 $a-\sum_{j<l}a_j\in S^{m_l}_{\rho,\delta}$, 则称 $\sum_{j=0}^{\infty}a_j$ 是 a 的渐近展开(式). 记为

$$a(x,\theta)\sim\sum_{j=0}^{\infty}a_j(x,\theta) \tag{2.15}$$

由定理 2.5, 在 mod $S^{-\infty}_{\rho,\delta}$ 下由渐近展开所表示的振幅是唯一的.

按照定义 2.6, 对于 $a\in C^\infty$，要验证 $a\sim\sum_j a_j$, 需要对任意非负整数 l 验证函数 $a-\sum_{j<l}a_j$ 具有估计式 (2.5)(当 $l=0$ 时, (2.5) 意味着 $a\in S^{m_0}_{\rho,\delta}$), 这无疑是十分烦杂的, 但使用下面的定理 2.6 将能简化这一验证过程.

先证下面引理.

引理 2.1 设 K_0, K_1 是 $\mathbf{R}^n$ 中两个紧集, 且 $K_0\subset\mathring{K}_1$ ($\mathring{K}_1$ 表示 K_1的内点集)、又设 $f(x)$ 是 K_1 的邻域内的二次连续可微函数, 记

$$\|f\|^{(j)}_{K_i}=(\sup_{x\in K_i}\sum_{|\alpha|=j}|\partial^\alpha f|)^{\frac{1}{2}},\ i=0,1,j=0,1,2$$

则有

$$(\|f\|^{(1)}_{K_0})^2\leqslant C\|f\|^{(0)}_{K_1}(\|f\|^{(0)}_{K_1}+\|f\|^{(2)}_{K_1}) \tag{2.16}$$

其中 C 仅与 K_0 至 K_1 的边界的距离有关, 而与 f 及 K_0, K_1 的具体选取无关.

证. 记 K_1 的边界是 Γ_1, 于是 $\delta=\operatorname{dist}(K_0,\Gamma_1)>0$. 当 $x\in K_0$ 且 $|\Delta x_0|\leqslant\delta$ 时, $x+\Delta_{i_0}=(x_1,\cdots,x_{i_0}+\Delta x_{i_0},\cdots,x_n)\in K_1$,

$$f(x+\Delta_{i_0})-f(x)=\partial^2_{x_{i_0}}(x)\cdot\Delta x_{i_0}$$
$$+\partial^2_{x_{i_0}}f(x+\theta\Delta_{i_0})\cdot\frac{\Delta x^2_{i_0}}{2}$$

设 $\|f\|^{(0)}_{K_1}$, $\|f\|^{(2)}_{K_1}$ 均异于零 (否则按 $\|f\|^{(j)}_{K_i}$ 的定义可知 (2.16) 显然

必对某 C 成立）. 取 $\Delta x_{i_0} = \min\left(\sqrt{\frac{\|f\|_{K_1}^{(0)}}{\|f\|_{K_1}^{(2)}}}, \delta\right)$，则由上式不难推出

$$(\|\partial_{x_{i_0}} f\|_{K_0}^{(0)})^2 \leqslant C\|f\|_{K_1}^{(0)}(\|f\|_{K_1}^{(0)} + \|f\|_{K_1}^{(2)})$$

取 i_0 遍历 $1,2,\cdots,n$，由上式即得 (2.16). 引理得证.

定理 2.6 设 $\{m_j\}, j = 0,1,\cdots$ 单调下降趋于 $-\infty$，$a_j(x,\theta) \in S^{m_j}_{\rho,\delta}(\Omega \times \mathbf{R}_N)$，$a(x,\theta) \in C^\infty(\Omega \times \mathbf{R}_N)$. 若下面两个条件成立，则 $a \in S^{m_0}_{\rho,\delta}$，且 $a \sim \sum_j a_j$.

(1) 对任意多重指标 α, β 及 Ω 中紧集 K，均相应地存在实常数 μ 及正常数 C，使当 $(x,\theta) \in K \times \mathbf{R}_N$ 时有

$$|\partial_x^\beta \partial_\theta^\alpha a(x,\theta)| \leqslant C(1 + |\theta|)^\mu \tag{2.17}$$

(2) 对 Ω 中任意紧集 K，存在单调下降地趋于 $-\infty$ 的实数序列 $\{\mu_l\}$ 及正常数序列 $\{C_l\}$，使当 $(x,\theta) \in K \times \mathbf{R}_N$ 时，对任意正整数 l 有

$$|a(x,\theta) - \sum_{j<l} a_j(x,\theta)| \leqslant C_l(1 + |\theta|)^{\mu_l} \tag{2.18}$$

证. 由定理 2.5，存在 $b(x,\theta) \in S^{m_0}_{\rho,\delta}$，使有 $b \sim \sum_j a_j$. 若我们能证明 $r(x,\theta) = a(x,\theta) - b(x,\theta) \in S^{-\infty}_{\rho,\delta}$，则 $a = b + r \in S^{m_0}_{\rho,\delta}$，且

$$a - \sum_{j<l} a_j = b - \sum_{j<l} a_j + r \in S^{m_l}_{\rho,\delta}$$

即

$$a \sim \sum_j a_j$$

从而定理便可得证.

由条件 (2)，对任意紧集 $K \subset \Omega$，当 $(x,\theta) \in K \times \mathbf{R}_N$ 时有

$$|r| \leqslant |a - \sum_{j<l} a_j| + |b - \sum_{j<l} a_j| \leqslant C'_{l,K}(1 + |\theta|)^{\mu'_l}$$

其中 $\mu'_l = \max(\mu_l, m_l)$，它也是单调下降地趋于 $-\infty$ 的，由 l 的任意性，上式右边的指数 μ'_l 可换成 $-\nu$，ν 是任意正数.

另外，由条件 (1) 及 b 的性质，对任意紧集 $K \subset \Omega$，存在正常

数 C' 及实常数 μ'，使当 $(x,\theta)\in K\times \mathbf{R}_N$ 时有

$$|\partial_x^\beta\partial_\theta^\alpha r(x,\theta)|\leqslant C'(1+|\theta|)^{\mu'}\qquad |\alpha|+|\beta|=2$$

现取紧集 $K_0=K\times\{\theta\}$, $K_1=K'\times U$，此时 K' 为 Ω 中另一紧集且有 $K\subset\mathring{K}'$, $U=\{\theta+\eta;\ |\eta|\leqslant 1\}$；则由引理 2.1 知：当 $|\alpha+\beta|=1$ 且 $(x,\theta)\in K\times\mathbf{R}_N$ 时有

$$\begin{aligned}|\partial_x^\beta\partial_\theta^\alpha r(x,\theta)|&\leqslant C_1\|r\|_{K_1}^{(0)}(\|r\|_{K_1}^{(0)}+\|r\|_{K_1}^{(2)})\\&\leqslant C_2\sup_{|\eta|\leqslant 1}(1+|\theta+\eta|)^{-\nu/2}\Big(\sup_{|\eta|\leqslant 1}(1+|\theta+\eta|)^{-\nu/2}\\&\qquad+\sup_{|\eta|\leqslant 1}(1+|\theta+\eta|)^{\mu'/2}\Big)\end{aligned}$$

其中 C_1, C_2 与 θ 无关.

为得所需的估计，自然只需考虑 $|\theta|$ 为适当大的情形，故不妨设 $|\theta|\geqslant 2$. 注意到 $|\eta|\leqslant 1$，于是 $\dfrac{|\theta|}{2}\leqslant|\theta+\eta|\leqslant 2|\theta|$. 将此关系代入上式，再由 μ' 为某一常数，ν 为任意正常数，即知

$$|\partial_x^\beta\partial_\theta^\alpha r(x,\theta)|\leqslant C_3(1+|\theta|)^{-\nu'}$$

$$|\alpha|+|\beta|=1,\quad (x,\theta)\in K\times\mathbf{R}_N$$

此处 ν' 为任意正常数. 再对 $|\alpha|+|\beta|$ 用归纳法可以证得上式对任意多重指标成立. 这就表示 $r(x,\theta)\in S_{\rho,\delta}^{-\infty}$. 定理证毕.

由定理 2.6 的证明过程可得如下的推论.

推论 2.1 设 $a(x,\theta)\in C^\infty(\Omega\times\mathbf{R}_N)$，若它满足下面两个条件，则 $a\in S_{\rho,\delta}^{-\infty}$.

(1) 对任意多重指标 α,β 以及 Ω 中紧集 K，存在实常数 μ 及正常数 C，使当 $(x,\theta)\in K\times\mathbf{R}_N$ 时有

$$|\partial_x^\beta\partial_\theta^\alpha a(x,\theta)|\leqslant C(1+|\theta|)^\mu \tag{2.19}$$

(2) 对 Ω 中任意紧集 K 及正常数 ν，存在正常数 C'，使当 $(x,\theta)\in K\times\mathbf{R}_N$ 时有

$$|a(x,\theta)|\leqslant C'(1+|\theta|)^{-\nu} \tag{2.20}$$

§3. 振 荡 积 分

现在来研究上节开始所提到过的一个问题，即讨论如何给

(2.1) 所示"形式"积分

$$I_\phi(au)=\iint e^{i\phi(x,\theta)}a(x,\theta)u(x)dxd\theta \tag{3.1}$$

以确切意义．在此基础上，我们再来讨论积分(3.1)的一些基本性质．

一、振荡积分概念

在以后的讨论中，我们总设 (3.1) 中的 $\phi(x,\theta)$ 是上节所定义的实值位相函数，而振幅函数 $a(x,\theta)\in S^m_{\rho,\delta}(\Omega\times\mathbf{R}_N)$，并认为 $\rho>0$，$\delta<1$．我们首先想要说明，如果对 $I_\phi(au)$ 适当地赋值，$u\longmapsto I_\phi(au)$ 可以定义一个 Schwartz 意义下的分布，因此，就总认为 (3.1) 中的 $u(x)\in C_c^\infty(\Omega)$．这样 (3.1) 如果发散，则问题必定出在积分变量 θ 上．

显然，当 $m<-N$ 时积分 (3.1) 是收敛的．但当 m 是任意实数时，积分 (3.1) 一般发散．然而为了下面讨论及应用的需要，还是要利用表示式 (3.1)，并给予此式以合适的意义．

把 (3.1) 视为映射 $a\longmapsto I_\phi(au)$．显然，当 a 属于定理 2.4 中所述的函数类 S_0，即

$$S_0=\{a(x,\theta);a\in C^\infty(\Omega\times\mathbf{R}_N),\text{ 当}|\theta|\text{充分大时 }a=0\} \tag{3.2}$$

时，积分 (3.1) 收敛，从而映射 $a\longmapsto I_\phi(au)$ 有意义．现设法将此映射扩张到 $S^m_{\rho,\delta}$ 上，其中 m 是任意实数．如果这种扩张得以实现，且扩张后的映射仍用 (3.1) 来表示，这样也就赋以 (3.1) 确切的意义了．

为实现上述扩张，先介绍如下引理．

引理3.1 对实值位相函数 $\phi(x,\theta)$，存在一阶偏微分算子

$$L=\sum_{j=1}^{N}a_j\frac{\partial}{\partial\theta_j}+\sum_{j=1}^{n}b_j\frac{\partial}{\partial x_j}+C \tag{3.3}$$

使得 ${}^tLe^{i\phi}=e^{i\phi}$，其中 $a_j\in S^0(\Omega\times\mathbf{R}_N)$；$b_j$，$C\in S^{-1}(\Omega\times\mathbf{R}_N)$，${}^tL$ 是 L 的形式转置算子．

证．因 $\phi(x,\theta)$ 是实值位相函数，故

$$|\theta|^2\sum_{j=1}^{N}(\phi_{\theta_j})^2+\sum_{j=1}^{n}(\phi_{x_j})^2 \tag{3.4}$$

关于 θ 是正齐二次函数，且 $\theta\neq 0$ 时不为零。所以它的倒数 ψ 在 $\theta\neq 0$ 时有意义，且关于 θ 为正齐 -2 次函数。

由于 ψ 的导数在原点处有奇性，故取 $\chi(\theta)\in C_c^\infty(\mathbf{R}_N)$，它在零点附近为 1，作

$$M=\sum_{j=1}^{N}a_j'\frac{\partial}{\partial\theta_j}+\sum_{j=1}^{n}b_j'\frac{\partial}{\partial x_j}+\chi \tag{3.5}$$

其中

$$a_j'=-i(1-\chi)\psi|\theta|^2\phi_{\theta_j}\in S^0(\Omega\times\mathbf{R}_N)$$
$$b_j'=-i(1-\chi)\psi\phi_{x_j}\in S^{-1}(\Omega\times\mathbf{R}_N)$$

从而有 $Me^{i\phi}=e^{i\phi}$. 再令 $L={}^tM$，此 L 就具有引理中所要求的性质，这是因为由 (3.5) 及 $L={}^tM$，有

$$a_j=-a_j'\in S^0(\Omega\times\mathbf{R}_N),\quad b_j=-b_j'\in S^{-1}(\Omega\times\mathbf{R}_N)$$

$$C=\chi-\sum_{j=1}^{N}(a_j')_{\theta_j}-\sum_{j=1}^{n}(b_j')_{x_j}\in S^{-1}(\Omega\times\mathbf{R}_N)$$

引理得证.

推论 3.1 由(3.3)所确定的算子 L 是由 $S^m_{\rho,\delta}$ 到 $S^{m-t}_{\rho,\delta}$ 的一个连续映射，此处 $t=\min(\rho,1-\delta)$.

由 L 的系数所属的函数类，即可直接验证所述结论.

下面两个定理就给出上述所需的扩张.

定理 3.1 对于任意 $a(x,\theta)\in S^m_{\rho,\delta}$, m 是任意实数，极限

$$\lim_{\varepsilon\to+0}\iint e^{i\phi(x,\theta)}\psi(\varepsilon\theta)a(x,\theta)u(x)dxd\theta\qquad u\in C_c^\infty(\Omega) \tag{3.6}$$

存在，且此极限与 ψ 的具体选取无关，只要求 $\psi(\theta)\in C_c^\infty(\mathbf{R}_N)$ 且在 $\theta=0$ 附近为 1.

证. 记 $a_\varepsilon(x,\theta)=\psi(\varepsilon\theta)a(x,\theta)\in S_0$，于是积分

$$I_\phi(a_\varepsilon u)=\iint e^{i\phi(x,\theta)}a_\varepsilon(x,\theta)u(x)dxd\theta \tag{3.7}$$

存在. 又考虑映射 $L:S_0\ni a\longmapsto I_\phi(au)\in\mathbf{C}$，它是线性映射，而

且用下一定理证明中的分部积分法可知它关于 $S^m_{\rho,\delta}$ 拓扑是连续的（m 是任意实数）．于是，由扩张定理 2.4，此映射 L 可唯一地扩张到 $S^\infty_{\rho,\delta}$ 上，且此扩张关于 $S^m_{\rho,\delta}$ 拓扑连续（m 是任意实数），将此扩张仍记为 $I_\phi(au)$．另一方面，由于 $a\in S^m_{\rho,\delta}$，故 $a_\varepsilon(x,\theta)\to a(x,\theta)$ $(S^{m'}_{\rho,\delta})$，$m'>m$．因此，按定理 2.4 的证明，有

$$I_\phi(au)=\lim_{\varepsilon\to 0}I_\phi(a_\varepsilon u)$$

定理证毕．

由此，我们就以(3.6)来作为"振荡积分"(3.1)的定义．此外，还可以进一步将(3.6)表示成更具体的通常的积分．

定理 3.2 若如前述，$\rho>0$，$\delta<1$，则定理 3.1 中所得的扩张 $I_\phi(au)$ 可表示为

$$I_\phi(au)=\iint e^{i\phi(x,\theta)}L^k(a(x,\theta)u(x))dxd\theta \tag{3.8}$$

此处 $a\in S^m_{\rho,\delta}$，k 满足 $m-kt<-N$，$t=\min(\rho,1-\delta)$，而算子 L 则如引理 3.1 所述．

证．仍设 $a_\varepsilon(x,\theta)=\psi(\varepsilon\theta)a(x,\theta)\in S_0$．由分部积分有

$$I_\phi(a_\varepsilon u)=\iint e^{i\phi(x,\theta)}L^k(a_\varepsilon(x,\theta)u(x))dxd\theta$$

其中 k 满足 $m-kt<-N$．由定理 3.1，

$$\begin{aligned}I_\phi(au)&=\lim_{\varepsilon\to 0}I_\phi(a_\varepsilon u)\\&=\lim_{\varepsilon\to 0}\iint e^{i\phi(x,\theta)}L^k(a_\varepsilon(x,\theta)u(x))dxd\theta\end{aligned}$$

另一方面，对任意 $m'>m$，有 $a_\varepsilon(x,\theta)\to a(x,\theta)(S^{m'}_{\rho,\delta})$．利用推论 3.1，得 $L^k(a_\varepsilon u)\to L^k(au)$ $(S^{m'-kt}_{\rho,\delta})$，现取 k 足够大使得 $m'-kt<-N$，从而积分 $\iint e^{i\phi(x,\theta)}L^k(au)dxd\theta$ 收敛，于是由 Lebesgue 控制收敛定理有(3.8)成立．

注意到 m' 可以是大于 m 的任一实数，因此只要取 k 满足 $m-kt<-N$ 就可以了．定理得证．

注意，由于定理 3.1 已指出了将 $I_\phi(au)$ 从 $a\in S^0$ 扩张到 $a\in S^m_{\rho,\delta}$ 方式的唯一性，故我们只需给出一个具体计算方法即可．

(3.8) 就给出了一个计算 $I_\phi(au)$ 的方法，而它的值与 L 的具体选法是无关的．今后我们就认为积分 (3.1) 乃是按 (3.6) 或 (3.8) 加以确定的(特别地，若 $m<-N$ 时，在(3.8)中可取 $k=0$．此时 (3.8) 就是按平常积分意义理解的 (3.1))．沿用物理上的说法，我们称(3.1)为**振荡积分**．又利用(3.8)计算此振荡积分的方法在本书中简称为**分部积分技术**．

利用 (3.6)，不难得到

推论 3.2 对振荡积分 (3.1)，下面的分部积分公式成立

$$I_\phi(i\phi_{\theta_j}au)=-I_\phi(\partial_{\theta_j}a\cdot u) \tag{3.9}$$

下面考虑带有参变量的振荡积分

$$I_\phi(au)(y)=\iint e^{i\phi(x,y,\theta)}a(x,y,\theta)u(x)dxd\theta \tag{3.10}$$

其中 ϕ 和 a 作为 y 的函数．它们的取值分别是位相函数和属于象征类 $S^m_{\rho,\delta}(\Omega_x\times\mathbf{R}_N)$ 的振幅．设 $u(x)\in C_c^\infty(\Omega_x)$，并用 Ω_y 记 y 的变化区域．于是，对每个 $y\in\Omega_y$，上述积分有如上两定理中所确定的意义．下面我们要来研究(3.10)在"积分号下"对参变量 y 取极限的问题．

定理 3.3 对于以 y 为参变量且关于 x,θ 属于 $S^m_{\rho,\delta}$ 中的振幅函数族 $\{a(x,y,\theta);\ y\in\Omega_y\}$ 及位相函数族 $\{\phi(x,y,\theta);\ y\in\Omega_y\}$．若存在振幅函数 $A(x,\theta)\in S^m_{\rho,\delta}$ 及位相函数 $\Phi(x,\theta)$，使当 $y\to y^0\in\Omega_y$ 时有 $a(x,y,\theta)\to A(x,\theta)\ (S^m_{\rho,\delta})$ 及 $\phi(x,y,\theta)\to\Phi(x,\theta)\ (C^\infty)$，则

$$\lim_{y\to y_0}I_\phi(au)(y)=\iint e^{i\Phi(x,\theta)}A(x,\theta)u(x)dxd\theta=I_\phi(Au) \tag{3.11}$$

(此处同前，$\rho>0$，$\delta<1$)．

证．因 $\{a(x,y,\theta);\ y\in\Omega_y\}\subset S^m_{\rho,\delta}(\Omega_x\times\mathbf{R}_N)$，按定理 3.2 只要 k 能使 $m-kt<-N(t=\min(\rho,1-\delta))$，就有

$$I_\phi(au)(y)=\iint e^{i\phi(x,y,\theta)}L_\phi^k(a(x,y,\theta)u(x))dxd\theta \tag{3.12}$$

此处微分算子 L_ϕ 由引理 3.1 定出．于是按 Lebesgue 控制收敛定理即知 (3.11) 为真．定理得证。

利用定理 3.3，立即可得下面含参变量的振荡积分的连续性定理。

定理 3.4 设 $a(x,y,\theta)$ 和 $\phi(x,y,\theta)$ 对 $y\in\Omega_y$ 分别是 x,θ 的 $S^m_{\rho,\delta}$ 型象征和位相函数（$\rho>0$，$\delta<1$），且它们分别按 $S^m_{\rho,\delta}(\Omega_x\times\mathbf{R}_N)$ 和 $C^\infty(\Omega_x\times\mathbf{R}_N\backslash\{0\})$ 的拓扑结构关于 y 连续，简记为

$$a(x,y,\theta)\in C[\Omega_y,S^m_{\rho,\delta}(\Omega_x\times\mathbf{R}_N)]$$

和

$$\phi(x,y,\theta)\in C[\Omega_y,C^\infty(\Omega_x\times\mathbf{R}_N\backslash\{0\})],$$

则振荡积分 (3.10) 是 y 的连续函数.

注. 由定理 2.2，条件 $a(x,y,\theta)\in C[\Omega_y,S^m_{\rho,\delta}(\Omega_x\times\mathbf{R}_N)]$ 可以换为$\{a(x,y,\theta);y\in\Omega_y\}$ 是 $S^{m'}_{\rho,\delta}(\Omega_x\times\mathbf{R}_N)$ 中有界集（$m'<m$），且 $a(x,y,\theta)$ 在每点 $(x,\theta)\in\Omega_x\times\mathbf{R}_N$ 处关于 y 连续.

定理 3.5 设 $a(x,y,\theta)$及$a_y(x,y,\theta)\in C[\Omega_y,S^m_{\rho,\delta}(\Omega_x\times\mathbf{R}_N)]$，$\phi(x,y,\theta)$及 $\phi_y(x,y,\theta)\in C[\Omega_y,C^\infty(\Omega_x\times\mathbf{R}_N\backslash\{0\})]$（$\rho>0$，$\delta<1$），则

$$\frac{\partial}{\partial y}\{I_\phi(au)(y)\}=\iint\frac{\partial}{\partial y}(e^{i\phi}a)u(x)dxd\theta$$
$$=\iint e^{i\phi}(i\phi_ya+a_y)u(x)dxd\theta \qquad (3.13)$$

证.

$$\frac{\partial}{\partial y}\{I_\phi(au)(y)\}$$
$$=\lim_{\Delta y\to 0}\frac{1}{\Delta y}\left[\iint e^{i\phi(x,y+\Delta y,\theta)}a(x,y+\Delta y,\theta)u(x)dxd\theta\right.$$
$$\left.-\iint e^{i\phi(x,y,\theta)}a(x,y,\theta)u(x)dxd\theta\right]$$
$$=\lim_{\Delta y\to 0}\left[\iint e^{i\phi(x,y,\theta)}\frac{1}{\Delta y}(e^{i\phi(x,y+\Delta y,\theta)-i\phi(x,y,\theta)}-1)\right.$$
$$\times a(x,y+\Delta y,\theta)u(x)dxd\theta$$
$$+\iint e^{i\phi(x,y,\theta)}\frac{1}{\Delta y}(a(x,y+\Delta y,\theta)$$

$$-a(x,y,\theta))u(x)dxd\theta\Big]$$

利用定理 3.3，可以将极限号与“积分号”交换，从而易得 (3.13)．证毕．

定理 3.6 设 $\phi(x,y,\theta)\in C^\infty(\Omega_x\times\Omega_y\times\mathbf{R}_N\backslash\{0\})$，关于 θ 为正一次齐次，且对任一 $y\in\Omega_y$ 而言，ϕ 关于 $x,\theta\neq 0$ 无临界点．$a\in S^m_{\rho,\delta}(\Omega_x\times\Omega_y\times\mathbf{R}_N)$，$\rho>0,\delta<1$．又设 $u(x,y)\in C_c^\infty(\Omega_x\times\Omega_y)$，则有

$$\iiint e^{i\phi(x,y,\theta)}a(x,y,\theta)u(x,y)dxdyd\theta$$
$$=\int_{\Omega_y}dy\iint e^{i\phi(x,y,\theta)}a(x,y,\theta)u(x,y)dxd\theta \tag{3.14}$$

这里 (3.14) 的左端也理解为一振荡积分，右端的里层亦然．

证．利用定理 3.2 就可将这里的问题化归到平常的积分号下求积问题，即化成可用 Fubini 定理解决的问题．证毕．

推论 3.3 设 a，ϕ 满足定理 3.6 中所有条件，且对任一 $x\in\Omega_x$ 而言，ϕ 关于 y,θ 无临界点，则有

$$\int_{\Omega_y}dy\iint e^{i\phi(x,y,\theta)}a(x,y,\theta)u(x,y)dxd\theta$$
$$=\int_{\Omega_x}dx\iint e^{i\phi(x,y,\theta)}a(x,y,\theta)u(x,y)dyd\theta \tag{3.15}$$

二、Fourier 分布

在振荡积分 (3.1) 中固定 $\phi(x,\theta)$ 和 $a(x,\theta)$，而把此积分视为一个映射 $u\longmapsto I_\phi(au)$．这样，$I_\phi(au)$ 是 $C_c^\infty(\Omega)=\mathscr{D}(\Omega)$ 上的一个线性泛函．再由 (3.8) 可知此线性泛函在 $\mathscr{D}(\Omega)$ 上连续，从而成为 Schwartz 意义下的一个分布．我们称这个分布为 Fourier 分布．下面来进一步讨论这种分布的性质．

定理 3.7 设 ϕ 为位相函数，振幅 $a\in S^m_{\rho,\delta}(\Omega\times\mathbf{R}_N)$ $(\rho>0$, $\delta<1)$，$t=\min(\rho,1-\delta)$．若 k 是使不等式 $m-kt<-N$ 成立的最小非负整数，则 Fourier 分布

$$A: u \longmapsto I_\phi(au) \tag{3.16}$$

是一个 k 阶分布，即 $A \in (\mathscr{D}^k(\Omega))'$.

证. 由假设，$I_\phi(au)$ 可表示为 (3.8)、将 $L^k(au)$ 展开，它里面只出现 u 的不超过 k 阶的导数，可见按 $\mathscr{D}^k(\Omega)$ 拓扑它是连续的，故 A 是 k 阶分布. 证毕.

推论 3.4 若 ϕ 及 a 中含参变量 y，且 $\phi(x,y,\theta) \in C[\Omega_y, C^\infty(\Omega_x \times \mathbf{R}_N\backslash\{0\})]$，$a(x,y,\theta) \in C[\Omega_y, S^m_{\rho,\delta}(\Omega_x \times \mathbf{R}_N)]$，则 Fourier 分布 $A(y) \in C[\Omega_y, (\mathscr{D}^k(\Omega_x))']$.

现在来研究 Fourier 分布的奇性.

定义 3.1 设 A 为一给定的分布，使 A 为 C^∞ 函数的最大开集的余集，称为 A 的奇支集. 记为 sing supp A.

由定义可知，若 $x \in$ sing supp A，则等价于不存在 x 的邻域，使在此邻域中 $A \in C^\infty$.

定理 3.8 对于 Fourier 分布 $A: u \longmapsto I_\phi(au)$，有

$$\text{sing supp } A \subset \{x; \phi_\theta(x,\theta) = 0 \ \text{对某个}\ \theta \neq 0 \ \text{成立}\} \tag{3.17}$$

证. 用 B 表示 (3.17) 右面的集合，它是 Ω 之相对闭子集. 当 $x \in \Omega\backslash B$ 时，对任意的 $\theta \neq 0$ 均有 $\phi_\theta(x,\theta) \neq 0$，从而将 x 视为参数，由类似于定理 3.6 的证明可得

$$I_\phi(au) = \int_{\Omega\backslash B}\left(\int e^{i\phi(x,\theta)}a(x,\theta)d\theta\right)u(x)dx$$

$$u(x) \in C_c^\infty(\Omega\backslash B) \tag{3.18}$$

这就说明在 $\Omega\backslash B$ 上分布 A 就是 $\int e^{i\phi(x,\theta)}a(x,\theta)d\theta$. 而由定理 3.4 和定理 3.5，它在 $\Omega\backslash B$ 上是 C^∞ 函数，故得 (3.17). 定理证毕.

下面的推论是显然的.

推论 3.5 设 $a \in S^\infty_{\rho,\delta}(\Omega \times \mathbf{R}_N)$，且在临界点集 C_ϕ (参见 (2.2)) 的某邻域内为零，则 Fourier 分布是一个 C^∞ 函数.

如果对 ϕ 加强条件使 C_ϕ 成为一个流形，则可得到比上述推论更为细致的结论.

定理 3.9 设 $\phi(x,\theta)$ 是锥 $\Gamma \subset \Omega \times \mathbf{R}_N\backslash\{0\}$ 上的非退化位相

函数. $a\in S^m_{\rho,\delta}(\Omega\times\mathbf{R}_N)$, $0\leqslant\delta<\rho\leqslant 1$, 且 cone supp $a\subset\Gamma\cup(\Omega\times\{0\})$. 又若满足如下条件

(1) ϕ 是 θ 的线性函数,或者 $\rho+\delta=1$;

(2) 在 C_ϕ 上 $a=0$,

则存在 $b\in S^{m+\delta-\rho}_{\rho,\delta}(\Omega\times\mathbf{R}_N)$,cone supp $b\subset\Gamma\cup(\Omega\times\{0\})$, 使得

$$I_\phi(au)=I_\phi(bu)\qquad u\in C_c^\infty(\Omega)\tag{3.19}$$

证. 先设条件 (1) 中 $\rho+\delta=1$ 成立, 记 $\phi_{\theta_1},\cdots,\phi_{\theta_N}$ 为 $\phi_1,\cdots,\phi_N$. 由假设,对 $(x^0,\theta^0)\in C_\phi$, $d\phi_1,\cdots,d\phi_N$ 线性独立. 又因 $\phi_i(i=1,\cdots,N)$ 是 θ 的正齐零次函数,将 ϕ_i 写成 $\phi_i(x_1,\cdots,x_n,s_1,\cdots,s_{N-1},|\theta|)$, 其中 $s_1,\cdots,s_{N-1}$ 是球面 $|\theta|=1$ 上的局部坐标,则 ϕ_i 与 $|\theta|$ 无关. 所以,矩阵

$$\begin{pmatrix}\dfrac{\partial\phi_1}{\partial x_1}\cdots\dfrac{\partial\phi_1}{\partial x_n} & \dfrac{\partial\phi_1}{\partial s_1}\cdots\dfrac{\partial\phi_1}{\partial s_{N-1}}\\ \cdots\cdots\cdots\cdots & \cdots\cdots\cdots\cdots\\ \dfrac{\partial\phi_N}{\partial x_1}\cdots\dfrac{\partial\phi_N}{\partial x_n} & \dfrac{\partial\phi_N}{\partial s_1}\cdots\dfrac{\partial\phi_N}{\partial s_{N-1}}\end{pmatrix}$$

之秩是 N. 于是,可将 $\phi_1,\cdots,\phi_N$ 取为新的自变量 $y_1,\cdots,y_N$. 再补充在点 (x^0,s^0) 等于零的 $n-1$ 个正齐零次函数 $y_{N+1},\cdots,y_{N+n-1}$, 这样在 $\Gamma\subset\Omega\times\mathbf{R}_N\backslash\{0\}$ 中的单位球丛上 (x^0,s^0) 点附近得到一个微分同胚 $(x,s)\longmapsto y$. 也就是 $(y_1,\cdots,y_{N+n-1})$ 是单位球丛在此点附近的局部坐标系. C_ϕ 在此局部坐标系下有方程 $0=y_1=\cdots=y_N$. 可见, C_ϕ 是 $\Gamma\subset\Omega\times\mathbf{R}_N\backslash\{0\}$ 中的 n 维子流形.

由于上述局部坐标变换,我们也就得到 (x^0,θ^0) 之一锥邻域到 $U\times\mathbf{R}_+$ 上的一个齐次微分同胚变换

$$(x,\theta)\longmapsto(y_1,\cdots,y_{N+n-1},|\theta|)\in\mathbf{R}^{N+n-1}\times\mathbf{R}^1$$

其中 U 是 $\mathbf{R}^{N+n-1}$ 中原点的邻域, $\mathbf{R}_+=\{x\in\mathbf{R}^1;x>0\}$.

显然,此变换是一个正齐一次 C^∞ 映射,在此变换下,若位相和振幅仍分别记为 $\phi(y,|\theta|)$ 和 $a(y,|\theta|)$, 由定理 2.1 可知,当 $\rho+\delta=1$ 时 $a(y,|\theta|)\in S^m_{\rho,\delta}(U\times\mathbf{R}_N)$. 另外,由于当 $y_1=\cdots=y_N=0$ 时 $a=0$, 有

$$a(y,|\theta|)=\sum_{j=1}^{N}y_j\int_0^1\frac{\partial a}{\partial y_j}(ty_1,\cdots,ty_N,y_{N+1},\cdots,y_{N+n-1},|\theta|)dt$$
$$=\sum_{j=1}^{N}a_jy_j$$

其中

$$a_j=\int_0^1\frac{\partial a}{\partial y_j}(ty_1,\cdots,ty_N,y_{N+1},\cdots,y_{N+n-1},|\theta|)dt$$
$$j=1,\cdots,N$$

且由

$$\frac{\partial a}{\partial y_j}\in S^{m+\delta}_{\rho,\delta}(U\times\mathbf{R}_+)$$

有 $a_j\in S^{m+\delta}_{\rho,\delta}(U\times\mathbf{R}_+)$.

若上述变换 $(x,\theta)\longmapsto(y,|\theta|)$ 在整个锥 Γ 中有效，则把变量 $y,|\theta|$ 变换回到 x,θ 后，有 $a_j(x,\theta)\in S^{m+\delta}_{\rho,\delta}(\Omega\times\mathbf{R}_N)$, cone supp $a_j\subset\Gamma\cup(\Omega\times\{0\})$，于是，对 $u\in C_c^\infty(\Omega)$ 有

$$I_\phi(au)=\iint e^{i\phi(x,\theta)}\left(\sum_{j=1}^{N}a_jy_j\right)udxd\theta$$
$$=\iint e^{i\phi(x,\theta)}\left(\sum_{j=1}^{N}a_j\phi_{\theta_j}\right)udxd\theta$$
$$=\iint\frac{1}{i}\left(\sum_{j=1}^{N}(e^{i\phi})_{\theta_j}\cdot a_j\right)udxd\theta$$

注意到推论3.2中的分部积分公式，对上式右面积分进行分部积分就得

$$I_\phi(au)=\iint e^{i\phi}\left(i\sum_{j=1}^{N}\frac{\partial a_j}{\partial\theta_j}\right)udxd\theta$$

记 $b=i\sum_{j=1}^{N}\frac{\partial a_j}{\partial\theta_j}\in S^{m+\delta-\rho}_{\rho,\delta}(\Omega\times\mathbf{R}_N)$，则 cone supp $b\subset\Gamma\cup(\Omega\times\{0\})$，并(3.19)成立.

虽然上述变换 $(x,\theta)\longmapsto(y,|\theta|)$ 仅在 (x^0,θ^0) 的某锥邻域内成立，但是既然在 Γ 中对每一点的某锥邻域内都可作如上处理，

故只要选取如上的有限个锥邻域 $\{\Gamma_k; k=1,\cdots,l\}$ 覆盖 cone supp a，并作从属于此覆盖的单位分解 $\{\varphi_k(x,\theta); k=1,\cdots,l\}$，使得 $\varphi_k(x,\theta)$ 关于 θ 为正齐零次函数（只要先在相应的单位球从上作单位分解，然后按齐零次扩张就可办到这一点），于是就可得到全局的 $b(x,\theta)$.

剩下还须证明在上述处理中，$\rho+\delta=1$ 的条件可以换成 ϕ 为 θ 的线性函数：$\phi=\sum\limits_{j=1}^{N}\phi_j(x)\theta_j$. 此时 ϕ 为非退化的条件意味着矩阵 $\left(\dfrac{\partial\phi_j}{\partial x_i}\right)$ 秩为 N. 于是必有 $n\geqslant N$，并且调整 x 变量的编号后，此时前面的论证中所使用的局部坐标变换就可以特别地选取成

$$(x_1,\cdots,x_n,\theta_1,\cdots,\theta_N)\longmapsto(y_1,\cdots,y_N,x_{N+1},\cdots,x_n,\theta_1,\cdots,\theta_N)$$

注意这个坐标变换并未更动变量 θ，故由定理 2.1，知 $a(y,\theta)\in S^m_{\rho,\delta}$，其余的证明过程可以完全与 $\rho+\delta=1$ 的情形相同而完成. 定理证毕.

推论 3.6 若把上述定理中的条件 (2) 加强为

(2)′ $a(x,\theta)$ 在 C_ϕ 上有无穷阶零点，

则 Fourier 分布 $I_\phi(au)$ 是一个 C^∞ 函数.

证. 由于定理 3.9 中所得的振幅 $b(x,\theta)$ 所具有的形式，当 a 满足条件 (2)′ 时，b 也在 C_ϕ 上有无穷阶零点，于是对 b 继续可用定理 3.9 的结论，这样就可取 $S^{m+2(\delta-\rho)}_{\rho,\delta}$ 中一个象征代替 $b(x,\theta)$. k 次运用定理 3.9 后就可以用 $S^{m+k(\delta-\rho)}_{\rho,\delta}$ 类中函数代替 $I_\phi(au)$ 中的 $a(x,\theta)$. 注意 $\delta<\rho$，故当 $k\to\infty$ 时有 $m+k(\delta-\rho)\to-\infty$. 由此可见所要证的论断为真.

注. 推论 3.6 比推论 3.5 中的条件减弱了，但所得结果一致.

§4. Fourier 积分算子

通过上面两节的讨论，我们现在可以着手定义 Euclid 空间上或它的开子集上的 Fourier 积分算子了. 这一节中，我们还要给

出 Fourier 积分算子的一些基本性质. 并且对 Fourier 积分算子一个重要特殊情形——拟微分算子进行简要的介绍.

一、Fourier 积分算子的定义及其基本性质

定义 4.1 设 Ω_x 和 Ω_y 分别是 $\mathbf{R}^{n_x}$ 和 $\mathbf{R}^{n_y}$ 中的开集. $\phi(x,y,\theta)$ 是 $\Omega_x\times\Omega_y\times\mathbf{R}_N\backslash\{0\}$ 中的实值位相函数. $a(x,y,\theta)\in S^m_{\rho,\delta}(\Omega_x\times\Omega_y\times\mathbf{R}_N)$, $\rho>0$, $\delta<1$. 对于任一 $u(y)\in C_c^\infty(\Omega_y)$, 作

$$\langle Au,v\rangle=I_\phi(auv)\qquad\forall v\in C_c^\infty(\Omega_x)\tag{4.1}$$

其中

$$I_\phi(auv)=\iiint e^{i\phi(x,y,\theta)}a(x,y,\theta)u(y)v(x)dxdyd\theta\tag{4.2}$$

是一个振荡积分. 由 (4.1) 确定的 $Au\in\mathscr{D}'(\Omega_x)$. 这样, 就确定了一个线性算子

$$A:\quad C_c^\infty(\Omega_y)\to\mathscr{D}'(\Omega_x)$$

这个算子称为 Fourier 积分算子.

由此知, Fourier 积分算子 A 所对应的分布核 $K_A\in\mathscr{D}'(\Omega_x\times\Omega_y)$由下式确定

$$\begin{aligned}\langle K_A,f(x,y)\rangle&=I_\phi(af)\\&=\iiint e^{i\phi(x,y,\theta)}a(x,y,\theta)f(x,y)dxdyd\theta\end{aligned}\tag{4.3}$$

显见,此分布核是一个 Fourier 分布. 有时, 我们也用同一记号 A 表示此分布核.

下面给出如上定义的 Fourier 积分算子的一些初步性质.

定理 4.1 设 $t=\min(\rho,1-\delta)$. 若整数 k 满足 $m-kt<-N$,则 Fourier 积分算子 A 是 $C_c^\infty(\Omega_y)\to(\mathscr{D}'(\Omega_x))'$的线性连续算子. 特别地,它是 $C_c^\infty(\Omega_y)\to\mathscr{D}'(\Omega_x)$ 的线性连续算子.

证. 由定理 3.7, A 的分布核 $\in(\mathscr{D}^k(\Omega_x\times\Omega_y))'$.

定理 4.2 设 $\phi(x,y,\theta)$ 中视 x 为参数时,它对任一 $x\in\Omega_x$ 为 y,θ 的位相函数,则

(1) 当 $m-kt<-N$ 时, Fourier 积分算子 A 是 $C_c^k(\Omega_y)\to$

$C(\Omega_x)$ 的线性连续算子.

(2) 当 $m+j-kt<-N$ 时，A 是 $C_c^k(\Omega_y)\to C^j(\Omega_x)$ 的线性连续算子.

(3) 一般地，A 是 $C_c^\infty(\Omega_y)\to C^\infty(\Omega_x)$ 的线性连续算子.

证. 视 x 为参数，$\phi(x,y,\theta)\in C[\Omega_x, C^\infty(\Omega_y\times \mathbf{R}_N\backslash\{0\})]$，$a(x,y,\theta)\in C[\Omega_x, S^m_{\rho,\delta}(\Omega_y\times\mathbf{R}_N)]$. 又 ϕ 关于 y,θ 是位相函数，故由定理 3.4，振荡积分

$$\iint e^{i\phi(x,y,\theta)}a(x,y,\theta)u(y)dyd\theta \qquad (u(y)\in C_c^\infty(\Omega_y))$$

是 x 的连续函数，且由定理 3.6，有

$$\begin{aligned}\langle Au, v\rangle &= I_\phi(auv)\\ &=\int v(x)\left[\iint e^{i\phi(x,y,\theta)}a(x,y,\theta)u(y)dyd\theta\right]dx\end{aligned}$$

所以

$$Au(x)=\iint e^{i\phi(x,y,\theta)}a(x,y,\theta)u(y)dyd\theta \tag{4.4}$$

又由定理 3.2 知，当 $m-kt<-N$ 时

$$Au(x)=\iint e^{i\phi(x,y,\theta)}L^k_{(y,\theta)}(au)dyd\theta$$

其中算子 $L_{(y,\theta)}$ 的下标 (y,θ) 表示此微分算子中自变量是 y，θ.

现取 $\{u_l\}$，使 $u_l\to u(C_c^k(\Omega_y))$，于是在 Ω_x 的任一紧集上一致地有

$$\begin{aligned}Au_l(x)&=\iint e^{i\phi}L^k_{(y,\theta)}(au_l)dyd\theta\\ &\to\iint e^{i\phi}L^k_{(y,\theta)}(au)dyd\theta=Au(x)\end{aligned}$$

这就证明了第一个结论.

由定理 3.5，

$$D_x^\alpha(Au)=\iint e^{i\phi(x,y,\theta)}b(x,y,\theta)u(y)dyd\theta$$

其中 $b(x,y,\theta)$ 由等式 $D_x^\alpha(e^{i\phi}a)=e^{i\phi}b$ 定出. 因此 $b(x,y,\theta)\in$

$S_{\rho,\delta}^{m+|\alpha|}$. 再利用已证得的(1)就可得(2).

最后,对任意正整数 j, 总存在 k 使 $m+j-kt<-N$ 成立. 从而对任意的 j, A 是 $C_c^\infty(\Omega_x)\to C^j(\Omega_x)$ 的线性连续算子, 故结论(3)成立. 定理证毕.

定理 4.3 若对任一 $y\in\Omega_y$, $\phi(x,y,\theta)$ 是 x,θ 的位相函数, 则

(1) 当 $m+j-kt<-N$ 时, A 可唯一地延拓为 $(\mathscr{E}^j(\Omega_y))'\to(\mathscr{D}^k(\Omega_x))'$ 的线性连续算子.

(2) 一般地, A 可唯一地延拓为 $\mathscr{E}'(\Omega_y)\to\mathscr{D}'(\Omega_x)$ 的线性连续算子.

证. 由定理 4.1, Fourier 积分算子 A 是 $C_c^\infty(\Omega_y)\to\mathscr{D}'(\Omega_x)$ 的线性连续算子. 于是存在伴随算子 ${}^tA$, 它是 $C_c^\infty(\Omega_x)\to\mathscr{D}'(\Omega_y)$ 的线性连续算子, 且由下式确定

$$\langle Au,v\rangle=\langle u,{}^tAv\rangle=I_\phi(auv)$$
$$u\in C_c^\infty(\Omega_y),\ v\in C_c^\infty(\Omega_x) \tag{4.5}$$

由此可知, ${}^tA$ 所对应的分布核 $K_{{}^tA}\in\mathscr{D}'(\Omega_x\times\Omega_y)$ 由下式确定

$$\langle K_{{}^tA},f(x,y)\rangle=\iiint e^{i\phi(y,x,\theta)}a(y,x,\theta)f(x,y)dxdyd\theta \tag{4.6}$$

于是,由假设,借助定理 4.2 的(2), 当 $m+j-kt<-N$ 时, ${}^tA$ 是 $C_c^k(\Omega_x)\to C^j(\Omega_y)$ 的线性连续算子. 从而它的伴随算子 A 是 $(\mathscr{E}^j(\Omega_y))'\to(\mathscr{D}^k(\Omega_x))'$ 的线性连续算子.

同理,按定理 4.2 中(3)可知, A 是 $\mathscr{E}'(\Omega_y)\to\mathscr{D}'(\Omega_x)$ 的线性连续算子. 定理证毕.

定义 4.2 若位相函数 $\phi(x,y,\theta)$ 对任一固定的 x 而言可视为 y,θ 的位相函数;又对任一固定的 y 而言可视为 x,θ 的位相函数,则称这样的 $\phi(x,y,\theta)$ 为**算子位相函数**.

于是, 由上述两定理, 当 $\phi(x,y,\theta)$ 是算子位相函数时, 由(4.1)所定义的 Fourier 积分算子既是 $C_c^\infty(\Omega_y)\to C^\infty(\Omega_x)$ 的线性连续算子,又是 $\mathscr{E}'(\Omega_y)\to\mathscr{D}'(\Omega_x)$ 的线性连续算子.

定理 4.4 设对任意固定的 x,y, 位相函数 $\phi(x,y,\theta)$ 关于

$\theta \neq 0$ 无临界点，则 A 的分布核是 C^∞-函数．从而 A 是 $\mathscr{E}'(\Omega_y) \to C^\infty(\Omega_x)$ 的线性连续算子．

证．由于 $\theta \neq 0$ 时 $\phi_\theta \neq 0$，所以振荡积分

$$\int e^{i\phi(x,y,\theta)} a(x,y,\theta) d\theta$$

有意义，由定理 3.6，A 的分布核 K_A 是

$$K_A(x, y) = \int e^{i\phi(x,y,\theta)} a(x,y,\theta) d\theta \tag{4.7}$$

又由定理 3.4 及 3.5，$K_A(x, y)$ 还是 x, y 的 C^∞ 函数，于是它所对应的算子是 $\mathscr{E}'(\Omega_y) \to C^\infty(\Omega_x)$ 的线性连续算子．定理证毕．

注． 设 $\tilde{C}_\phi$ 是 $\phi(x, y, \theta)$ 关于 θ 的临界点集

$$C_\phi = \{(x,y,\theta) \in \Omega_x \times \Omega_y \times \mathbb{R}_N \backslash \{0\}, \phi_\theta(x,y,\theta) = 0\}$$

在 $\Omega_x \times \Omega_y$ 上的投影．它的余集 $\tilde{R}_\phi$ 是 $\Omega_x \times \Omega_y$ 中的开集．故对任意 $(x,y) \in \tilde{R}_\phi$，位相函数 ϕ 关于 θ 无临界点．类似于上述定理的证明可知，A 的分布核 K_A 在 $\tilde{R}_\phi$ 中为 C^∞ 函数；且它有表示式 (4.7)．这个事实也可由定理 3.8 直接得到．

[例 1]　Ω 上的 Fourier 积分

$$u(x) = (2\pi)^{-n} \iint e^{i\langle x-y,\theta\rangle} u(y) dy d\theta \qquad u \in C_c^\infty(\Omega)$$

确定了一个 Fourier 积分算子 I，它所对应的分布核 $K_I = \delta(x - y)$．又由 $\phi_\theta(x,y,\theta) \equiv \dfrac{\partial}{\partial\theta}(\langle x - y,\theta\rangle) = 0$ 可得 $x = y$，故知 $\tilde{C}_\phi = \{(x,y);\ x = y\}$．从而由此也可知，在对角线集合外 K_I 为 C^∞ 函数．

由例 1 知，Fourier 变换所对应的 Fourier 积分算子实际上是一个恒等算子，作为它的推广，考虑如下形式的 Fourier 积分算子

$$Au(x) = (2\pi)^{-n} \iint e^{i\langle x-y,\theta\rangle} a(x,y,\theta) u(y) dy d\theta$$

其中 $a(x, y, \theta) \in S^m_{\rho,\delta}(\Omega \times \Omega \times \mathbb{R}_n)$．此时集合 $\tilde{C}_\phi$ 仍是对角线集合 $\{(x,y);\ x = y\}$，从而 $K_A(x, y)$ 在对角线外是 C^∞ 函数．另外，当 $|\theta| \neq 0$ 时 $\phi_x = \theta$，$\phi_y = -\theta$ 均不为零，故 ϕ 是算子位

相函数。

上述算子称为拟微分算子．在本节第二部分将对这种算子专门介绍．

［例 2］ 在应用上经常遇到如下形式的 Fourier 积分算子

$$Au(x)=\int e^{iS(x,\theta)}a(x,\theta)\hat{u}(\theta)d\theta \tag{4.8}$$

其中 $\hat{u}$ 是 u 的 Fourier 变换，$a(x,\theta)\in S^m_{\rho,\delta}(\Omega\times\mathbf{R}_N)$，$S(x,\theta)$ 是 $\Omega\times\mathbf{R}_n\backslash\{0\}$ 上的位相函数．

将 (4.8) 写成

$$Au(x)=\iint e^{i(S(x,\theta)-\langle y,\theta\rangle)}a(x,\theta)u(y)dyd\theta$$

的形式，作为振荡积分，它的位相函数应当是

$$\phi(x,y,\theta)=S(x,\theta)-\langle y,\theta\rangle$$

显见，对任意固定的 x 而言，ϕ 又是 y，θ 的位相函数．在应用中 $S(x,\theta)$ 又常有 $S_{x\theta}$ 满秩．这时，可以由 S_x 的正齐一次性推知

$$S_x(x,\theta)=S_{x\theta}(x,\theta)\cdot\theta\neq 0\qquad(\text{当 }\theta\neq 0\text{ 时})$$

所以 ϕ 是算子位相函数．

对应于 (4.8) 的集合 $\widetilde{C}_\phi=\{(x,S_\theta(x,\theta));x\in\Omega\}$.

在 §1 中的两例中，它们的解均可表为形如 (4.8) 的 Fourier 积分算子对始值函数的作用．例如，对齐次波动方程 Cauchy 问题而言，相应的 $S(x,\theta)=\langle x,\theta\rangle\pm C|\theta|t$．我们可将 t 视为参数，这时出现了带参数 t 的 Fourier 积分算子 $A(t)$，对应的 $\widetilde{C}_\phi$ 就是特征锥面(2.4)，由此可知，齐次波动方程 Cauchy 问题解的奇性沿着特征锥面传播．

［例 3］ 任一 C^∞ 函数 $f(x)$ 总可表示为(3.1)形式的Fourier分布．其中位相函数 $\phi(x,\theta)$ 可任意选定．同理，任一 $\mathscr{E}'(\Omega_y)\to C^\infty(\Omega_x)$ 的光滑算子总可表示为具任意位相函数的 Fourier 积分算子．

事实上，取 $\psi(\theta)\in C_c^\infty(\mathbf{R}_N)$ 使 $\int\psi(\theta)d\theta=1$，并记 $a(x,\theta)=f(x)\psi(\theta)e^{-i\phi(x,\theta)}$，即得

$$f(x)=\int e^{i\phi(x,\theta)}a(x,\theta)d\theta$$

此处 $a(x,\theta)\in S^{-\infty}$. 又由于任一 $\mathscr{E}'(\Omega_y)\to C^\infty(\Omega_x)$ 的光滑算子的分布核为 C^∞ 函数. 所以也容易将它用(4.3)形式表出,且位相函数 ϕ 可任意选取.

下面我们来讨论一个 Fourier 积分算子作用于分布 u 后所得的分布的奇性支集与原分布之奇性支集之间的关系.

设 U,V 是任意两个集合. $R_1\subset U\times V$, $R_2\subset V$. 记

$$R_1\circ R_2=\{x\in U,\ \text{存在某个}\ y\in R_2,\ \text{使}\ (x,y)\in R_1\} \tag{4.9}$$

定理 4.5 若 Fourier 积分算子 A 中的 ϕ 是算子位相函数, 则有

$$\text{sing supp }(Au)\subset\widetilde{C}_\phi\circ\text{sing supp }u \qquad u\in\mathscr{E}'(\Omega_y) \tag{4.10}$$

其中 $\widetilde{C}_\phi$ 是 ϕ 的临界点集 C_ϕ 在 $\Omega_x\times\Omega_y$ 上的投影.

证. 由 ϕ 的假设,按定理 4.3, $Au\in\mathscr{D}'(\Omega_x)$. 现先来证明

$$\text{sing supp }(Au)\subset\widetilde{C}_\phi\circ\text{supp}u \qquad u\in\mathscr{E}'(\Omega_y) \tag{4.11}$$

事实上,记 $K=\text{supp}\,u$, 若 K_1 是 Ω_x 中不与 $\widetilde{C}_\phi\circ K$ 相交的紧集,则 $K_1\times K\subset\widetilde{R}_\phi$. 故可找到开集 $\Omega'_x\supset K_1$, $\Omega'_y\supset K$, 且 $\Omega'_x\times\Omega'_y\subset\widetilde{R}_\phi$.

于是,对任意 $v(x)\in C_c^\infty(\Omega'_x)$ 有

$$\begin{aligned}\langle Au,v\rangle&=\langle K_A(x,y),u(y)v(x)\rangle_{\Omega'_x\times\Omega'_y}\\&=\langle\langle K_A(x,y),u(y)\rangle_{\Omega'_y},v(x)\rangle_{\Omega'_x}\end{aligned}$$

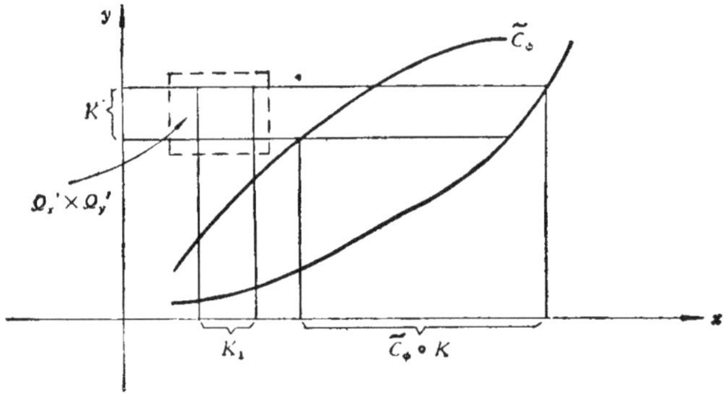

图 4.1

所以在 Ω'_x 上 $Au=\langle K_A(x,y)u(y)\rangle_{\Omega'_y}$. 另一方面,由 $\Omega'_x\times\Omega'_y\subset\widetilde{R}_\phi$ 可知 $K_A(x,y)$ 在 $\Omega'_x\times\Omega'_y$ 上为 C^∞ 函数,从而 $\langle K_A(x,y),u(y)\rangle_{\Omega'_y}\in C^\infty(\Omega'_x)$. (4.11) 得证.

再证(4.10).由 $u\in\mathscr{E}'(\Omega_y)$知 sing supp u 紧.设 Ω''_y是 sing supp u 的任一邻域,作 $\psi(y)\in C_c^\infty(\Omega''_y)$,使在 sing supp u 上恒为1. 于是 $u\in\mathscr{E}'(\Omega_y)$ 可分解为

$$u=\psi u+(1-\psi)u$$

其中 supp $(\psi u)\subset\Omega''_y$, 而 $(1-\psi)u\in C_c^\infty(\Omega_y)$.

由于 ϕ 是算子位相函数,按定理 4.2, $A((1-\psi)u)\in C^\infty(\Omega_x)$ 再对 ψu 用上面已证得的(4.11), 有

$$\text{sing supp }(Au)\subset\widetilde{C}_\phi\circ\text{supp }(\psi u)\subset\widetilde{C}_\phi\circ\Omega''_y$$

注意到 Ω''_y 是 sing supp$u$ 的任一邻域,由上式就知有(4.10)成立. 定理证毕.

二、拟微分算子

在上段例 1 中,我们引入了拟微分算子

$$Au(x)=(2\pi)^{-n}\iint e^{i\langle x-y,\theta\rangle}a(x,y,\theta)u(y)dyd\theta$$

$$u\in C_c^\infty(\Omega) \qquad (4.12)$$

其中 $a\in S^m_{\rho,\delta}(\Omega\times\Omega\times\mathbf{R}_n)$,它是一类特殊的 Fourier 积分算子.从历史上看,拟微分算子比 Fourier 积分算子出现得更早; 并且有关它的理论比 Fourier 积分算子更成熟、更完整. 然而, Fourier 积分算子产生之后,就可将拟微分算子视为其一特例,而对拟微分算子的概念与许多性质给出更为统一和简洁的说明, 本书中正是从这样的角度出发, 把拟微分算子作为 Fourier 积分算子的一个具体模型, 介绍其一些基本性质, 这也可帮助读者更具体地了解 Fourier 积分算子本身.

在此,我们应当指出, 在拟微分算子的早期理论中, 拟微分算子被视为微分算子的推广, 而后者直接可由 Fourier 变换定义.具体地讲,对于一个线性偏微分算子 $p(x,D)$,利用 Fourier 变换可

将它表示为

$$p(x,D)u(x)=(2\pi)^{-n}\int e^{i\langle x,\theta\rangle}p(x,\theta)\hat{u}(\theta)d\theta$$

$$u\in C_c^\infty(\Omega) \tag{4.13}$$

式中 $p(x,\theta)$ 是对应于 $p(x,D)$ 的关于 θ 的 m 次多项式．若在此式中把 $\hat{u}(\theta)$ 用 u 的 Fourier 变换表示式代入，可得

$$p(x,D)u(x)=(2\pi)^{-n}\iint e^{i\langle x-y,\theta\rangle}p(x,\theta)u(y)dyd\theta$$

$$u\in C_c^\infty(\Omega) \tag{4.14}$$

在(4.14)中积分须理解为先对 y 再对 θ 的累次积分．若将 $p(x,\theta)$ 换为较一般的 $a(x,y,\theta)\in S^m_{\rho,\delta}(\Omega_x\times\Omega_y\times\mathbf{R}_n)$．考虑积分

$$(2\pi)^{-n}\int e^{i\langle x,\theta\rangle}\left(\int e^{-i\langle y,\theta\rangle}a(x,y,\theta)u(y)dy\right)d\theta \tag{4.15}$$

当 $u(y)\in C_c^\infty(\Omega_y)$ 时，内层积分 $\int e^{-i\langle y,\theta\rangle}a(x,y,\theta)u(y)dy$ 存在，它关于 x, θ 是 C^∞ 函数，并且当 $|\theta|\neq 0$ 时可作如下估计

$$\begin{aligned}|\theta^\alpha|\cdot\left|\int e^{-i\langle y,\theta\rangle}a(x,y,\theta)u(y)dy\right| &=\left|\int e^{-i\langle y,\theta\rangle}D_y^\alpha(au)\,dy\right|\\ &\leqslant C(1+|\theta|)^{m+\delta|\alpha|}\end{aligned}$$

注意到 $\delta<1$ 及 $|\alpha|$ 的任意性，积分 $\int e^{-i\langle y,\theta\rangle}a(x,y,\theta)u(y)dy$ 的值关于 θ 是急减的，且将其对 x 任意次求导后仍如此、从而 (4.15) 存在，且为 x 的 C^∞ 函数．

于是，拟微分算子 (4.12) 也可以按累次积分 (4.15) 的意义来定义，这就是早期的拟微分算子理论中的定义方法．现在我们要证明这种定义方法与用振荡积分方法所定义得到的算子是一致的．

事实上，设 A 表示 (4.12) 按振荡积分理解所确定的算子．由振荡积分定义知

$$Au(x)=(2\pi)^{-n}\lim_{\varepsilon\to 0}\iint e^{i\langle x-y,\theta\rangle}a(x,y,\theta)\psi(\varepsilon\theta)u(y)dyd\theta$$

$$= (2\pi)^{-n}\lim_{\varepsilon\to 0}\int\left(\int e^{i\langle x-y,\theta\rangle}a(x,y,\theta)u(y)dy\right)\phi(\varepsilon\theta)d\theta$$

上式中内层积分的积分区域 $\operatorname{supp} u$ 是有界的. 故此内层积分存在,并如上述,它关于 θ 属于函数类 $\mathscr{S}$. 于是,由 Lebesgue 控制收敛定理,上式极限存在,且可把极限取到积分号内. 从而有

$$Au(x) = (2\pi)^{-n}\int\lim_{\varepsilon\to 0}\phi(\varepsilon\theta)\int e^{i\langle x-y,\theta\rangle}a(x,y,\theta)u(y)dyd\theta$$

$$= (2\pi)^{-n}\int\left(\int e^{i\langle x-y,\theta\rangle}a(x,y,\theta)u(y)dy\right)d\theta$$

这就是所需证明的.

于是,较新的观点就把拟微分算子作为一个特殊的 Fourier 积分算子看待,从而可用统一的观点去处理它们.

将(4.12)与(4.3)相比较,可知拟微分算子的特殊性主要在于其位相函数是 $\phi(x, y, \theta) = \langle x - y, \theta\rangle$. 当然,为此必须有 $\dim\Omega_x = \dim\Omega_y = n$ 且与 θ 变量的个数一样. 通常我们总要求 $\Omega_x = \Omega_y$.

$\phi(x,y,\theta) = \langle x - y,\theta\rangle$ 显然是一个非退化的算子位相函数,于是由定理 4.2 和 4.3 可知,拟微分算子是 $C_c^\infty(\Omega)\to C^\infty(\Omega)$ 和 $\mathscr{E}'(\Omega)\to\mathscr{D}'(\Omega)$ 的线性连续算子.

另外, $\widetilde{C}_\phi = \{(x,y)\in\Omega\times\Omega, x = y\}$ 是 $\Omega\times\Omega$ 上的对角线集合 Δ. 所以拟微分算子的分布核 K_A 的奇支集含于 Δ 之中. 再由定理 4.5 有

$$\operatorname{sing\ supp}(Au)\subset\Delta\circ\operatorname{sing\ supp} u = \operatorname{sing\ supp} u \tag{4.16}$$

这称作是拟微分算子的**拟局部性**.

§5. 稳定位相法

我们已经知道,振荡积分是 Fourier 分布和 Fourier 积分算子的基础. 在 §3 中,我们看到了位相的特性对振荡积分的决定性作用. 现在,我们将对此作进一步的研究. 在这一节,主要是研究后面给出的形如(5.1)的振荡积分当 $t\to+\infty$ 时的渐近性态以及渐

近展式. 然后应用这个结论,给出拟微分算子象征的渐近展开式.

在§3的讨论中我们常采用这样一种方法: 利用位相函数的特点, 设法造一个稳定位相因子 $e^{i\phi}$, 且其系数有合乎需要的某些特性的微分算子 L, 然后通过分部积分等技巧达到对振荡积分研究的目的.这种方法用来研究本节的问题还是十分合适的,鉴于此法的特点,通常称它为**稳定位相法**.

一、振荡积分的渐近性态

考察振荡积分

$$I(a,t)=\int e^{itf(x,a)}g(x,a,t)dx \tag{5.1}$$

积分在 $\mathbf{R}^n$ 上进行, 其中 t 是参数, a 是在 $\mathbf{R}_N$ 的某紧集 A 的邻域 $\tilde{A}$ 中变化的参数, $f(x, a)$ 是 C^∞ 的实值函数,在本节中我们也称它为位相函数. 同样,我们也称 $g(x, a, t)$ 为振幅函数,且设它满足如下条件

(1) $g\in C^\infty(\mathbf{R}^n\times\tilde{A}\times\mathbf{R}_+)$, 且当 $x\bar{\in}$ 紧集 K 时 $g=0$;

$$\tag{5.2}$$

(2) 对任意的多重指标 α, 当 $t\to+\infty$ 时, 有

$$|\partial_x^\alpha g|\leqslant C_\alpha t^{m+\delta|\alpha|}\qquad 0\leqslant\delta<1 \tag{5.3}$$

式中 C_α 与 x, t, a 无关.

我们的目的是要研究 $I(a,t)$ 在 $t\to+\infty$ 时的性态. 记

$$\Sigma_f=\{x\in K;\ f_x(x,a)=0\ \text{对某个}\ a\in A\ \text{成立}\} \tag{5.4}$$

定理 5.1 设在 Σ_f 的邻域 U 中, 对每个 N, 当 $t\to+\infty$ 时成立

$$|g(x,a,t)|\leqslant C_N t^{-N} \tag{5.5}$$

则必有常数 $\tilde{C}_N$, 使

$$|I(a,t)|\leqslant\tilde{C}_N t^{-N} \tag{5.6}$$

成立.

证. 取有界开集 U', 使 $\Sigma_f\subset U'$, 且 $\bar{U}'\subset U$, 作 $\varphi\in C_c^\infty(U)$, $0\leqslant\varphi\leqslant1$ 且在 U' 上 $\varphi\equiv1$. (5.1) 可分解为

$$I(a,t)=\int e^{itf(x,a)}\varphi g dx+\int e^{itf(x,a)}(1-\varphi)g dx$$
$$=I_1(a,t)+I_2(a,t)$$
由(5.5),关于 $I_1(a,t)$ 的被积函数有 $|e^{itf(x,a)}\varphi g|\leqslant|g|\leqslant C_N t^{-N}$,而且积分区域可取为 K. 故当 $t\to+\infty$ 时 $|I_1(a,t)|\leqslant C'_N t^{-N}$.

对于 $I_2(a,t)$, 令 $g_1=(1-\varphi)g$, 在 supp g_1 的邻域内恒有 $|f_x(x,a)|\geqslant\varepsilon>0$, 因而可作算子

$$L=\sum_{j=1}^{n}\frac{f_{x_j}(x,a)}{|\nabla_x f|^2}\frac{\partial}{\partial x_j}$$

使得 $L(e^{itf})=ite^{itf}$. 于是

$$I_2(a,t)=\int\frac{1}{it}L[e^{itf(x,a)}]g_1(x,a,t)dx$$
$$=\frac{1}{it}\int e^{itf(x,a)}\,{}^tL(g_1)dx$$
$$=\left(\frac{1}{it}\right)^k\int e^{itf(x,a)}({}^tL)^k(g_1)dx \tag{5.7}$$

此处 ${}^tL$ 是 L 的伴随微分算子,即

$${}^tL=-\sum_{j=1}^{n}\frac{f_{x_j}(x,a)}{|\nabla_x f|^2}\frac{\partial}{\partial x_j}-\sum_{j=1}^{n}\left(\frac{f_{x_j}(x,a)}{|\nabla_x f|^2}\right)_{x_j}$$

注意到 ${}^tL$ 的系数是有界的, 以及 g 满足 (5.2) 和 (5.3), 可知 $I_2(a,t)\leqslant Ct^{m+k(\delta-1)}$. 由 $\delta<1$ 及 k 的任意性可得知 $|I_2(a,t)|\leqslant C''_N t^{-N}$对每一个$N$成立. 定理证毕.

若 g 不满足条件 (5.2), 则积分 (5.1) 将在 x 的无界区域上进行. 这时,在对 g, f 的一些附加限制下,仍有相应的结论成立. 为了以后应用的方便, 我们将积分变量分成 x, θ 两部分, x 在 $\mathbf{R}^n$ 的一个有界集 Ω 内变化, θ 在 $\mathbf{R}_l$ 中变化, 参数 a 仍在 $\tilde{A}$ 中变化, $A\subset\subset\tilde{A}$.

$$I(a,t)=\iint e^{itf(x,\theta,a)}g(x,\theta,a,t)dxd\theta \tag{5.8}$$

并记 $\Sigma_f=\{(x,\theta);\nabla_{(x,\theta)}f(x,\theta,a)=0$ 对某个 $a\in A$ 成立$\}$, 则有

定理 5.2 设 $f(x,\theta,a)\in C^\infty(\Omega\times\mathbf{R}_l\times\tilde{A})$, $g\in C^\infty(\Omega\times\mathbf{R}_l\times$

$\tilde{A}\times\mathbf{R}_+)$，它们满足

(1) 当 $x\bar{\in}K\subset\subset\Omega$ 时 $g=0$; (5.9)

(2) $|\partial_{x,\theta}^{\alpha}g|\leqslant C_{\alpha}[(1+|\theta|)t]^{m+\delta|\alpha|}\qquad \delta<1$; (5.10)

(3) 在 Σ_f 的邻域 U 中

$$|g(x,\theta,a,t)|\leqslant C_N t^{-N}(1+|\theta|)^{-l'} \tag{5.11}$$

式中 l' 为某个大于 l 的正数，N 为任意大的正整数；

(4) 存在常数 B 及 B_{α} 使在 U 外有

$$B^{-1}\leqslant[(\nabla_x f)^2+|\theta|^2(\nabla_{\theta}f)^2]^{1/2}(1+|\theta|)^{-1}\leqslant B \tag{5.12}$$

(当 f 关于 θ 为正齐一次时，此式相当于无临界点条件)，

$$|\partial_{x,\theta}^{\alpha}f(x,\theta,a)|\leqslant B_{\alpha}(1+|\theta|) \tag{5.13}$$

那末对任意 N，必存在常数 $\widetilde{C}_N$，使

$$|I(a,t)|\leqslant\widetilde{C}_N t^{-N} \tag{5.14}$$

其证明可以类似于定理 5.1 作出.

由上述讨论可见，为研究积分 (5.1) 或 (5.8) 在 $t\to+\infty$ 时的性态，关键在于 Σ_f 处的有关状况. 在前两定理中，我们假定了 g 在 Σ_f 附近关于 t 是急降的，显然这个条件过于苛刻. 在下面，我们要来研究一种特殊类型的临界点，即非退化的临界点. 在这种临界点附近，可以在没有条件 (5.5) 的情况下获得 $I(a,t)$ 当 $t\to+\infty$ 时的渐近估计. 此时，当然已经得不到象 (5.6) 那样的结论，但可以得到 $I(a,t)$ 的一个渐近展式 $\Sigma a_k t^{-k}$，即对任意正整数 N，当 $t\to+\infty$ 有估计式

$$I(a,t)-\sum_{k=1}^{N}a_k t^{-k}=o(t^{-\nu_N})\qquad \nu_N\to+\infty \tag{5.15}$$

定义 5.1 设 $(x_0,a_0)\in K\times A$ 是 $f(x,a)$ 的临界点，即 $f_x(x_0,a_0)=0$. 若在此点处二次型 $d_x^2f(x,a)$ 是非退化的，即对应于此二次型的矩阵是非退化的，则称此点为 $f(x,a)$ 的**非退化的临界点**.

先证三个引理.

引理 5.1(Morse 引理) 设实函数 $f(x)$ 在 $\mathbf{R}^n$ 的原点附近 C^{∞} 光滑，$x\in\mathbf{R}^n$，$f(0)=0=f_x(0)$，且 $d_x^2f(0)$是非退化的二次

型，对应于它的矩阵记为 Q，则在原点的邻域内恒可找到一个 C^∞ 光滑的坐标变换 $x \to y = y(x)$，满足 $y(0) = 0$，$y_x(0) = I$，使

$$f(x) = \frac{1}{2}\langle Qy, y\rangle \tag{5.16}$$

证．设所要找的变换为 $y = R(x)x$，此处 $R(x)$ 是 $n \times n$ 矩阵．代入 (5.10)，有

$$f(x) = \frac{1}{2}\langle QRx, Rx\rangle$$

另一方面，$f(x)$ 在原点有如下的 Taylor 展式

$$\begin{aligned} f(x) &= f(0) + \sum_{j=1}^{n} f_{x_j}(0)x_j \\ &\quad + \int_0^1 (1-t)\sum_{i,j=1}^{n} \frac{\partial^2 f(z)}{\partial z_i \partial z_j}\bigg|_{z=tx} \cdot x_i x_j dt \\ &= \frac{1}{2}\sum_{i,j=1}^{n} b_{ij}x_i x_j \\ &= \frac{1}{2}\langle Bx, x\rangle \end{aligned}$$

其中 $B(x) = (b_{ij}(x))$ 为对称矩阵，

$$b_{ij}(x) = 2\int_0^1 (1-t) f_{z_i z_j}(tx) dt$$

所以应取 $R(x)$ 满足矩阵方程

$${}^tRQR = B(x) \tag{5.17}$$

以及 $R(0) = I$．另外，由于引理中要求变换是 C^∞ 光滑的，故 $R(x)$ 关于 x 也应是 C^∞ 光滑的．为此，先限制 R 中的自由度，使它等于对称矩阵 B 的自由度 $\frac{1}{2}n(n+1)$．这样有可能由反函数定理定出 R．取 $R = e^{Q^{-1}H}$，其中 H 为待定的对称矩阵．故决定 R 的条件转化为

$${}^t(e^{Q^{-1}H})Qe^{Q^{-1}H} = B(x), \quad H(0) = 0$$

记 $\Phi(H) = {}^t(e^{Q^{-1}H})Qe^{Q^{-1}H}$．$\Phi$ 是由 $n \times n$ 对称矩阵到 $n \times n$ 对称矩阵的一个映射，且 $\Phi(0) = Q$．注意到 ${}^t(e^{Q^{-1}H}) = e^{HQ^{-1}}$，

故Φ在$H=0$处的切映射为

$$d\Phi(\delta H)=2\,\delta H$$

这表示$d\Phi$是一一映射，从而由反函数定理知在 $H=0$ 的邻域内Φ是一个C^∞同胚，其逆映射 $H=\Psi(B)$ 关于B是C^∞的，因而在原点邻域内存在有所需诸性质的C^∞矩阵函数$R(x)=e^{Q^{-1}\Psi(B(x))}$. 引理证毕.

为适应讨论带参数a的位相函数$f(x,a)$的需要，我们给出下述带参数的 Morse 引理，它的证明和引理 5.1 相仿，此处从略.

引理 5.2 设 $f(x,a)$ 是 $K\times A$ 的开邻域中定义的C^∞实函数，$(x_0,a_0)\in K\times A$ 使 $f_x(x_0,a_0)=0$，且二次型 $d_x^2f(x_0,a_0)$ 非退化，则存在x_0的邻域Ω_{x_0}，a_0的邻域Ω_{a_0}，以及C^∞映射

$$\Omega_{a_0}\ni a\longmapsto x(a)\in\Omega_{x_0}$$

和

$$\Omega_{x_0}\times\Omega_{a_0}\ni(x,a)\longmapsto y=y(x,a)\in R^n$$

满足

$$x(a_0)=x_0,\qquad f_x(x(a),a)=0$$
$$y(x(a),a)=0,\quad y_x(x(a),a)=I$$

且有

$$f(x,a)=f(x(a),a)+\frac{1}{2}\langle Q(a)y,y\rangle \tag{5.18}$$

此处$Q(a)$是对应于二次型$d_x^2f(x(a),a)$的非退化对称矩阵.

引理 5.3 若B是$n\times n$非退化实对称矩阵，则 $e^{\frac{i}{2}\langle Bx,x\rangle}$ 作为缓增分布的 Fourier 变换是

$$F\left(e^{\frac{i}{2}\langle Bx,x\rangle}\right)=(2\pi)^{\frac{n}{2}}|\det B|^{-\frac{1}{2}}e^{\frac{\pi}{4}i\operatorname{sgn}B}\,e^{-\frac{i}{2}\langle B^{-1}\xi,\xi\rangle} \tag{5.19}$$

式中 sgn B 表示矩阵B的符号数，即B的正特征值个数和负特征值个数之差.

证. 先设B是对角阵 diag $\{b_1,\cdots,b_n\}$. 此时

$$e^{i\langle Bx,x\rangle/2}=\prod_{j=1}^n e^{\frac{i}{2}b_j\cdot x_j^2}$$

于是关于它的 Fourier 变换就化为一维的情形.

设 η 是非零实数，则据 Fourier 变换的连续性，

$$F(e^{i\eta x^2}) = \lim_{\varepsilon\to+0} F(e^{i\eta_1 x^2}) \qquad \text{其中 } \eta_1 = \eta + i\varepsilon$$

但依据 Cauchy 积分定理

$$\begin{aligned} F(e^{i\eta_1 x^2}) &= \int_{-\infty}^{+\infty} e^{-ix\cdot\xi} e^{i\eta_1 x^2} dx \\ &= e^{-i\xi^2/4\eta_1} \int_{-\infty}^{+\infty} e^{-\left(\sqrt{\varepsilon - i\eta}\,x + \frac{i\xi}{2\sqrt{\varepsilon - i\eta}}\right)^2} dx \\ &= \frac{1}{\sqrt{\varepsilon - i\eta}} e^{-i\frac{\xi^2}{4\eta_1}} \int_{-\infty}^{+\infty} e^{-z^2} dz \\ &\to \sqrt{\frac{\pi}{|\eta|}} e^{-i\frac{\xi^2}{4\eta}} e^{\frac{\pi}{4} i \operatorname{sgn}\eta} \qquad \text{当 } \varepsilon \to +0 \end{aligned}$$

因此，由 $\operatorname{sgn} B = \sum_{r=1}^{n} \operatorname{sgn} b_j$ 可得

$$\begin{aligned} F(e^{\frac{i}{2}\langle Bx, x\rangle}) &= \prod_{j=1}^{n} F(e^{\frac{i}{2} b_j x_j^2}) \\ &= \prod_{j=1}^{n} \sqrt{\frac{2\pi}{|b_j|}} e^{-i\frac{\xi_j^2}{2b_j}} e^{\frac{\pi}{4} i \operatorname{sgn} b_j} \\ &= (2\pi)^{\frac{n}{2}} |\det B|^{-\frac{1}{2}} e^{\frac{\pi}{4} i \operatorname{sgn} B} e^{-\frac{i}{2}\langle B^{-1}\xi, \xi\rangle} \end{aligned}$$

当 B 不是对角阵时，存在正交阵 U，使 $B = U\widetilde{B}U^{-1}$，其中 $\widetilde{B}$ 是对角阵. 令 $x = Uy$，则 $\langle x, \xi\rangle = \langle Uy, \xi\rangle = \langle y, U^{-1}\xi\rangle$. 故有

$$\begin{aligned} F(e^{\frac{i}{2}\langle Bx, x\rangle})(\xi) &= F(e^{\frac{i}{2}\langle \widetilde{B}y, y\rangle})(\eta)\big|_{\eta = U^{-1}\xi} \\ &= (2\pi)^{\frac{n}{2}} |\det \widetilde{B}|^{-\frac{1}{2}} e^{\frac{\pi}{4} i \operatorname{sgn} \widetilde{B}} e^{-\frac{i}{2}\langle \widetilde{B}^{-1}\eta, \eta\rangle}\big|_{\eta = U^{-1}\xi} \end{aligned}$$

注意 $\det B$ 及 $\operatorname{sgn} B$ 在正交变换下不变，且

$$\begin{aligned} \langle \widetilde{B}^{-1}\eta, \eta\rangle\big|_{\eta = U^{-1}\xi} &= \langle \widetilde{B}^{-1}U^{-1}\xi, U^{-1}\xi\rangle \\ &= \langle U\widetilde{B}^{-1}U^{-1}\xi, \xi\rangle \\ &= \langle B^{-1}\xi, \xi\rangle \end{aligned}$$

把这些结果代入上式即得 (5.19). 引理证毕.

利用上述这些引理，就可以对积分 $I(a, t)$ 中在非退化的临界点附近的部分作渐近估计. 为此，设对 $a_0 \in A$，(x_{0s}, a_0) 是位相函数

$f(x,a)$的非退化的临界点($s=1,\cdots,m$). 由隐函数存在定理,存在(x_{0s}, a_0)的邻域 $\Omega_{x_{0s}}\times\Omega_{a_0}$, 使得在 Ω_{a_0} 上存在 C^∞ 函数 $x=x_s(a)\in\Omega_{x_{0s}}$, $x_{0s}=x_s(a_0)$, 且 $f_x(x(a), a)=0$, 二次型 $d_x^2f(x_s(a),a)$ 非退化. 于是有如下定理.

定理 5.3 设积分 $I(a,t)$ 中的振幅函数 $g(x,a,t)$ 满足条件 (5.2) 和 (5.3). $f_x(x,a)$在 $x=x_s(a)(s=1,\cdots,m)$上为零,且在其上 $d_x^2f(x,a)$ 非退化,则有展开式

$$I(a,t)=\sum_{s=1}^{m}[t^{-\frac{n}{2}}e^{itf(x_s(a),a)}\sum_{j=0}^{N-1}a_{js}(g,f,a)t^{-j}+R_{Ns}(a,t)] \tag{5.20}$$

对 $a\in A$ 成立,其中 $a_{js}=p_{js}(a,x,D_x)g$, p_{js} 是具有 C^∞ 系数的 $2j$ 阶偏微分算子 (它的具体表达式见定理证明中的 (5.27)). 余项 $R_{Ns}(a,t)$ 满足

$$|R_{Ns}(a,t)|\leqslant C_{Ns}t^{-\frac{n}{2}-N}\|g\|_{C^\beta(\mathbf{R}^n)}(\text{meas supp }g)^{1/2} \tag{5.21}$$

式中

$$\beta=2\left(N+\left[\frac{n}{4}\right]+1\right)$$

meas supp g 表示 supp g 在 x 空间上的投影的测度, 常数 C_{Ns} 与 $a\in A$ 无关.

证. 使用有限覆盖及单位分解定理, 我们有

$$\begin{aligned}I(a,t)&=\sum_{s=1}^{m}\int e^{itf(x,a)}\varphi_s(x,a)g(x,a,t)dx\\&\quad+\int e^{itf(x,a)}\varphi_0(x,a)g(x,a,t)dx\\&=I_1(a,t)+I_2(a,t)\end{aligned}$$

其中 $\sum_{s=0}^{m}\varphi_s(x,a)\equiv1$, 而 $\varphi_s(x,a)\in C_c^\infty(s=1,\cdots,m)$, 它对应于 $f(x,a)$ 的临界点 $(x_s(a),a)$, 且其支集含于引理 5.2 可以应用的范围中; $\varphi_0(x,a)\in C_c^\infty$ 的支集不含使 $f_x(x,a)=0$ 的临界点.

对于 $I_2(a,t)$, 由于在 x 的积分区域中 $f(x,a)$ 无临界点,用定理 5.1 可知,对任意 N, 当 $t\to+\infty$ 时,关于 a 一致地有

$$I_2(a,t)=O(t^{-N})$$

对于 $I_1(a, t)$，我们只计算其中一项，记为

$$I_1(a, t)=\int e^{itf(x,a)}\varphi(x,a)g(x,a,t)dt$$

由引理 5.2，存在变换 $x\to y(x, a)$ 使得

$$I_1(a,t)=e^{itf(x(a),a)}\int g_1(y)e^{i\frac{t}{2}\langle Q(a)y,y\rangle}dy \tag{5.22}$$

其中

$$g_1(y)=g(x(y,a),a,t)\varphi(x(y,a), a)\left|\det\frac{\partial x(y,a)}{\partial y}\right|$$

再由 Parseval 等式及引理 5.3，有

$$I_1(a,t)=e^{itf(x(a),a)}(2\pi t)^{-\frac{n}{2}}|\det Q(a)|^{-\frac{1}{2}}$$
$$\times e^{\frac{\pi}{4}i\operatorname{sgn}Q(a)}\int e^{-\frac{i}{2t}\langle Q^{-1}\eta,\eta\rangle}\overline{F(\bar{g}_1)}d\eta$$

而

$$e^{-\frac{i}{2t}\langle Q^{-1}\eta,\eta\rangle}=\sum_{j=0}^{N-1}\frac{t^{-j}}{j!}\left(-\frac{i}{2}\langle Q^{-1}\eta,\eta\rangle\right)^j+r_N(\eta,t) \tag{5.23}$$

其中

$$|r_N(\eta,t)|\leqslant C_N\ t^{-N}(1+|\eta|^2)^N \tag{5.24}$$

将 (5.23)代入 $I_1(a,t)$ 的上一表达式中，由于 $\left(-\frac{i}{2}\langle Q^{-1}\eta,\eta\rangle\right)^j$ 是 η 的 $2j$ 次多项式，而 Fourier 变换将常系数微分算子的作用变为多项式乘法运算．故若用 L 表示以 $-\frac{i}{2}\langle Q^{-1}\eta,\eta\rangle$ 为象征的微分算子，即

$$L=\frac{i}{2}\left\langle Q^{-1}\frac{\partial}{\partial y},\ \frac{\partial}{\partial y}\right\rangle \tag{5.25}$$

则

$$\int e^{-\frac{i}{2t}\langle Q^{-1}\eta,\eta\rangle}\overline{F(\bar{g}_1)}d\eta$$
$$=\sum_{j=0}^{N-1}\frac{t^{-j}}{j!}\int\left(-\frac{i}{2}\langle Q^{-1}\eta,\ \eta\rangle\right)^j\overline{F(\bar{g}_1)}d\eta$$
$$+\int r_N(\eta,t)\,\overline{F(\bar{g}_1)}d\eta$$

$$= \sum_{j=0}^{N-1} \frac{t^{-j}}{j!} \int \overline{F(\overline{L}^j(\bar{g}_1))}\, d\eta$$

$$+ \int r_N(\eta, t)\, \overline{F(\bar{g}_1)} d\eta$$

再利用

$$\int \overline{F(\bar{h})}(\eta) d\eta = (2\pi)^n \int F^{-1}(h) d\eta$$

$$= (2\pi)^n h(0)$$

有

$$I_1(a,t) = e^{itf(x(a),a)} \left(\frac{2\pi}{t}\right)^{\frac{n}{2}} |\det Q|^{-\frac{1}{2}}$$

$$\times e^{\frac{\pi}{4} i \operatorname{sgn} Q} \sum_{j=0}^{N-1} \frac{t^{-j}}{j!} (L^j g_1)\Big|_{y=0} + R'_N(a,t) \quad (5.26)$$

记

$$a_j(g, f, a) = (2\pi)^{\frac{n}{2}} |\det Q|^{-\frac{1}{2}} e^{\frac{\pi}{4} i \operatorname{sgn} Q} \frac{1}{j!} (L^j g_1)|_{y=0} \quad (5.27)$$

并合并对于 $I_2(a,t)$ 的估计，即得(5.20)．在(5.26)右端的$R'_N(a,t)$ 可利用 (5.24) 进行估计．

$$|R'_N(a,t)| \leqslant C'_N\, t^{-N-\frac{n}{2}} \int (1 + |\eta|^2)^N |F(\bar{g}_1)| d\eta$$

$$\leqslant C'_N\, t^{-N-\frac{n}{2}} \left\{ \int (1 + |\eta|^2)^{2(N+\nu)} |F(\bar{g}_1)|^2 d\eta \right\}^{1/2}$$

$$\times \left\{ \int (1 + |\eta|^2)^{-2\nu} d\eta \right\}^{1/2}$$

在 $4\nu > n$ 时积分 $\int (1 + |\eta|^2)^{-2\nu} d\eta$ 收敛．故再次利用 Parseval 等式得

$$|R'_N(a,t)| \leqslant C C'_N t^{-N-\frac{n}{2}} \|(1 - \Delta_y)^{N+\nu} \bar{g}_1\|_{L^2}$$

$$\leqslant C C'_N t^{-N-\frac{n}{2}} \|g\|_{C^{2(N+\nu)}} (\text{meas supp } g)^{1/2}$$

此即 (5.21)．定理证毕．

推论 5.1 设 f 和 g 满足上述定理5.3的所有条件，又设 (5.3)

中 $\delta<\frac{1}{2}$，则 $I(a,t)$ 中关于 s 中每一项有如下渐近展开式

$$I(a,t)\sim t^{-\frac{n}{2}}e^{itf(x(a),a)}\sum_{j=0}^{\infty}a_j(g,f,a)t^{-j} \tag{5.28}$$

证. 由于 f 和 g 满足定理 5.3 的条件，故 $I(a,t)$ 有 (5.20) 展开式. 现仔细观察 (5.20). 其中 $a_j(g,f,a)$ 已含对 g 关于 x 的 $2j$ 阶导数，故由(5.3)，当 $t\to+\infty$ 时(5.20)中第 j 项为 $O(t^{m+2j\delta-j})$. 而当 $\delta<\frac{1}{2}$ 时，(5.20) 中各项关于 t 的幂次估计是递减的. 并且，余项 $R_N(a,t)$ 关于 t 的幂次为

$$-N-\frac{n}{2}+2(N+\nu)\delta+m$$

它也随着N的增大而减小. 于是，根据渐近级数理论，$I(a,t)$ 有渐近展开式 (5.28) (见附录三). 证毕.

注 1. (5.28) 中的第一项表示 $I(a,t)$ 的主要部分，它在今后特别有用. 利用 (5.27) 可知此项的具体表示式为

$$\begin{aligned}&\left(\frac{2\pi}{t}\right)^{\frac{n}{2}}e^{itf(x(a),a)}|\det Q|^{-\frac{1}{2}}e^{\frac{\pi}{4}i\operatorname{sgn}Q}\,(L^0g_1)|_{y=0}\\&=\left(\frac{2\pi}{t}\right)^{\frac{n}{2}}e^{itf(x(a),a)}|\det(f_{x_ix_j}(x(a),a))|^{-\frac{1}{2}}\\&\quad\times\exp\left(\frac{\pi}{4}i\operatorname{sgn}(f_{x_ix_j}(x(a),a))\right)g(x(a),a,t)\end{aligned} \tag{5.29}$$

注 2. 如果在定理 5.3 中所考察的 $I(a,t)$ 中的函数 g 与 f 按定理 5.2 给出，且满足定理 5.2 中的条件 (5.9), (5.10), (5.12), (5.13)，那末仍有定理 5.3 的结论成立. 事实上，当 $a\in A$ 时，我们可以取 $\Omega\times\mathbf{R}_l$ 中充分大的紧集 K^*，使在 K^* 外位相函数 f 不再具有临界点. 这时，利用单位分解技术就可把问题化为定理 5.2 与定理 5.3 中已经讨论过的情形，从而仍可导得类似于 (5.20) 的展开式.

二、拟微分算子的象征的渐近展开

视拟微分算子为特殊的 Fourier 积分算子，利用上面的结果可

以将它的象征的渐近展开式表示出来。

设拟微分算子 A 是

$$Au(x)=(2\pi)^{-n}\iint e^{i\langle x-y,\theta\rangle}a(x,y,\theta)u(y)dyd\theta$$

$$u\in C_c^\infty(\Omega) \tag{5.30}$$

式中 $a(x,y,\theta)\in S^m_{\rho,\delta}(\Omega_x\times\Omega_y\times\mathbf{R}_n)$, $\delta<\frac{1}{2}$, $\rho>\delta$.

引进投影算子 $\pi:\ \mathbf{R}^n\times\mathbf{R}^n\times\mathbf{R}_n\to\mathbf{R}^n\times\mathbf{R}^n$

$$(x,y,\theta)\longmapsto(x,y)$$

并记 $K=\pi(\mathrm{supp}\,a)$.

定义 5.2 如果振幅 $a(x,y,\theta)$满足如下性质：若 C_x 是 Ω_x 中紧集，则 $K\circ C_x$ 是 Ω_y 中的紧集；又若 C_y 是 Ω_y 中紧集，则 $K\circ C_y$ 是 Ω_x 中的紧集，就称 $a(x,y,\theta)$ 是恰当支的振幅.

对应于恰当支振幅的拟微分算子 A 称为恰当支的拟微分算子[1)].

若振幅 $a(x,y,\theta)$ 是恰当支的，则可将拟微分算子的定义域由 $C_c^\infty(\Omega)$ 扩充到 $C^\infty(\Omega)$. 事实上，若 $u\in C^\infty(\Omega)$，对任意开集 Ω_1，只要 $\bar{\Omega}_1\subset\Omega$，$K\circ\bar{\Omega}_1$ 就是 Ω 中的紧集. 作 $\varphi\in C_c^\infty(\Omega)$，且在 $K\circ\bar{\Omega}_1$ 上为 1. 定义

$$Au|_{\Omega_1}=A(\varphi u) \tag{5.31}$$

当 $u\in C^\infty(\Omega)$ 时 $\varphi u\in C_c^\infty(\Omega)$，故 (5.31) 右面有意义. 并且，$A(\varphi u)$ 在 Ω_1 中之值与 φ 的具体选取无关. 这是因为，若有 φ_1，$\varphi_2\in C_c^\infty(\Omega)$，且均在 $K\circ\bar{\Omega}_1$ 上为 1，则 $\varphi_1-\varphi_2\in C_c^\infty(\Omega)$，且在 $K\circ\bar{\Omega}_1$ 上为零. 因而对任意 $x\in\Omega_1$，有

$$a(x,y,\theta)(\varphi_1(y)-\varphi_2(y))=0$$

故

$$A(\varphi_1 u)=A(\varphi_2 u)$$

---

1) 通常，所谓 $\mathscr{D}'(\Omega_y)$ 到 $\mathscr{D}'(\Omega_x)$ 的一个连续线性算子是恰当支的，是指它的分布核 $K_A(x,y)$ 是恰当支的，即若 C_x，C_y 分别为 Ω_x，Ω_y 中的紧集，则 $(\mathrm{supp}K_A)\circ C_x$，$(\mathrm{supp}K_A)\circ C_y$ 也是紧集，显然由此所得的恰当支拟微分算子定义与定义 5.2 一致.

这样，用(5.31)来定义 Au 在任一 $\Omega_1(\bar{\Omega}_1\subset\Omega)$ 上的限制是合理的，且可知 Au 也是在整个 Ω 上定义的 C^∞ 函数。

定义 5.3 设 A 是恰当支的拟微分算子，则

$$\sigma_A(x,\xi)=e^{-i\langle x,\xi\rangle}A(e^{i\langle x,\xi\rangle}) \tag{5.32}$$

称为 A 的全象征.

由前所述，这个定义是有意义的. 而且容易看到，对于微分算子 $p(x,D)$ 来说，它的全象征就是 $p(x,\xi)$.

现在利用定理 5.3 来求 $\sigma_A(x,\xi)$ 在 $|\xi|\to\infty$ 时的渐近展开，我们有

$$\sigma_A(x,\xi)=(2\pi)^{-n}e^{-i\langle x,\xi\rangle}\iint e^{i\langle x-y,\theta\rangle}a(x,y,\theta)e^{i\langle y,\xi\rangle}dyd\theta$$

$$=(2\pi)^{-n}\iint e^{i\langle x-y,\theta-\xi\rangle}a(x,y,\theta)dyd\theta \tag{5.33}$$

记 $\xi=t\eta$, $|\eta|=1$. 若我们将 x 限制在一个紧集上考察，由于 $a(x,y,\theta)$ 是恰当支的，故也可认为 a 关于 y 的支集是紧的. 因而

$$\sigma_A(x,t\eta)=(2\pi)^{-n}\iint e^{i\langle x-y,\theta-t\eta\rangle}a(x,y,\theta)dyd\theta$$

$$=(2\pi)^{-n}t^n\iint e^{-it\langle y-x,\theta-\eta\rangle}a(x,y,t\theta)dyd\theta$$

易见，被积函数中的位相与振幅函数满足条件 (5.9)—(5.13)，因而可应用定理 5.3 (及注 2)，得到 $t\to+\infty$ 时 $\sigma_A(t,\eta)$ 的渐近展开式. 注意到对于函数 $\langle x-y,\theta-\eta\rangle$，在临界点有

$$\frac{\partial}{\partial y}\langle x-y,\theta-\eta\rangle=\eta-\theta=0,\quad 所以\ \theta=\eta$$

$$\frac{\partial}{\partial\theta}\langle x-y,\theta-\eta\rangle=x-y=0,\quad 所以\ x=y$$

$$Q=\begin{pmatrix}0&-I\\-I&0\end{pmatrix},\quad 所以\ |\det Q|=1\ 及\ \operatorname{sgn}Q=0$$

另外，因

$$-\frac{i}{2}(\tilde{y},\tilde{Q})\begin{pmatrix}0&-I\\-I&0\end{pmatrix}^{-1}\begin{pmatrix}\tilde{y}\\\tilde{\theta}\end{pmatrix}$$

$$=-\frac{i}{2}(\tilde{y},\tilde{Q})\begin{pmatrix}0&-I\\-I&0\end{pmatrix}\begin{pmatrix}\tilde{y}\\\tilde{\theta}\end{pmatrix}$$

$$= i \sum_{j=1}^{n} \tilde{y}_j \tilde{\theta}_j$$

故相应于此象征的微分算子 L 是

$$L = i \sum_{j=1}^{n} \left(\frac{1}{i}\right)^2 \frac{\partial^2}{\partial y_j \partial \theta_j} = \frac{1}{i} \sum_{j=1}^{n} \frac{\partial^2}{\partial y_j \partial \theta_j}$$

于是有

$$\sigma_A(x, t\eta) \sim (2\pi)^{-n} t^n \left(\frac{2\pi}{t}\right)^{\frac{2n}{2}} \sum_k \frac{t^{-k}}{k!}$$

$$\times \left(\frac{1}{i} \sum_{j=1}^{n} \frac{\partial^2}{\partial y_j \partial \theta_j}\right)^k a(x, y, t\theta) \Big|_{\substack{y=x \\ \theta=\eta}}$$

$$\sim \sum_k \frac{1}{k!} \left(\sum_{j=1}^{n} \frac{1}{i} \partial_{y_j} \partial_{\xi_j}\right)^k a(x, y, \xi) \Big|_{\substack{y=x \\ \xi=t\eta}} \tag{5.34}$$

当以 $\xi = t\eta$ 代入时,即得 $\sigma_A(x, \xi)$ 函数本身的渐近展开表示.又利用振荡积分关于参变量求导的法则,并利用 §3 中的分部积分技术可得

$$\frac{\partial}{\partial \xi_j} \sigma_A(x, \xi) = (2\pi)^{-n} \iint \left(\frac{\partial}{\partial \xi_j} e^{i\langle x-y, \theta-\xi\rangle}\right) a(x, y, \theta) dy d\theta$$

$$= (2\pi)^{-n} \iint \left(-\frac{\partial}{\partial \theta_j} e^{i\langle x-y, \theta-\xi\rangle}\right) a(x, y, \theta) dy d\theta$$

$$= (2\pi)^{-n} \iint e^{i\langle x-y, \theta-\xi\rangle} \frac{\partial}{\partial \theta_j} a(x, y, \theta) dy d\theta$$

$$\frac{\partial}{\partial x_j} \sigma_A(x, \xi) = (2\pi)^{-n} \iint \left[\left(\frac{\partial}{\partial x_j} e^{i\langle x-y, \theta-\xi\rangle}\right) a\right.$$

$$\left. + e^{i\langle x-y, \theta-\xi\rangle} \frac{\partial a}{\partial x_j}\right] dy d\theta$$

$$= (2\pi)^{-n} \iint \left[\left(-\frac{\partial}{\partial y_j} e^{i\langle x-y, \theta-\xi\rangle}\right) a\right.$$

$$\left. + e^{i\langle x-y, \theta-\xi\rangle} \frac{\partial a}{\partial x_j}\right] dy d\theta$$

$$= (2\pi)^{-n} \iint e^{i\langle x-y, \theta-\xi\rangle} \left(\frac{\partial}{\partial x_j} + \frac{\partial}{\partial y_j}\right) a(x, y, \theta) dy d\theta$$

从而可知

$$\sigma_A(x,\xi) \sim \sum_k \frac{1}{k!}\left(\sum_{j=1}^{n} \frac{1}{i} \partial y_j \partial \xi_j\right)^k a(x,y,\xi)\Big|_{y=x}$$

$$= \sum_\alpha \frac{1}{\alpha!} \partial_\xi^\alpha D_y^\alpha a(x,y,\xi)\Big|_{y=x}$$

不仅按函数本身的渐近展开意义成立，而且右边关于 x，ξ 求导数后，仍为左边求相应导数运算后所得函数的渐近展开，所以按定义 2.6 中所述渐近展开的定义，仍有

$$\sigma_A(x,\xi) \sim \sum_\alpha \frac{1}{\alpha!} \partial_\xi^\alpha D_y^\alpha a(x, y, \xi)\Big|_{y=x} \tag{5.35}$$

这就是拟微分算子全象征的渐近展开式．它也告诉我们，当振幅 $a(x,y,\xi)$ 确定后，由上式可在 $\mathrm{mod} S^{-\infty}$ 下唯一确定全象征 $\sigma_A(x,\xi)$，并且当 $a(x,y,\xi) \in S^m_{\rho,\delta}(\Omega \times \Omega \times \mathbf{R}_n)$ 时，$\sigma_A(x,\xi) \in S^m_{\rho,\delta}$.

利用全象征，一个恰当支的拟微分算子就可以表示为 (4.14) 的形式．事实上，对 $u \in C_c^\infty(\Omega)$，我们有

$$\begin{aligned}
Au(x) &= (2\pi)^{-n}\iint e^{i\langle x-y,\theta\rangle} a(x, y, \theta)u(y)dyd\theta \\
&= (2\pi)^{-n}\iint e^{i\langle x-y,\theta\rangle} a(x, y, \theta) \\
&\quad \times \left[(2\pi)^{-n}\iint e^{i\langle y-z,\xi\rangle} u(z)dzd\xi\right]dyd\theta \\
&= (2\pi)^{-n}\iint e^{i\langle x-z,\xi\rangle} u(z) \\
&\quad \times \left[(2\pi)^{-n}\iint e^{i\langle x-y,\theta-\xi\rangle} a(x,y,\theta)dyd\theta\right]dzd\xi \\
&= (2\pi)^{-n}\iint e^{i\langle x-z,\xi\rangle}\sigma_A(x, \xi)u(z)dzd\xi
\end{aligned} \tag{5.36}$$

我们再强调一下，对于拟微分算子来说，全象征与振幅是有密切联系，但又有区别的两个概念．全象征不仅可视为一个特殊形式的振幅，而且对于恰当支的拟微分算子来说，它总可用其全象征表达为 (4.14) 的形式，其全象征与振幅的关系由 (5.35) 确定，它按 $\mathrm{mod} S^{-\infty}$ 的意义唯一确定．

对于一般的拟微分算子 A，则可将它分解为具恰当支的拟微

分算子与光滑算子之和．事实上，若

$$Au(x)=(2\pi)^{-n}\iint e^{i\langle x-y,\theta\rangle}a(x,y,\theta)u(y)dyd\theta$$

作 $\phi(x,y)\in C^{\infty}(\Omega\times\Omega)$，在 $\Omega\times\Omega$ 的对角线附近为 1，且使两个投影 $\operatorname{supp}\phi\to\Omega$ 都是恰当的，则可将 A 写成

$$\begin{aligned}Au(x)&=A_1u(x)+A_2u(x)\\&=(2\pi)^{-n}\iint e^{i\langle x-y,\theta\rangle}\phi(x,y)a(x,y,\theta)u(y)dyd\theta\\&\quad+(2\pi)^{-n}\iint e^{i\langle x-y,\theta\rangle}(1-\phi(x,y))a(x,y,\theta)u(y)dyd\theta\end{aligned}\tag{5.37}$$

A_1 是具恰当支的拟微分算子，而 A_2 为光滑算子．在许多应用中，A_2 往往可以忽略，而对于 A_1，其主象征可以按 (5.35) 求得其渐近展开．

为方便起见，我们称与全象征 $\sigma_A(x,\xi)$ 相差一个 $S^{-\infty}$ 类函数的 $S^m_{\rho,\delta}$ 函数为 A 的**象征**．显见，(5.35) 给出了象征的一个表示式，而对右端加上任一 $S^{-\infty}$ 函数，仍然是 A 的一个象征．

(5.35) 右端第一项往往特别重要，它相当于一个微分算子主部所对应的多项式．因而有必要给其一个专门名称．我们称 $\sigma_A(x,\xi)$ 在 $S^m_{\rho,\delta}/S^{m-(\rho-\delta)}_{\rho,\delta}$ 中的等价类中的任一元素为 A 的**主象征**．显然，(5.35) 右端第一项 $a(x,x,\xi)$ 就是 A 的一个主象征，在 $\operatorname{mod}S^{m-(\rho-\delta)}_{\rho,\delta}$ 的意义下它是唯一确定的．

第二章　分布奇性的微局部分析

微分方程理论中的重要课题之一是关于解的奇性分析，它紧密地联系着解的存在性和光滑性等性质的研究．本章将对分布的奇性作较仔细的研究，其中特别包括对 Fourier 分布的奇性进行研究，并指出分布在相互作用与运算中其奇性的变化规律．与第一章的讨论不同，本章所涉及的奇性分析一般不仅仅在自变量空间中进行讨论，而且要在以自变量空间为底空间的余切丛内进行讨论，因而分布的奇性将用波前集来进行描述．形象地说，当某分布在一给定点有奇性时（即在该点的邻域中非 C^∞ 函数），往往不是在各个频率"方向"都表现出奇性的．从中分出那部分含奇性的"方向"就导致波前集的概念，因而这是对于分布奇性更细致的分析．然而，正是这种分析，在近代偏微分方程理论的研究中，起着很重要的作用．本书的第四章将对此作一些介绍．

§1. 波前集的概念

一、高频集

分布的奇性是一个局部性质，故不妨设所讨论的 $u\in\mathscr{E}'(\mathbf{R}^n)$．根据 Paley-Wiener 定理，$u$ 的 Fourier 变换 $\hat{u}(\xi)$ 是一个 ξ 的只是在无穷远处带有某种幂次增长的函数（若视 ξ 为复变量，则 $\hat{u}(\xi)$ 是整解析的）．又若 $u\in C_c^\infty(\mathbf{R}^n)$，则 $\hat{u}(\xi)$ 关于 ξ 在无穷远处呈急减状态，即系 $O(|\xi|^{-N})$，N 为任意数，且反之亦然．由此可见，若 u 不是 C^∞ 函数，就必存在某些 ξ 的方向，使得 $\hat{u}(\xi)$ 在这些方向不是急减的．这就启示我们，可以用在 ξ 空间内讨论 $\hat{u}(\xi)$ 当 $\xi\to\infty$ 时的增长状态去研究分布的奇性，这种方法就是 Fourier 分析中的频谱分析．

定义 1.1 对于 $u\in\mathscr{E}'(\Omega)$，它的高频集 $\Sigma(u)$ 是 $\mathbf{R}_n\backslash\{0\}$ 中这样的集合：$\xi_0\bar{\in}\Sigma(u)$ 的充要条件是存在 ξ_0 的开锥邻域 V，使对任意的 N，关于 $\xi\in V$ 一致地有

$$|\hat{u}(\xi)|\leqslant C_N(1+|\xi|)^{-N} \tag{1.1}$$

显然，$\Sigma(u)$ 是 $\mathbf{R}_n\backslash\{0\}$ 中的闭锥. 而且 $\Sigma(u)=\varnothing$ 与 $u\in C_c^\infty(\Omega)$ 等价.

定理 1.1 若 $\varphi\in C_c^\infty(\Omega)$，$u\in\mathscr{E}'(\Omega)$，则

$$\Sigma(\varphi u)\subset\Sigma(u) \tag{1.2}$$

证. 设 $\xi_0\bar{\in}\Sigma(u)$，故存在 ξ_0 的锥邻域 V，使对任意的 N 有

$$|\hat{u}(\xi)|\leqslant C_N(1+|\xi|)^{-N}\qquad \xi\in V \tag{1.3}$$

又因 $u\in\mathscr{E}'(\Omega)$，$\hat{u}(\xi)$ 缓增，即存在 l 使

$$|\hat{u}(\xi)|\leqslant C'(1+|\xi|)^l\qquad \xi\in\mathbf{R}_n$$

考察

$$\begin{aligned}|\widehat{(\varphi u)}(\xi)|&=(2\pi)^{-n}|(\hat{\varphi}*\hat{u})(\xi)|\\&\leqslant(2\pi)^{-n}\int|\hat{\varphi}(\xi-\eta)\hat{u}(\eta)|d\eta\\&\leqslant C\Big(\int_V|\hat{\varphi}(\xi-\eta)\hat{u}(\eta)|d\eta\\&\quad+\int_{\mathbf{R}_n\backslash V}|\hat{\varphi}(\xi-\eta)(1+|\eta|)^l d\eta\Big)\\&=C(I_1+I_2)\end{aligned} \tag{1.4}$$

利用 $(1+|\xi|)\leqslant(1+|\xi-\eta|)(1+|\eta|)$，$\hat{\varphi}\in\mathscr{S}$ 及在 V 上的 (1.3)，对任意的 N，有

$$\begin{aligned}I_1&\leqslant(1+|\xi|)^{-N}\int_V|\hat{\varphi}(\xi-\eta)|(1+|\xi-\eta|)^N|\hat{u}(\eta)|\\&\quad\times(1+|\eta|)^N d\eta\\&\leqslant C''_N(1+|\xi|)^{-N}\end{aligned}$$

取 V_0 为包含 ξ_0 且全部含在 V 内的闭锥. 当 $\xi\in V_0,\eta\in\mathbf{R}_n\backslash V$ 时：$|\xi-\eta|\geqslant\varepsilon_0(|\xi|+|\eta|)\geqslant\varepsilon_0|\xi|$. 故当 $\xi\in V_0$ 时，对任意的 N 有

$$I_2\leqslant(1+|\xi|)^l\int_{\mathbf{R}_n\backslash V}|\hat{\varphi}(\xi-\eta)|(1+|\eta-\xi|)^l d\eta$$

$$\leqslant (1+|\xi|)^l \int_{|\theta|\geqslant \varepsilon_0|\xi|} |\hat{\varphi}(\theta)|(1+|\theta|)^l d\theta$$

$$\leqslant C_N'''(1+|\xi|)^{-N}$$

把上述关于 I_1 和 I_2 的估计式代入 (1.4)，可知当 $\xi\in V_0$ 时，对任意的 N

$$|(\widehat{\varphi u})(\xi)| \leqslant \tilde{C}_N(1+|\xi|)^{-N}$$

此即表示 $\xi_0 \bar{\in} \Sigma(\varphi u)$. 定理证毕.

由定理 1.1 可知，若 $\xi\bar{\in}\Sigma(u)$，则 $\xi\bar{\in}\Sigma(\varphi u)$. 这就可对分布 u 在底空间上进行局部化. 更进一步，由此还可以考虑 u 在任一点的高频集.

定义 1.2 设 $u\in \mathscr{D}'(\Omega)$，$x\in\Omega$. 称

$$\Sigma_x(u) = \bigcap_{\substack{\varphi\in C_c^\infty(\Omega)\\ \varphi(x)\neq 0}} \Sigma(\varphi u) \tag{1.5}$$

为分布 u 在 x 点的高频集.

显然 $\Sigma_x(u)$ 也是 $\mathbf{R}_n\setminus\{0\}$ 中的闭锥.

定理 1.2 对任意包含 $\Sigma_x(u)$ 的开锥 V_0，存在 x 点的邻域 U_0，使当 $\varphi\in C_c^\infty(U_0)$ 时 $\Sigma(\varphi u)\subset V_0$.

证. 任取 $\xi_0\in F=\{\xi;\ \xi\bar{\in}V_0, |\xi|=1\}$. 因 $\xi_0\bar{\in}\Sigma_x(u)$，故存在 $\psi\in C_c^\infty(\Omega)$ 及含 ξ_0 的开锥 V，使在 V 中有

$$|(\widehat{\psi u})(\xi)| \leqslant C_N(1+|\xi|)^{-N} \qquad \forall N$$

注意到 F 的紧致性，利用有限覆盖定理，存在 $\psi_1,\cdots,\psi_m$ 及 $V_1,\cdots,V_m$，使 $\bigcup_{j=1}^m V_j \supset F$. 对每个 j 有 $\psi_j(x)\neq 0$，且在 V_j 中

$$|(\widehat{\psi_j u})(\xi)| \leqslant C_{N,j}(1+|\xi|)^{-N} \qquad \forall N,\quad 1\leqslant j\leqslant m$$

取

$$U_0 \subset \operatorname{supp}\left(\prod_{j=1}^m \psi_j\right)$$

当 $\varphi\in C_c^\infty(U_0)$ 时，

$$\varphi u = \psi\left(\prod_{j=1}^m \psi_j\right) u$$

此处

$$\psi=\frac{\varphi}{\Pi\psi_j}\in C_c^\infty(U_0)$$

再由定理1.1，在 $\bigcup_{j=1}^{m} V_j$ 上有

$$|(\widehat{\varphi u})(\xi)|\leqslant C_N(1+|\xi|)^{-N}$$

故 $\Sigma(\varphi u)\subset V_0$. 定理证毕.

注 1. 定理 1.2 可简化为

$$\Sigma(\varphi u)\to\Sigma_x(u)\ （当\ \mathrm{supp}\,\varphi\to\{x\}\ 时）$$

注 2. 类似于定理 1.2 的证明可知，若 $\Sigma_x(u)=\varnothing$，则存在 $\varphi\in C_c^\infty(\Omega)$, $\varphi(x)\neq0$, 使得 $\varphi u\in C^\infty$. 反之，若存在 $\varphi\in C_c^\infty(\Omega)$, $\varphi(x)\neq0$，使得 $\varphi u\in C^\infty$，则显然有 $\Sigma_x(u)=\varnothing$. 于是 $\Sigma_x(u)=\varnothing$ 等价于 $x\bar{\in}\,\mathrm{sing\ supp}\ u$.

二、波前集

上节我们已经提及,一个 $\mathscr{E}'(\Omega)$ 分布是否为 C^∞ 函数等价于其 Fourier 变换是否急减. 由于奇性是局部性质,所以我们可以局部地叙述这个结论.这就是: 对 $u\in\mathscr{D}'(\Omega)$, $x_0\bar{\in}\,\mathrm{sing\ supp}\,u$ 的充要条件是，存在 x_0 的邻域 U，使得对任意的 $\varphi\in C_c^\infty(U)$ 及任意 N, 存在 C_N, 使有

$$|(\widehat{\varphi u})(\xi)|\leqslant C_N(1+|\xi|)^{-N}\quad \xi\in\mathbf{R}_n\backslash\{0\} \tag{1.6}$$

将 $\mathbf{R}_n\backslash\{0\}$ 上的方向 ξ 作更细致的分类,我们引入

定义 1.3 分布 u 的波前集 $WF(u)$ 是 $\Omega\times\mathbf{R}_n\backslash\{0\}$ 中这样的集合: $(x_0,\xi_0)\bar{\in}WF(u)$ 的充要条件是存在 x_0 的邻域U及 ξ_0 的锥邻域 V, 使对任意 $\varphi\in C_c^\infty(U)$ 及任意 N, 存在常数 C_N, 使在V中

$$|(\widehat{\varphi u})(\xi)|\leqslant C_N(1+|\xi|)^{-N} \tag{1.7}$$

与上节引入的高频集相联系,我们有如下的定理:

定理 1.3 波前集 $WF(u)$ 即 $\Omega\times\mathbf{R}_n\backslash\{0\}$ 的集合

$$\{(x,\xi);\ (x,\xi)\in\Omega\times\mathbf{R}_n\backslash\{0\},\ \xi\in\Sigma_x(u)\} \tag{1.8}$$

证. 若 $(x,\xi)\bar{\in}WF(u)$, 即存在 x 的邻域U及 ξ 的锥邻域 V,

使当 $\varphi\in C_c^\infty(U)$ 时，在 V 中不等式(1.7)成立. 因而 $\xi\bar{\in}\Sigma(\varphi u)$，$\xi\bar{\in}\Sigma_x(u)$，故 $(x,\xi)\bar{\in}$ 集合(1.8).

反之，若 $(x,\xi)\bar{\in}$ 集合(1.8)，即 $\xi\bar{\in}\Sigma_x(u)$，故存在 $\varphi\in C_c^\infty(\Omega)$，$\varphi(x)\neq 0$，使 $\xi\bar{\in}\Sigma(\varphi u)$，即存在 ξ 的锥邻域 V，使得在 V 内(1.7)成立. 取 $U\subset\operatorname{supp}\varphi$，按定理 1.1，对任意的 $\psi\in C_c^\infty(U)$，在 V 中

$$\widehat{(\psi u)}(\xi)=F\left(\frac{\psi}{\varphi}\cdot\varphi u\right)(\xi)=O(1+|\xi|)^{-N}$$

此即 $(x,\xi)\bar{\in}WF(u)$. 定理证毕.

集合(1.8)又名奇性谱. 从定理 1.3 知，奇性谱与波前集实际上是同一个集合.

显然，$WF(u)$ 是 $\Omega\times\mathbf{R}_n\backslash\{0\}$ 中的闭锥. 并且当 $u\in\mathscr{E}'(\Omega)$ 时，它在 ξ 空间 $\mathbf{R}_n$ 上的投影就是高频集 $\Sigma(u)$. 非但如此，由下面定理 1.4 可知，它在底空间上的投影就是奇性支集 $\operatorname{sing\ supp} u$. 了解这一点对于波前集的计算也是有益的.

定理 1.4 记 π 是 $\Omega\times\mathbf{R}_n\backslash\{0\}$ 到底空间 Ω 的投影，$(x,\xi)\longmapsto x$，则

(1) $\pi(WF(u))=\operatorname{sing\ supp} u$ (1.9)

(2) $WF(u|_{\Omega_1})=WF(u)\cap\pi^{-1}(\Omega_1)$ (1.10)

其中 Ω_1 是 Ω 内的开子集，$WF(u|_{\Omega_1})$ 表示 u 视为 $\mathscr{D}'(\Omega_1)$ 分布时的波前集.

证. (1) 显然，$\pi(WF(u))\subset\operatorname{sing\ supp} u$，为证 $\operatorname{sing\ supp} u\subset\pi(WF(u))$，任取 $\xi_0\in\{\xi;|\xi|=1\}$. 因 $(x_0,\xi_0)\bar{\in}WF(u)$，则存在 x_0 的邻域 U 及 ξ_0 的锥邻域 V，使当 $\varphi\in C_c^\infty(U)$ 时(1.7)成立. 由于球面 $|\xi|=1$ 的紧性，可存在如上有限多个锥邻域 V，它们覆盖球面. 相应的 x_0 的邻域记为 $U_1,\cdots,U_k$，则令 $W=\bigcap_{j=1}^{k}U_j$，当 $\varphi\in C_c^\infty(W)$ 时，(1.7)就对所有 ξ 均成立，从而 $x_0\bar{\in}\operatorname{sing\ supp} u$.

(2) 设 $(x_0,\xi_0)\bar{\in}WF(u|_{\Omega_1})$，若 $x_0\bar{\in}\Omega_1$，则 $(x_0,\xi_0)\bar{\in}\pi^{-1}(\Omega_1)$，从而 $(x_0,\xi_0)\bar{\in}WF(u)\cap\pi^{-1}(\Omega_1)$. 若 $x_0\in\Omega_1$，按定义，存在 x_0 的邻域 $U\subset\Omega_1$ 及 ξ_0 的锥邻域 V，使当 $\varphi\in C_c^\infty(U)$ 时在 V 中(1.7)成

立. 注意到 $U \subset \Omega$, 故 $(x_0,\xi_0) \bar{\in} WF(u)$, 从而 $(x_0,\xi_0) \bar{\in} WF(u) \cap \pi^{-1}(\Omega_1)$, 由此知, $WF(u|_{\Omega_1}) \supset WF(u) \cap \pi^{-1}(\Omega_1)$.

反之,显然有 $WF(u|_{\Omega_1}) \subset \pi^{-1}(\Omega_1)$, 又若 $x_0 \in \Omega_1$ 且 $(x_0, \xi_0) \bar{\in} WF(u)$,则存在 x_0 的邻域 U 与 ξ_0 的锥邻域 V,使当 $\varphi \in C_c^\infty(\Omega)$时,在 V 中 (1.7) 成立. 取 $U_1 = U \cap \Omega_1$, 即知 $(x_0,\xi_0) \bar{\in} WF(u|_{\Omega_1})$, 于是知 $WF(u|_{\Omega_1}) \subset WF(u) \cap \pi^{-1}(\Omega_1)$. 定理证毕.

这定理的第一部分表明波前集与奇支集相比, 是对分布奇性更细致的描述. 它告诉我们关于分布奇性更丰富的信息. 由 (1.7) 知, 当分布在某一点呈现奇性时, 还不一定在该点的各个方向都表现出奇性. 于是将这些方向可再作一次划分. 而波前集则是所有奇点并附以奇方向的集合. 又由定理的第二部分结论, 对于任一 $u \in \mathscr{D}'(\Omega)$, 若有 $\varphi \in C_c^\infty(\Omega)$, 记 Ω_φ 为使 $\varphi \neq 0$ 的点的集合, 则 $WF(u)$ 和 $WF(u|_{\Omega_\varphi})$ 在 Ω_φ 上是一致的. 又不难证明 $WF(u|_{\Omega_\varphi})$ 与 $WF(\varphi u)$ 是一致的, 所以, $WF(u)$ 具有局部性质.

[例 1] $WF(\delta(x)) = \{(0, \xi); \xi \neq 0\}$

事实上,由 (1.9),当 $x \neq 0$ 时, $(x,\xi) \bar{\in} WF(\delta)$. 而当 $x = 0$ 时, 对任意 $\varphi(x) \in C_c^\infty(\mathbf{R}^n)$ 且 $\varphi(0) \neq 0$, 有 $(\widehat{\varphi\delta(\xi)}) = \varphi(0) \neq 0$, 从而 $(0, \xi) \in WF(\delta(x))$.

[例 2] 在 $\mathbf{R}^2$ 中定义函数

$$H(x, y) = \begin{cases} 1 & y > 0 \\ 0 & y < 0 \end{cases}$$

则 $\operatorname{sing\,supp} H = \{(x, 0)\}$, 且有

$$WF(H) = \{(x,0;\ 0, \eta);\ \eta \neq 0\} \tag{1.11}$$

事实上,取 $\varphi(x,y) \in C_c^\infty(\mathbf{R}^2)$, 有

$$(\widehat{\varphi H})(\xi,\eta) = \int_{-\infty}^{\infty} e^{-ix\xi} \left(\int_0^\infty e^{-iy\eta} \varphi(x, y) dy \right) dx$$

记

$$\varphi_\eta(t) = \int_0^\infty e^{-iy\eta} \varphi(x,y)\, dy$$

则 $\varphi_\eta(x)\in C_c^\infty(\mathbf{R})$，且 $\varphi_\eta(x)$ 的支集与 η 无关．从而，按 Paley-Wiener 定理，对任意 N，存在与 η 无关的 C_N'，使对所有 $\xi\in\mathbf{R}$ 有

$$|(\widehat{\varphi H})(\xi,\eta)|\leqslant C_N'(1+|\xi|)^{-N}$$

任取一点 $(\xi_0,\eta_0)\in\mathbf{R}_2\backslash\{0\}$，分两种情况：

1. $\xi_0\neq 0$，则对在 (ξ_0,η_0) 的锥邻域内每点 (ξ,η) 有

$$\left|\frac{\eta}{\xi}\right|\leqslant \text{const}$$

于是

$$(\xi^2+\eta^2)^{1/2}=\left[1+\left(\frac{\eta}{\xi}\right)^2\right]^{1/2}|\xi|\leqslant \text{const}\cdot|\xi|$$

代入上式可知在 (ξ_0,η_0) 的锥邻域内有

$$|(\widehat{\varphi H})(\xi,\eta)|\leqslant C_N[1+(\xi^2+\eta^2)^{1/2}]^{-N}$$

此即表示，$\xi_0\neq 0$ 时 $(x,0;\xi_0,\eta_0)\bar{\in} WF(H)$.

2. $\xi_0=0$，$\eta_0\neq 0$ 时，记

$$\varphi_2(y)=\int_{-\infty}^{\infty}\varphi(x,y)dx$$

$$\begin{aligned}(\widehat{\varphi H})(0,\eta)&=\int_0^\infty e^{-iy\eta}\left(\int_{-\infty}^{+\infty}\varphi(x,y)dx\right)dy\\&=\int_0^\infty\varphi_2(y)e^{-iy\eta}dy\\&=\frac{1}{i\eta}\varphi_2(0)+\frac{1}{(i\eta)^2}\\&\quad\times\left(\varphi_2'(0)+\int_0^\infty e^{-iy\eta}\varphi_2''(y)dy\right)\end{aligned}$$

对任意 x 及 $(x,0)$ 的任意邻域 U，总可取 $\varphi(x,y)\in C_c^\infty(U)$，且

$$\int_{-\infty}^{+\infty}\varphi(x,0)dx=\varphi_2(0)\neq 0$$

而等式右端第二项为 $O\left(\frac{1}{\eta^2}\right)$，故知(1.7)不成立，从而 $(x,0;0,\eta_0)\in WF(H)$.

综上所述，知(1.11)成立.

上面已经指出，分布的波前集是一闭锥．有趣的是，任一闭锥也可以作为某个分布的波前集．这个结论将由下面定理的推论给

出.

定理 1.5 任给一点 (x,ξ), $\xi\neq 0$, 总可以作出一个分布 u, 使得 $WF(u)=\{(x,t\xi);t>0\}$.

证. 不妨设 $x=0$, 取 $\phi_1(x)\in C_c^\infty(\mathbf{R}^n)$, 作 $\phi=\phi_1*\phi_1\in C_c^\infty(\mathbf{R}^n)$, 有 $\hat{\phi}=(\hat{\phi}_1)^2\geqslant 0$. 于是可以取到 $\phi_1(x)\in C_c^\infty(\mathbf{R}^n)$ 使 $\hat{\phi}(0)=1$. 作函数

$$u(x)=\sum_{k=1}^{\infty}k^{-2}\phi(kx)e^{ik^2\langle x,\xi\rangle}\tag{1.12}$$

当 $x\neq 0$ 时, 由 $\phi(kx)$ 的性质知, 上述级数仅有有限项, 因而在 $x\neq 0$ 时, $u\in C^\infty$, 且当 x 充分大时, 对所有 k 有 $\phi(kx)=0$, 所以 $u(x)$ 具有紧支集. 当 $x=0$ 时, $u(0)=\phi(0)\sum\limits_{k=1}^{\infty}k^{-2}$ 有界.

$$\begin{aligned}\hat{u}(\eta)&=\int_{-\infty}^{\infty}\sum_{k=1}^{\infty}k^{-2}\phi(kx)e^{-i\langle x,\eta-k^2\xi\rangle}dx\\&=\sum_{k=1}^{\infty}k^{-n-2}\int_{-\infty}^{+\infty}\phi(y)e^{-i\left\langle y,\frac{\eta-k^2\xi}{k}\right\rangle}dy\\&=\sum_{k=1}^{\infty}k^{-n-2}\hat{\phi}\left(\frac{\eta-k^2\xi}{k}\right)\end{aligned}\tag{1.13}$$

取 k_0 是任一自然数,

$$\hat{u}(k_0^2\xi)=\sum_{k=1}^{\infty}k^{-n-2}\hat{\phi}(k^{-1}\xi(k_0^2-k^2))\geqslant k_0^{-n-2}$$

因而不可能对任意的 N 有 $|\hat{u}(k_0^2\xi)|\leqslant C_N(1+k_0^2|\xi|)^{-N}$ 成立. 由此可得 $\{(0,t\xi);t>0\}\subset WF(u)$.

另一方面, 若 $\eta\neq t\xi$, 作闭锥 V 包含 η, 但 $\xi\bar{\in}V$. 存在 ε_0 使

$$|\eta-t\xi|\geqslant\varepsilon_0(|\eta|+|t\xi|)$$

$$|k^{-1}(\eta-k^2\xi)|\geqslant\varepsilon_0k^{-1}(|\eta|+k^2|\xi|)\geqslant 2\varepsilon_0|\eta|^{1/2}|\xi|^{1/2}$$

又 $\phi\in C_c^\infty(\mathbf{R}^n)$, 所以 $\hat{\phi}(\zeta)=O(1+|\zeta|)^{-N}$ 对任意 N 成立. 故用 $\zeta=k^{-1}(\eta-k^2\xi)$ 代入有

$$\left|\hat{\phi}\left(\frac{\eta-k^2\xi}{k}\right)\right|\leqslant C'_N(1+|\eta|^{1/2})^{-N}$$

再由 (1.13)，有

$$|\hat{u}(\eta)| \leqslant C'_N(1+|\eta|^{1/2})^{-N}\sum_{k=1}^{\infty} k^{-n-2} \leqslant C_N(1+|\eta|)^{-N/2}$$

对 $\eta \in V$ 成立，这就是说当 $\eta \neq t\xi$ 时，$(0, \eta) \bar{\in} WF(u)$. 定理证毕.

推论 1.1 任给 $\Omega \times \mathbf{R}_n \backslash \{0\}$ 中的闭锥 Γ，可作一个分布，使得 $WF(u) = \Gamma$.

证. 记 $F = \{(x,\xi); (x,\xi) \in \Gamma, |\xi| = 1\}$，在 F 中取稠密点列 $\{(x_n, \xi_n)\}$，由定理 1.5，可作 u_n 使 $WF(u_n) = \{(x_n, t\xi_n); t > 0\}$ 令 $u = \sum \frac{1}{2^n} u_n$，按分布空间中的收敛性，由 u_n 一致有界可知 $u \in \mathscr{D}'(\Omega)$，以下要证明 $WF(u) = \Gamma$.

设 $(x, \xi) \in \Gamma$，令 $\zeta = \frac{\xi}{|\xi|}$，有 $(x, \zeta) \in F$. 若 $(x, \zeta) \bar{\in} WF(u)$，按定义，存在 x 的邻域 U 及 ζ 的锥邻域 V，使对 $\varphi \in C_c^\infty(U)$，有 (1.7) 成立. 而由 $\{(x_n, \xi_n)\}$ 的稠密性，存在 $x_n \in U$, $\xi_n \in V$，故 $(x_n, \xi_n) \bar{\in} WF(u)$. 考虑到每个 $\hat{u}_n \geqslant 0$，从而 $\hat{u} \geqslant \frac{1}{2^n}\hat{u}_n$，$(x_n, \xi_n) \bar{\in} WF(u_n)$. 这与$(x_n, \xi_n) \in WF(u_n)$ 矛盾. 因而 $(x, \xi) \in WF(u)$.

反之，若 $(x, \xi) \bar{\in} \Gamma$，于是每个 u_n 都是 C^∞ 函数，且其各阶导数的阶与 n 无关，故有 $u \in C^\infty(U)$. 又当 $x \in \pi_x\Gamma$ 时，由 $(x,\xi) \bar{\in} \Gamma$ 可找到 ξ 的锥邻域 V，使 V 与 $\pi_\xi\Gamma$ 不相交，于是如定理 1.1 证明过程中所指出的，有 $|\xi - k^2\xi_n| \geqslant \varepsilon_n(|\xi| + k^2|\xi_n|)$，且 $\varepsilon_n \geqslant \delta_0 > 0$，从而也有 $|\hat{u}_n(\xi)| \leqslant C_N(1+|\xi|)^{-N}$ 对任意N成立，且 C_N 与 n 无关，代入 $u = \sum \frac{1}{2^n} u_n$，可知在 V 中成立 $|\hat{u}(\xi)| \leqslant C'_N(1+|\xi|)^{-N}$. 故 $(x, \xi) \bar{\in} WF(u)$. 推论证毕.

按定义 1.3，波前集的定义是依赖于坐标系的选取的，然而当我们换一个坐标系来描写一个给定的分布时，其波前集能否通过坐标变换关系求得呢？下面的定理给出了波前集的一个与坐标选取无关的定义，从而也自然地回答了上面的问题.

定理 1.6 $(x_0,\xi_0)\bar{\in} WF(u)$ 的充要条件是，对 $C^\infty(\Omega\times\mathbf{R}_p)$ 中给定的任一满足 $\psi_x(x_0,a_0)=\xi_0$ 的实值函数 $\psi(x,a)$，存在 x_0 的邻域 U_0 及 a_0 的邻域 A_0，使对任意 $\varphi\in C_c^\infty(U_0)$，有

$$|\langle u,\varphi^{-i\tau\psi(x,a)}\rangle_x|\leqslant C_N(1+\tau)^{-N} \tag{1.14}$$

对 $a\in A_0$ 一致地成立. 式中N是任意常数.

证. 先证充分性. 取 $p=n$, $a=\xi$, $\psi(x,a)=\langle x,\xi\rangle$, $a_0=\xi_0$，则

$$|\langle u,\varphi e^{-i\tau\langle\xi,x\rangle}\rangle_x|=|(\widehat{\varphi u})(\tau\xi)|\leqslant C_N(1+\tau)^{-N}$$

对 $\xi\in V_0$，(ξ_0的邻域) 一致成立. 于是，在定义 1.3 中的V取为 $\{t\xi;\xi\in V_0,t>0\}$ 后即知 (1.7) 成立. 故 $(x,\xi_0)\bar{\in} WF(u)$.

为证必要性，设 $(x_0,\xi_0)\bar{\in} WF(u)$，则存在定义1.3中的$U$和$V$. 取$x_0$的邻域 $U_0\subset U$ (U_0 的具体取法见后)，作 $\varphi\in C_c^\infty(U_0)$ 以及 $\varphi_1\in C_c^\infty(U)$，在 U_0上 $\varphi_1\equiv1$，则

$$\begin{aligned}\langle u,\varphi e^{-i\tau\psi(x,a)}\rangle_x&=\langle\varphi_1u,\varphi e^{-i\tau\psi(x,a)}\rangle_x\\&=\langle F^{-1}(e^{-i\tau\psi}\varphi_1),F(\varphi u)\rangle_\xi\end{aligned}$$

其中F和F^{-1}分别表示 Fourier 变换和 Fourier 逆变换. 由于 $\varphi u\in\mathscr{E}'(\Omega)$，故 $F(\varphi u)$ 是一个缓增函数. 设 V_0是ξ_0的有限邻域(注意，V_0不是锥邻域！)，作分解

$$\begin{aligned}\langle u,\varphi e^{-i\tau\psi}\rangle_x=&(2\pi)^{-n}\tau^n\left(\int_{V_0}+\int_{\mathbf{R}_n\setminus V_0}\right)\\&\times\left(\int e^{i\tau(\langle x,\xi\rangle-\psi(x,a))}\varphi_1(x)dx\right)F(\varphi u)(\tau\xi)d\xi\end{aligned}$$

注意到在ξ_0的锥邻域V中 $|F(\varphi u)(\xi)|\leqslant C_N(1+|\xi|)^{-N}$ 与在ξ_0的有界邻域V_0中 $|F(\varphi u)(\tau\xi)|\leqslant C_N(1+\tau)^{-N}$ 是等价的，则由 $\int e^{i\tau(\langle x,\xi\rangle-\psi(x,a))}\varphi_1(x)dx$ 的有界性及V_0具有限测度，可知

$$\begin{aligned}&\left|\int_{V_0}\left(\int e^{i\tau(\langle x,\xi\rangle-\psi)}\varphi_1(x)dx\right)F(\varphi u)(\tau\xi)d\xi\right|\\&\qquad\leqslant C_N'(1+\tau)^{-N}\end{aligned}$$

再考察 $\mathbf{R}_n\setminus V_0$ 上的积分. 此时 $\xi\bar{\in} V_0$，由 $\psi_x(x_0,a_0)=\xi_0$，存

在 x_0 及 a_0 的邻域 $U_0 \subset U$（前述的 U_0 在此处选定）及 A_0，使得当 $(x,a) \in U_0 \times A_0$，$\xi \bar{\in} V_0$ 时，$|\phi_x(x, a) - \xi| \geqslant \varepsilon$. 于是作一阶算子 $L = \sum_j \frac{\xi_j - \phi_{x_j}}{|\xi - \phi_x|^2} \frac{\partial}{\partial x_j}$，对 $\mathbf{R}_n \setminus V_0$ 上的积分用分部积分技术可得

$$\int e^{i\tau(\langle x,\xi\rangle - \psi(x,a))} \varphi_1(x) dx = O(\tau^{-k}(1 + |\xi|)^{-k}),\ k \text{ 任意正数}$$

而另一方面，由于 $F(\varphi u)$ 是 ξ 的缓增函数，故存在 l 使

$$|F(\varphi u)(\tau\xi)| \leqslant C(1 + |\tau\xi|)^l \leqslant C\tau^l(1 + |\xi|)^l \quad (\tau > 1)$$

因此也有

$$\left| \int_{\mathbf{R}^n \setminus V_0} (\int e^{i\tau(\langle x,\xi\rangle - \psi)} \varphi_1 dx) F(\varphi u)(\tau\xi) d\xi \right| \leqslant C_N''(1 + \tau)^{-N}$$

对 $a \in A_0$ 一致成立. 定理证毕.

现在我们来说明定理 1.6 怎样回答了在此定理前面所提出的问题. 我们知道，若 Ω_1, Ω_2 是 $\mathbf{R}_n$ 上两个开子集，h 为 Ω_1 到 Ω_2 上的微分同胚对应. 记 Ω_1 的自变量为 x，Ω_2 的自变量为 y，$J(y)$ 是映射 h^{-1} 的 Jacobian，则对于任意的分布 $u \in \mathscr{D}'(\Omega)$，可以用下面的恒等式定义 $u \circ h$（见 [6]）

$$\langle u \circ h, \varphi \rangle_x = \langle u, (\varphi \circ h^{-1})|J| \rangle_y \quad \forall \varphi \in C_c^\infty(\Omega_1) \quad (1.15)$$

故若 $\psi(x, a)$ 是定理 1.6 中引入的函数，自然有

$$\langle u \circ h, \varphi(x) e^{-i\tau\psi(x,a)} \rangle_x = \left\langle u, \varphi(x(y)) \left| \frac{\partial x}{\partial y} \right| e^{-i\tau\psi(x(y),a)} \right\rangle_y \quad (1.16)$$

记

$$\varphi(x(y)) \left| \frac{\partial x}{\partial y} \right| = \Phi(y) \in C_c^\infty(\Omega_2), \psi(x(y), a) = \Psi(y, a)$$

则 (1.16) 右端可以写成 $\langle u, \Phi(y) e^{-i\tau\Psi(y,a)} \rangle_y$. 今若 $(x_0, \xi_0) \bar{\in} WF(u)$，由定理 1.6 知对任一满足 $\psi_x(x_0, a_0) = \xi_0$ 的 C^∞ 实函数 ψ，存在 x_0 的邻域 U_0 与 a_0 的邻域 A_0，使对任意 $\varphi \in C_c^\infty(U_0)$，有 (1.14) 成立. 注意到此时

$$\Psi_y(y_0, a_0) = \psi_x(x_0, a_0) \left(\frac{\partial x}{\partial y} \right) \Big|_{y=y_0}$$

$$= \xi_0 \left(\frac{\partial x}{\partial y} \right) \bigg|_{y=y_0} \tag{1.17}$$

(在上式中 Ψ_y, ϕ_x, ξ_0 均表示行向量)，记 $\Psi(y_0, a_0) = \eta_0$，则由定理 1.6 知 $(y_0, \eta_0) \bar{\in} WF(u \circ h)$. 由于 h 是 Ω_1 到 Ω_2 的同胚，因此由 $(y_0, \eta_0) \bar{\in} WF(u \circ h)$ 也可推知 $(x_0, \xi_0) \bar{\in} WF(u)$，其中 η_0 与 ξ_0 仍按 (1.17) 联系. 注意到 (1.17) 就是坐标变换 $y = y(x)$ 下余切从 $T^*(\Omega_1)$ 上变量 (x, ξ) 的变换规律 (见附录二)，所以上面这一段叙述就说明了分布 u 的前波集 $WF(u)$ 在坐标变换下是余切丛上的不变量，它说明了波前集与坐标选取无关.

三、分布空间 $\mathscr{D}'_\Gamma(\Omega)$

现在介绍一个分布空间 $\mathscr{D}'_\Gamma(\Omega)$. 它与波前集有关，且在以后有关波前集的讨论中要用到它.

定义 1.4 设 Γ 为 $\Omega \times \mathbf{R}_n \backslash \{0\}$ 中的闭锥，定义

$$\mathscr{D}'_\Gamma(\Omega) = \{u; u \in \mathscr{D}'(\Omega), WF(u) \subset \Gamma\} \tag{1.18}$$

由此定义，$u \in \mathscr{D}'_\Gamma(\Omega)$ 意味着对任意 $\varphi \in C_c^\infty(\Omega)$ 及闭锥 $V \subset \mathbf{R}_n$，若 $(\operatorname{supp} \varphi \times V) \cap \Gamma = \varnothing$，则对任意 N 有

$$\sup_{\xi \in V} (1 + |\xi|)^N |(\widehat{\varphi u})(\xi)| < \infty \tag{1.19}$$

事实上，按定义，对任意 $x \in \operatorname{supp} \varphi, \xi \in V, (x, \xi) \bar{\in} WF(u)$，故存在 x 的邻域 U' 及 ξ 的锥邻域 V'，使在 V' 中一致地有

$$(1 + |\xi|)^N |(\widehat{\varphi u})(\xi)| \leqslant C'_N$$

由 $\{\xi; \xi \in V, |\xi| = 1\}$ 以及 $\operatorname{supp} \varphi$ 的紧致性，容易利用有限覆盖定理及单位分解定理推知 (1.19) 成立.

在 $\mathscr{D}'_\Gamma(\Omega)$ 上用下面的收敛结构引入拟拓扑：设 $u_j \in \mathscr{D}'_\Gamma(\Omega)$，所谓 $u_j \to 0 (\mathscr{D}'_\Gamma(\Omega))$ 是指，当 $j \to \infty$ 时有

(1) $u_j \to 0 \quad (\mathscr{D}'(\Omega))$;

(2) 对任意 $\varphi \in C_c^\infty(\Omega)$ 及闭锥 $V \subset \mathbf{R}_n$，且 $(\operatorname{supp} \varphi \times V) \cap \Gamma = \varnothing$，则关于任意 N 有

$$\sup_{\xi \in V} (1 + |\xi|)^N |(\widehat{\varphi u_j})(\xi)| \to 0 \tag{1.20}$$

定理 1.7 $C_c^\infty(\Omega)$ 在 $\mathscr{D}'_\Gamma(\Omega)$ 中稠密.

证. 取有界开集序列 $\{\Omega_j\}$: 对每个 j, $\bar{\Omega}_j$ 含于 $\mathring{\Omega}_{j+1}$ 之中, $\bigcup\Omega_j=\Omega$. 作 $\psi_j\in C_c^\infty(\Omega_{j+1})$, 使在 Ω_j 上为 1, 且 $0\leqslant\psi_j\leqslant1$.

再作 $\chi(x)\in C_c^\infty(\Omega)$,使得 $\chi(x)\geqslant0$,当 $|x|\geqslant1$ 时, $\chi(x)=0$, 且 $\int\chi(x)dx=1$.

记 $\delta_j=\mathrm{dist}(\partial\Omega_j,\partial\Omega_{j+1})$. 取单调趋于零的正数列 $\{\varepsilon_j\}$, 使它们满足

$$\varepsilon_j\leqslant\frac{\delta_j}{2}$$

令

$$\chi_j(x)=\varepsilon_j^{-n}\chi\left(\frac{x}{\varepsilon_j}\right)$$

则

$$\int\chi_j(x)dx=1$$

用 $\chi_j(x)$ 可作正则化算子 J_j: $J_j(u)=\chi_j*u$,记 $u_j=J_j(\psi_ju)$,则 $u_j\in C_c^\infty(\Omega)$. 以下证明 $u_j\to u(\mathscr{D}'_\Gamma(\Omega))$.

为此,任给 $\varphi\in C_c^\infty(\Omega)$, 作 Ω', ($\bar{\Omega}'\subset\Omega$), 使 $\mathrm{supp}\,\varphi\subset\Omega'$. 取 $\psi\in C_c^\infty(\Omega)$, 使在 $\bar{\Omega}'$ 上为 1, 记 $\varepsilon'=\mathrm{dist}(\mathrm{supp}\,\varphi,\partial\Omega')>0$,再取 k 充分大,使当 $j\geqslant k$ 时 $\Omega_{j-1}\supset\mathrm{supp}\,\varphi$, $\varepsilon_j<\varepsilon'$, 此时有

$$\begin{aligned}\langle u_j,\varphi\rangle&=\langle J_j(\psi_ju),\varphi\rangle=\langle J_j(\psi u),\varphi\rangle\\&\to\langle\psi u,\varphi\rangle=\langle u,\psi\varphi\rangle=\langle u,\varphi\rangle\end{aligned}$$

此即 $u_j\to u(\mathscr{D}'(\Omega))$.

其次,为证实 (2), 设 φ 及 V 满足 $(\mathrm{supp}\,\varphi\times V)\cap\Gamma=\varnothing$, 则可取 Ω' 与 ψ 使其满足上述条件外,还满足 $(\mathrm{supp}\,\psi\times V)\cap\Gamma=\varnothing$, 于是,如上面的分析可知,当 $j\geqslant k$ 时,

$$\widehat{(\varphi u_j)}-\widehat{(\varphi u)}=F(\varphi[J_j(\psi u)-\psi u])(\xi)$$

而 $|\widehat{J_j(\psi u)}|=|\hat{\chi}_j\widehat{(\psi u)}|\leqslant|\widehat{(\psi u)}|$, 又由定理 1.1 知

$$\Sigma(\varphi J_j(\psi u))\subset\Sigma(J_j(\psi u))$$

所以，对任意 N_1，有

$$\sup_j \sup_{\xi\in V}(1+|\xi|)^{N_1}|F(\varphi[J_j(\phi u)-\phi u])|<\infty$$

于是，对任意的 N，可取 $N_1\geqslant N+1$，而有

$$\sup_{\xi\in V}(1+|\xi|)^N|\widehat{(\varphi u_j)}-\widehat{(\varphi u)}|\leqslant C_N(1+|\xi|)^{-1}$$

取 M 充分大，使当 $|\xi|\geqslant M$ 时上式右面充分小，当 $|\xi|\leqslant M$ 时，由正则化算子的性质知道，当 j 充分大时，

$$(1+|\xi|)^N|F(\varphi[J_j(\phi u)-\phi u])|$$

关于 $\xi\in V$ 的 $|\xi|\leqslant M$ 部分的上界也能充分小．综上所述，只需 j 充分大，对一切 $\xi\in V$ 就均有 $(1+|\xi|)^N|\widehat{(\varphi u_j)}-\widehat{(\varphi u)}|$ 充分小．定理证毕．

§2. 波前集的运算

我们今后将经常以分布为对象进行一系列的运算．经过运算后所得的分布的波前集与原来分布的波前集之间也存在着一定的关系，简称为波前集的运算．本节将对一般分布的某些基本运算建立相应的波前集的运算关系，如分布的前推、后拉、直积、乘积以及复合等．在下节中再专门针对 Fourier 分布进行讨论．

一、分布的前推

定义 2.1 设 Ω_x，Ω_y 分别是 $\mathbf{R}^n$，$\mathbf{R}^m$ 中开集，$\Phi:\Omega_x\to\Omega_y$ 是一个 C^∞ 映射，$u\in\mathscr{D}'(\Omega_x)$，若对任意 $\varphi\in C_c^\infty(\Omega_y)$，对偶积 $\langle u,\varphi(\Phi(x))\rangle$ 有意义(且定义 $\mathscr{D}'(\Omega_y)$ 中一元)，则定义 $\Phi_* u\in\mathscr{D}'(\Omega_y)$ 为

$$\langle\Phi_* u,\varphi\rangle_y=\langle u,\varphi(\Phi(x))\rangle\quad\forall\varphi\in C_c^\infty(\Omega_y)\tag{2.1}$$

并称 $\Phi_* u$ 为分布 u 的前推．

为使 $\langle u,\varphi(\Phi(x))\rangle\in\mathscr{D}'(\Omega_y)$，要对分布 u 或映射 Φ 附加某些条件．例如在下面三种情况下，$\langle u,\varphi(\Phi(x))\rangle$ 就确实是属于 $\mathscr{D}'(\Omega_y)$ 的．

(1) $u \in \mathscr{E}'(\Omega_x)$.

(2) $u \in \mathscr{D}'(\Omega_x)$，$\Phi$ 是恰当映射，即 Ω_y 中紧集关于映射 Φ 的原象是 Ω_x 中的紧集.

(3) Φ 在 $\operatorname{supp} u$ 上的限制是恰当映射，即 Ω_y 上紧集的原象与 $\operatorname{supp} u$ 的交集是紧集.

显然，(1)，(2) 都是 (3) 的特例，我们称上面的条件为前推条件.

对于映射 Φ，记 ${}^t\Phi_x$ 是该映射在 x 点的 Jacobian 的转置，又记

$$N_\Phi = \{(y,\eta);\ y = \Phi(x),\ \text{对某个 } x \in \Omega_x \text{ 成立且有 } {}^t\Phi_x \cdot \eta = 0\} \tag{2.2}$$

则以下的定理成立.

定理 2.1 若 u，Φ 满足前推条件，则

$$WF(\Phi_* u) \subset \{(y,\eta);\ y = \Phi(x),\text{且对满足此式的某 } x \text{ 有 } (x, {}^t\Phi_x \cdot \eta) \in WF(u)\} \cup N_\Phi \tag{2.3}$$

证. 只要证明，任取 (y_0, η_0)，若对使 $\Phi(x_0) = y_0$ 的所有 x_0 有 $(x_0, {}^t\Phi_{x_0} \cdot \eta_0) \bar{\in} WF(u)$ 且 ${}^t\Phi_{x_0} \cdot \eta_0 \neq 0$，则 $(y_0, \eta_0) \bar{\in} WF(\Phi_* u)$.

按定理 1.6，我们只要证明，对任意满足 $\phi_y(y_0, a_0) = \eta_0$ 的实值函数 $\phi(y, a) \in C^\infty(\mathbf{R}^n \times \mathbf{R}_p)$，存在 y_0 的邻域 V_0 及 a_0 的邻域 A_0，使对任意 $\varphi(y) \in C_c^\infty(V_0)$ 成立

$$\langle \Phi_* u, \varphi e^{-i\tau\phi(y,a)} \rangle_y = O(1+\tau)^{-N} \tag{2.4}$$

上式左端即 $\langle u, \varphi(\Phi(x)) e^{-i\tau\phi(\Phi(x),a)} \rangle_x$，记列向量

$$\xi_0 = \frac{\partial}{\partial x} \phi(\Phi(x), a)\big|_{(x_0,a_0)}$$

$$= {}^t\Phi_{x_0} \frac{\partial \phi}{\partial y}(\Phi(x), a)\big|_{(x_0,a_0)} = {}^t\Phi_{x_0} \cdot \eta_0$$

则 $\xi_0 \neq 0$. 由假设知，存在 x_0 的邻域 U_0 及 a_0 的邻域 A_0，使对任意 $h(x) \in C_c^\infty(U_0)$，在 A_0 内有

$$\langle u, h(x) e^{-i\tau\phi(\Phi(x),a)} \rangle_x = O(1+\tau)^{-N} \tag{2.5}$$

记 $K = \Phi^{-1}(y_0) \cap \operatorname{supp} u$，则由前推条件知 K 为紧集，故存在 l 个上述的 U_0 及 A_0，设为 $U_1, \cdots, U_l$ 及 $A_1, \cdots, A_l$，使 $K \subset$

$\bigcup_{j=1}^{l} U_j$. 同样，利用前推条件及 Φ 的光滑性知存在 y_0 的邻域 V_0 使

$$(\Phi^{-1}(V_0)\cap \operatorname{supp} u)\subset \bigcap_{j=1}^{l} U_j$$

令

$$A_0 = \bigcap_{j=1}^{l} A_j$$

又作依从于 $\{U_j\}$ 的单位分解

$$\{\eta_j(x)\}:\ \sum_{j=1}^{l}\eta_j(x) = 1 \quad (x\in \Phi^{-1}(V_0)\cap \operatorname{supp} u),\ \operatorname{supp}\eta_j\subset U_j,$$

于是当 $a\in A_0$，$\varphi\in C_c^\infty(V_0)$ 时

$$\begin{aligned}&\langle u,\varphi(\Phi(x))e^{-i\tau\psi(\Phi(x),a)}\rangle_x\\&\quad=\sum_{j=1}^{l}\langle u,\eta_j(x)\varphi(\Phi(x))e^{i\tau\psi(\Phi(x),a)}\rangle_x\\&\quad=O(1+\tau)^{-N}\end{aligned}$$

故得 (2.4). 定理证毕.

[例 1] 设 $\Phi:\Omega_x\to\Omega_x\times\Omega_y, x\longmapsto(x,0)$，显然，$\Phi$ 是恰当映射. 故对 $u\in\mathscr{D}'(\Omega_x)$ 可定义 $\Phi_* u$.

现取 $u\in C^\infty(\Omega_x)$，按定义

$$\langle \Phi_* u,\varphi(x,y)\rangle_{x,y} = \langle u,\varphi(\Phi(x))\rangle_x$$

右面 $=\langle u,\varphi(x,0)\rangle_x=\langle u(x)\delta(y),\varphi(x,y)\rangle_{x,y}$，所以 $\Phi_* u = u(x)\delta(y)$

因为当 $u\in C^\infty$ 时 $WF(u)$ 为空集，依 (2.3)

$$WF(\Phi_* u)\subseteq N_\Phi=\left\{(x,0;\xi,\eta);\ {}^t\Phi_x\cdot\begin{pmatrix}\xi\\ \eta\end{pmatrix}=0\right\}$$

现在 $\Phi_x=\begin{pmatrix}I\\0\end{pmatrix}$，${}^t\Phi_x=(I,0)$，故由 ${}^t\Phi_x\cdot\begin{pmatrix}\xi\\ \eta\end{pmatrix}=0$ 知 $\xi=0$，η 任意. 于是

$$WF(u(x)\delta(y))\subset\{(x,0,0,\eta);\ \eta\neq 0\}$$

二、分布的后拉

设 $\Phi: \Omega_x \to \Omega_y$ 是 C^∞ 映射，$\Omega_x \subset \mathbf{R}^n, \Omega_y \subset \mathbf{R}^m$，则 C^∞ 函数 $u(y)$ 的后拉 $\Phi^* u$ 定义为

$$\Phi^* u = u \circ \Phi = u(\Phi(x)) \tag{2.6}$$

显然，对于任意 $\varphi(x) \in C_c^\infty(\Omega_x)$，有

$$\begin{aligned}\langle \Phi^* u, \varphi\rangle &= \langle u(\Phi(x)), \varphi\rangle \\ &= (2\pi)^{-m} \iint e^{i\langle \Phi(x), \eta\rangle} \varphi(x) \hat{u}(\eta) d\eta dx \end{aligned} \tag{2.7}$$

当 u 是分布时，如果 (2.7) 右端有意义，我们自然用它来定义分布的后拉．可是对于一般的分布 u，不一定能作 Fourier 变换 $\hat{u}(\eta)$，且即使其存在，(2.7) 右端积分也不一定收敛，然而我们有

定理 2.2 设 $\Omega_y \times \mathbf{R}_m \backslash \{0\}$ 中闭锥 Γ 满足 $\Gamma \cap N_\Phi = \varnothing$（$N_\Phi$ 的定义见 (2.2)），则由 Φ 诱导出的映射 $\Phi^*: C_c^\infty(\Omega_y) \to C_c^\infty(\Omega_x)$ 可唯一地扩张为 $\mathscr{D}'_\Gamma(\Omega_y) \to \mathscr{D}'_{\Gamma^*}(\Omega_x)$ 的连续映射（仍记为 Φ^*），此处

$$\Gamma^* = \{(x, \xi);\ \text{存在}\ \eta\ \text{使}\ {}^t\Phi_x \cdot \eta = \xi \neq 0, (\Phi(x), \eta) \in \Gamma\}$$

且对任一 $u \in \mathscr{D}'_\Gamma(\Omega_y)$，有

$$\begin{aligned} WF(\Phi^* u) \subset \{(x, \xi);\ \Phi(x) = y,\ {}^t\Phi_x \cdot \eta = \xi \neq 0, \\ (y, \eta) \in WF(u)\} \end{aligned} \tag{2.8}$$

证．我们分几步来扩张 Φ^* 的定义域．先讨论 $u \in \mathscr{E}'(\Omega_y)$ 的情形．此时若 $\Phi(\operatorname{supp}\varphi) \cap \operatorname{supp} u = \varnothing$，我们作 $u_\varepsilon = J_\varepsilon u$，此处 J_ε 是正则化算子，则当 ε 充分小时 $u_\varepsilon \in C_c^\infty(\Omega_y)$ 且

$$\Phi(\operatorname{supp}\varphi) \cap \operatorname{supp} u_\varepsilon = \varnothing$$

因而 $\langle u_\varepsilon(\Phi(x)), \varphi\rangle = 0$．所以，这时我们可以用 $\lim\limits_{\varepsilon \to 0}\langle \Phi^* u_\varepsilon, \varphi\rangle$ 来定义 $\langle \Phi^* u, \varphi\rangle$，它的值显然为零．

当 $\Phi(\operatorname{supp}\varphi) \cap \operatorname{supp} u \neq \varnothing$ 时，我们仍希望用 $\lim\limits_{\varepsilon \to 0}\langle \Phi^* u_\varepsilon, \varphi\rangle$ 来定义 $\langle \Phi^* u, \varphi\rangle$．由 Fourier 变换的性质知 $\hat{u}_\varepsilon(\eta) \to \hat{u}(\eta)$，因此，问题是说明在适当的意义下 $\iint e^{i\langle \Phi(x), \eta\rangle} \varphi(x) \hat{u}(\eta) d\eta dx$ 存在，而且

据此还不难看出

$$\lim_{\varepsilon\to 0}\iint e^{i\langle\Phi(x),\eta\rangle}\varphi(x)\hat{u}_\varepsilon(\eta)d\eta dx$$
$$=\iint e^{i\langle\Phi(x),\eta\rangle}\varphi(x)\hat{u}(\eta)d\eta dx$$

现在来说明

$$\iint e^{i\langle\Phi(x),\eta\rangle}\varphi(x)\hat{u}(\eta)d\eta dx$$

在一定意义下存在. 任取 $x_0\in\operatorname{supp}\varphi, y_0=\Phi(x_0)$. 若 $y_0\bar{\in}\operatorname{supp}u$, 则存在 x_0 的邻域 U_0, 使 $\Phi(U_0)\cap\operatorname{supp}u=\varnothing$; 另一方面,若 $x_0\in\operatorname{supp}\varphi$ 且 $y_0\in\operatorname{supp}u$, 则由 $\Gamma\cap N_\Phi=\varnothing$ 知 $\Gamma_{y_0}=\{\eta;(y_0,\eta)\in\Gamma\}$ 与 $N_0=\{\eta;{}^t\Phi_x|_{x=x_0}\cdot\eta=0\}$ 不相交. 于是存在空间 $\mathbf{R}_m$ 中的开锥 Γ_1 和 Γ_2, $\Gamma_1\cap\Gamma_2=\varnothing$, 它们分别包含 Γ_{y_0} 和 N_0. 由定理 1.2 知, 存在 y_0 的邻域 V_0, 当 $\phi\in C_c^\infty(V_0)$ 时 $\Sigma(\phi u)\subset\Gamma_1$, 而由映射 Φ 的光滑性可知, 存在 x_0 的邻域 U_0 使 $N_\eta=\{\eta:{}^t\Phi_x|_{x\in U_0}\cdot\eta=0\}\subset\Gamma_2$. 所以可以从 $\operatorname{supp}\varphi$ 及 $\operatorname{supp}u$ 的紧致性得到相应的有限覆盖 $V_1,\cdots,V_{m_1}$ 和 $U_1,\cdots,U_{m_2}$ 使得 (若有必要可进一步缩小 $\{V_j\}$ 与 $\{U_k\}$) 当 $\Phi(U_k)\cap V_j\neq\varnothing$ 时, 对任一 $\phi_j\in C_c^\infty(V_j)$ 必有 $\Sigma(\phi_j u)\cap\{\eta;\ {}^t\Phi_x|_{x\in U_k}\cdot\eta=0\}=\varnothing$, 然后作从属于 $\{V_j\}$ 与 $\{U_k\}$ 的单位分解 $\{\phi_j\}$ 与 $\{\varphi_k\}$, 使在 $\operatorname{supp}u$ 及 $\operatorname{supp}\varphi$ 上分别有 $\sum_{j=1}^{m_1}\phi_j=1$ 及 $\sum_{k=1}^{m_2}\varphi_k=1$, $\operatorname{supp}\phi_j\subset V_j$, $\operatorname{supp}\varphi_j\subset U_j$, 将(2.7)右面的积分表为

$$\sum_{j,k}I_{j,k}=\sum_{j,k}(2\pi)^{-m}\iint e^{i\langle\Phi(x),\eta\rangle}\varphi_k(x)\varphi(x)(\widehat{\phi_j u})(\eta)d\eta dx \tag{2.9}$$

当 $\Phi(U_k)\cap V_j=\varnothing$ 时, $\Phi(\operatorname{supp}\varphi_k)\cap\operatorname{supp}\phi_j=\varnothing$, 则在本定理证明一开始就指出它为 0. 而当 $\Phi(U_k)\cap V_j\neq\varnothing$ 时,将 $\Sigma(\phi_j u)$ 与闭锥 $\{\eta;\ {}^t\Phi_x|_{x\in U_k}\cdot\eta=0\}$ 用两个开锥 Γ_1,Γ_2 分隔开来, 并取 $h(\eta)\in C^\infty(\mathbf{R}_m)$, 满足

1) 当 $|\eta|\geqslant 1$ 时 h 是正齐零次函数;

2) 当 $|\eta|\leqslant\frac{1}{2}$ 时 $h\equiv 1$;

3) 在 $|\eta|=1$ 上 h 于 Γ_2 上为 1，于 Γ_1 上为 0，
又将相应的 I_{jk} 分解为 $I'+I''$：

$$I'=(2\pi)^{-m}\iint e^{i\langle\Phi(x),\eta\rangle}h(\eta)\varphi_k(x)\varphi(x)(\widehat{\psi_j u})(\eta)d\eta dx$$

$$I''=(2\pi)^{-m}\iint e^{i\langle\Phi(x),\eta\rangle}(1-h(\eta))\varphi_k(x)\varphi(x)(\widehat{\psi_j u})(\eta)d\eta dx$$

I' 关于 η 的积分区域是 $|\eta|\leqslant\frac{1}{2}$ 及 $\left\{\eta;|\eta|\geqslant\frac{1}{2}\right\}\Big\backslash\Gamma_1$，注意到 $\Sigma(\psi_j u)\subset\Gamma_1$，故对任意正数 N，$(\widehat{\psi_j u})(\eta)=O(1+|\eta|)^{-N}$，从而 I' 有意义．I'' 关于 η 的积分区域是 $\left\{\eta;|\eta|\geqslant\frac{1}{2}\right\}\Big\backslash\Gamma_2$，由于 ${}^t\Phi_x\cdot\eta$ 在 $x\in U_k$，$\eta\bar{\in}\Gamma_2$ 时不为零，于是振荡积分

$$\int e^{i\langle\Phi(x),\eta\rangle}(1-h(\eta))\varphi_k(x)\varphi(x)dx$$

的位相 $\langle\Phi(x),\eta\rangle$ 关于 x 无临界点（或者说在临界点附近被积函数恒为零），于是利用稳定位相法知此振荡积分对任意正数 N，可用 $C_N(1+|\eta|)^{-N}$ 控制，而由于 $(\widehat{\psi_j u})(\eta)$ 是 η 的缓增函数，所以 I'' 有意义，于是 (2.9) 有意义，从而在 $u\in\mathscr{E}'(\Omega)$，且 $WF(u)\cap N_\Phi=\varnothing$ 时定义了 Φ^*u.

再讨论 $u\in\mathscr{D}'_\Gamma(\Omega_y)$ 的情况，这时对任意给定的 $\varphi\in C_c^\infty(\Omega_x)$，则由 Φ 的连续性知 $\Phi(\operatorname{supp}\varphi)$ 为紧集，在 Ω_y 中取相对紧的开集 $\Omega_1\supset\Phi(\operatorname{supp}\varphi)$，作 $\psi\in C_c^\infty(\Omega_y)$，使得在 $\bar{\Omega}_1$ 上 $\psi\equiv1$，显然 $\psi u\in\mathscr{E}'(\Omega_y)$，$WF(\psi u)\subset\Gamma$，于是可以按前面的讨论来定义

$$\langle\Phi^*(\psi u),\varphi\rangle=(2\pi)^{-m}\iint e^{i\langle\Phi(x),\eta\rangle}\varphi(x)(\widehat{\psi u})(\eta)d\eta dx \quad (2.10)$$

此值实际上与 ψ 的选取无关，事实上，若有 ψ_1，ψ_2 都满足上述条件，则 $\psi_1-\psi_2$ 在 $\Phi(\operatorname{supp}\varphi)$ 上恒为零．故令 $v=(\psi_1-\psi_2)u$ 可知 $v\in\mathscr{E}'(\Omega_y)$，$\operatorname{supp}v\cap\Phi(\operatorname{supp}\varphi)=\varnothing$，于是由本定理证明最初的论述可知 $\langle\Phi^*v,\varphi\rangle=0$，所以将 (2.10) 右端作为 $\langle\Phi^*u,\varphi\rangle$ 的定义是合理的，而由 φ 的任意性，我们就定义了 Φ^*u：

$$\langle\Phi^*u,\varphi\rangle=(2\pi)^{-m}\iint e^{i\langle\Phi(x),\eta\rangle}\varphi(x)(\widehat{\psi u})(\eta)d\eta dx \quad (2.11)$$

$\varphi \in C_c^\infty(\Omega_x)$，$\psi$ 根据 φ 选定。

以下考察 $\Phi^* u$ 的波前集，从定义知考察 $u \in \mathscr{E}'(\Omega_y)$ 的波前集即可，由定理 1.6，我们将 (2.11) 中的 φ 改取成 $\varphi(x) e^{i\tau\langle x_0, \xi_0\rangle}$，考察 $\tau \to +\infty$ 时 $\langle \Phi^* u, \varphi e^{-i\tau\langle x, \xi_0\rangle}\rangle$ 的性态，就可以确定 $WF(\Phi^* u)$。当 $u \in \mathscr{E}'(\Omega_y)$ 时，定义式 (2.11) 中的 ψ 可省略，于是

$$\begin{aligned}
&\langle \Phi^* u, \varphi e^{-i\tau\langle x, \xi_0\rangle}\rangle \\
&\quad = (2\pi)^{-m} \iint e^{i(\langle \Phi(x), \eta\rangle - \tau\langle x, \xi_0\rangle)} \varphi(x) \hat{u}(\eta) d\eta dx \\
&\quad = (2\pi)^{-m} \tau^m \iint e^{i\tau(\langle \Phi(x), \eta\rangle - \langle x, \xi_0\rangle)} \varphi(x) \hat{u}(\tau\eta) d\eta dx
\end{aligned}$$

类似于前面的讨论，引入 $\{\psi_j\}$，$\{\varphi_k\}$ 以及 $h(\eta)$ 后，实际上只需讨论

$$\begin{aligned}
I'' = (2\pi)^{-m} \iint & e^{i\tau(\langle \Phi(x), \eta\rangle - \langle x, \xi_0\rangle)} \\
& \times \varphi_k(x) \varphi(x) (\widehat{\psi_j u})(\eta) d\eta dx
\end{aligned} \tag{2.12}$$

对于振荡积分

$$\int e^{i\tau(\langle \Phi(x), \eta\rangle - \langle x, \xi_0\rangle)} \varphi_k(x) \varphi(x) dx \tag{2.13}$$

其位相函数关于 x 的临界点由

$$\langle {}^t\Phi_x, \eta\rangle - \xi_0 = 0 \tag{2.14}$$

决定，因此，对于给定的 x_0 点，如果当 η 满足 $(\Phi(x_0), \eta) \in WF(u)$ 时，必有 $\xi_0 \neq {}^t\Phi_x|_{x=x_0} \cdot \eta$，则可以把相应的 φ_k 与 ψ_j 的支集取得充分小，从而使 (2.14) 不可能成立，这样，由稳定位相法可知积分 (2.13) 以及 (2.12) 在 $\tau \to +\infty$ 时对任意正数 N 有 $O(1+\tau)^{-N}$ 型的估计，这就证明了 (2.8)。

最后我们指出由 (2.11) 定义的映射是 $\mathscr{D}'_\Gamma(\Omega_y) \to \mathscr{D}'_{\Gamma^*}(\Omega_x)$ 的连续映射，若 $u_\nu \to 0\,(\mathscr{D}'_\Gamma(\Omega_y))$，则按本章 §1 所规定的拟拓扑，应有 $u_\nu \to 0\,(\mathscr{D}'(\Omega_y))$，以及 (1.20) 成立．由于对任意的 $\varphi \in C_c^\infty(\Omega_x)$，(2.10) 中的函数 ψ 与 u_ν 无关，所以易得

$$\langle \Phi^* u_\nu, \varphi\rangle = \langle \Phi^*(\psi u_\nu), \varphi\rangle \to 0 \tag{2.15}$$

从而有 $\Phi^* u_\nu \to 0(\mathscr{D}'(\Omega_x))$。

至此，为说明 $\Phi^{*}u_\nu \to 0\,(\mathscr{D}'_{\Gamma^*}(\Omega_x))$ 只需指出对任意 $\varphi \in C_c^\infty(\Omega_x)$ 及闭锥 $V \subset \mathbf{R}_n$，且 $(\operatorname{supp}\varphi \times V) \cap \Gamma^* = \varnothing$，则关于任意 N，有

$$\sup_{\xi \in V}(1 + |\xi|)^N |(\varphi\Phi^* u_\nu)^\wedge(\xi)| \to 0 \tag{2.16}$$

注意到

$$\widehat{(\varphi\Phi^* u_\nu)}(\xi) = (2\pi)^{-m}\iint e^{i(\langle\Phi(x),\eta\rangle - \langle x,\xi\rangle)} \times \varphi(x)\widehat{(\psi u_\nu)}(\eta)d\eta dx$$

（ψ根据φ选定）仍利用前述的 $\{\psi_j\}$，$\{\varphi_j\}$ 与 $h(\eta)$，分别考察

$$I'_\nu = (2\pi)^{-m}\iint e^{i(\langle\Phi(x),\eta\rangle - \langle x,\xi\rangle)} \times h(\eta)\varphi_k(x)\varphi(x)\widehat{(\psi_j\psi u_\nu)}(\eta)d\eta dx$$

$$I''_\nu = (2\pi)^{-m}\iint e^{i(\langle\Phi(x),\eta\rangle - \langle x,\xi\rangle)} \times(1 - h(\eta))\varphi_k(x)\varphi(x)\widehat{(\psi_j\psi u_\nu)}(\eta)d\eta dx$$

对于 I'_ν，由于当 $u_\nu \to 0(\mathscr{D}'_\Gamma(\Omega_x))$ 时，$WF(u_\nu)$ 的极限点含于 Γ 中，故对充分大的 ν，高频集 $\Sigma(\psi_j\psi u_\nu) \subset \Gamma_1$，因此对任意 N，当 $\eta \bar{\in} \Gamma_1$ 时

$$\sup_{\eta \bar{\in} \Gamma_1}(1 + |\eta|)^N |\widehat{(\psi_j\psi u_\nu)}(\eta)| \to 0 \quad (\nu \to \infty)$$

所以有，对任意N

$$\sup(1 + |\xi|)^N I'_\nu \to 0 \qquad (\nu \to \infty)$$

又对于 I''_ν，由于位相函数 $\langle\Phi(x),\eta\rangle - \langle x,\xi\rangle$ 关于 x 的临界点满足

$$\langle {}^t\Phi_x, \eta\rangle - \xi = 0 \tag{2.17}$$

故当 $\xi \in V$，而 $(\operatorname{supp}\varphi \times V) \cap \Gamma^* = \varnothing$ 时，(2.17) 不可能成立. 由于 $\eta \to \infty$ 时 $\widehat{(\psi_j\psi u_\nu)}(\eta)$ 是关于 ν 一致地缓增的，且可找到某个 N_1，使

$$\sup(1 + |\eta|)^{N_1} |\widehat{(\psi_j\psi u_\nu)}(\eta)| \to 0 \quad (\nu \to \infty)$$

所以当 $|\xi| \to \infty$ 时，对任意N也有

$$\sup(1+|\xi|)^N I_\nu'' \to 0 \quad (\nu \to \infty)$$

这就导致(2.16)，从而也说明了映照 $\Phi^*: \mathscr{D}'_\Gamma(\Omega_y) \to \mathscr{D}'_{\Gamma^*}(\Omega_x)$ 的连续性．定理证毕．

［例 1］ 若 Ω_x, Ω_y 的维数相同，且 Φ 为微分同胚因而 Jacobian $|\Phi_x|$ 处处不为零，则 $N_\Phi = \{(\Phi(x), 0)\}$，从而按定理 2.2，对任一 $u \in \mathscr{D}'(\Omega_y)$，均可按 (2.11) 定义 $\Phi^*(u) \in \mathscr{D}'(\Omega_x)$，利用变换 Φ 的可逆性，由 $v \in \mathscr{D}'(\Omega_x)$ 也可定义 $(\Phi^{-1})^* v \in \mathscr{D}'(\Omega_y)$，于是(2.8)中的包含关系可改成等号，即

$$WF(\Phi^* u) = \{(x, {}^t\Phi_x \eta); (\Phi(x), \eta) \in WF(u)\} \tag{2.18}$$

此即表示 $(x, \xi) \in WF(\Phi^* u)$ 的充要条件是 $(\Phi(x), \eta) \in WF(u)$，$\xi = {}^t\left(\frac{\partial y}{\partial x}\right)\eta$．

由此可见，若将 Φ 视为微分流形上不同区图重迭部分处的坐标变换关系，则矢量 ξ 与 η 的变换关系与余切矢量的变换关系相符．这又一次说明了定理 1.6 后的结论，波前集在余切丛上可定义，或者说对于定义在流形上的分布 u，其波前集 $WF(u)$ 是定义在余切丛上的集合．

［例 2］ 设 $H(x, y)$ 是上节例 2 中的分布，即

$$H(x,y) = \begin{cases} 1 & y > 0 \\ 0 & y < 0 \end{cases}$$

取 l 是通过点 $(x_0, 0)$ 且与 x 轴交角成 θ 的直线．现在讨论 $H(x, y)$ 在 l 上的限制 $H(x, y)|_l$．

作变换 $\Phi: \begin{cases} x = \bar{x}\cos\theta - \bar{y}\sin\theta + x_0 \\ y = \bar{x}\sin\theta + \bar{y}\cos\theta \end{cases} \quad (0 \leqslant \theta < 2\pi)$

在此直角坐标变换 Φ 下，l 成为坐标系 $(\bar{x}, \bar{y})$ 中的 $\bar{x}$ 轴，且 l 与 x 轴的交点 $(x_0, 0)$ 变换为 $(\bar{x}, \bar{y})$ 坐标系中的原点．由于 Φ 是可逆变换，由上面例 1，$H_1 = \Phi^* H$ 是 $(\bar{x}, \bar{y})$ 平面上的分布，且

$$WF(\Phi^* H) = \{(\bar{x}, \bar{y};\ \eta''\sin\theta, \eta''\cos\theta);\ \bar{x}\sin\theta + \bar{y}\cos\theta = 0,\ \eta'' \neq 0\}$$

再考虑映射 Φ_1: $\bar{x} = \bar{\bar{x}}$, $\bar{y} = 0$.

$N_{\Phi_1}=\{(\bar{x},0;0,\bar{\eta})\}$，由此，若 l 与 x 轴之交角 $\theta=0$，则 $WF(H_1)=N_{\Phi_1}$. 而当 $\theta\neq 0$ 时 $WF(H_1)\cap N_{\Phi_1}=\emptyset$. 故由定理 2.2，当交角 $\theta\neq 0$ 时 $H(x,y)|_l$ 是一个一元分布. 但当 $\theta=0$ 时我们尚无法定义 H 在 l 上的限制.

再考察当 $\theta\neq 0$ 时 $H|_l=\Phi_1^*H_1$ 的波前集，按(2.8)

$$WF(\Phi_1^*H_1)\subset\left\{(\bar{\bar{x}},{}^t\Phi_{1x}\cdot\eta);(\bar{\bar{x}},0;\eta_1,\eta_2)\in WF(H_1),\eta=\begin{pmatrix}\eta_1\\ \eta_1\end{pmatrix}\right\}$$

比较 H_1 的波前集公式，要 $(\bar{\bar{x}},0;\eta_1,\eta_2)=(\bar{x},\bar{y};\eta''\sin\theta,\eta''\cos\theta)$，$(\bar{x}\sin\theta+\bar{y}\cos\theta=0)$，必须 $\bar{\bar{x}}=0$，$\eta_2=\eta_1\operatorname{ctg}\theta$，于是

$$WF(\Phi_1^*H_1)\subset\{(0,\eta);\eta\neq 0\}$$

这里的包含关系可以换成等号，事实上，由上面知道，分布 $H(x,y)|_l=H_1(\bar{x})$，而 $H_1(\bar{x})$ 恰是 Heaviside 函数，由上节例 2，它的波前集正是 $\{(0,\eta);\eta\neq 0\}$.

我们还可以作如下更一般的讨论.

设 M 是流形 Ω 的子流形，$N_xM=\{\eta;\langle T_xM,\eta\rangle=0\}$ 是 x 点 M 的法矢量的全体，它是 $T_x^*(\Omega)$ 的一个子集. 由此，

$$N_M=\{(x,\eta);\langle T_xM,\eta\rangle=0,x\in M\} \tag{2.19}$$

是余切丛 $T^*(\Omega)$ 的子集，沿袭 $T^*\Omega$ 的丛结构，它构成余切丛的子丛，我们称之为 M 的**法丛**.

又设 Φ 是由 M 到 Ω 的嵌入映射，则 $N_M=N_\Phi$，于是由一个 Ω 中的分布 $\mathscr{D}'(\Omega)$ 可以导出 M 上分布 Φ^*u 的条件是

$$WF(u)\cap N_M=\emptyset \tag{2.20}$$

特别地，当 M 是 Ω 的 $n-1$ 维曲面时，设 $(x,\eta)\in N_M$，则 η 为曲面在 x_0 点的法向. 故若曲面 M 上的点连同其法向恒不在 $WF(u)$ 上时，分布 u 在 M 上的限制有意义，否则 u 在 M 上的限制就不一定有意义. 例 2 就是这些结果的特例.

如所知，一个分布在同维子流形上的限制是无条件的，但在低维子流形上的限制却是有条件的，迹定理详细研究了这个问题，我们在这里又从波前集角度得出了另一种条件. 无疑地，这是很重要的.

三、分布的直积

设 $u\in\mathscr{D}'(\Omega_x)$，$v\in\mathscr{D}'(\Omega_y)$，根据分布理论，$u$ 和 v 的直积 $u(x)\otimes v(y)\in\mathscr{D}'(\Omega_x\times\Omega_y)$ 由下式确定

$$\langle u\otimes v,g(x,y)\rangle=\langle u,\langle v,g(x,y)\rangle_y\rangle_x,\quad \forall g\in C_c^\infty(\Omega_x\times\Omega_y)\tag{2.21}$$

定理 2.3 $u\otimes v$ 的波前集 $WF(u\otimes v)$ 满足

$$WF(u\otimes v)\subset(WF(u)\times WF(v))\cup(WF(u)\times \mathrm{supp}_0\, v)\cup(\mathrm{supp}_0\, u\times WF(v))\tag{2.22}$$

其中 $\mathrm{supp}_0\, u=\{(x,0);\ x\in \mathrm{supp}\,u\}$，$\mathrm{supp}_0\, v=\{(y,0);\ y\in\mathrm{supp}\, v\}$

证. 设 $(x,y;\xi,\eta)\bar{\in}(2.22)$ 右边的集合，$(\xi,\eta)\neq(0,0)$，现分三种情况讨论：

若 $\xi=0$，则 $(y,\eta)\bar{\in}WF(v)$，从而存在 $\varphi_2(y)\in C_c^\infty(\Omega_y)$ 使在 η 的锥邻域内 $(\widehat{\varphi_2 v})(\eta)=O(1+|\eta|)^{-N}$，任取 $\varphi_1(x)\in C_c^\infty(\Omega_x)$ 故对某个 l 有 $(\widehat{\varphi_1 u})(\xi)=O(1+|\xi|)^l$. 另外，存在 $(0,\eta)$ 的锥邻域使得在此锥邻域中 $(|\xi|^2+|\eta|^2)^{1/2}\leqslant 2|\eta|$. 于是在此锥邻域中，对于这里取到的 φ_1，φ_2，有

$$\begin{aligned}(\widehat{\varphi_1\varphi_2)(u}\otimes v)(\xi,\eta)&=(\widehat{\varphi_1 u})(\xi)\cdot(\widehat{\varphi_2 v})(\eta)\\&=O(1+(|\xi|^2+|\eta|^2)^{1/2})^{-N}\end{aligned}$$

按定义 1.3，$(x,y;0,\eta)\bar{\in}WF(u\otimes v)$.

若 $\eta=0$，则 $(x,\xi)\bar{\in}WF(u)$，仿上可知 $(x,y;\xi,0)\bar{\in}WF(u\otimes v)$.

若 $\xi\neq0$，$\eta\neq0$，则或者 $(x,\xi)\bar{\in}WF(u)$，或者 $(y,\eta)\bar{\in}WF(v)$，此时在 (ξ,η) 的某锥邻域中有

$$C_1|\xi|\leqslant|\eta|\leqslant C_2|\xi|$$

于是，类似于上面的讨论，仍有 $(x,y,\xi,\eta)\bar{\in}WF(u\otimes v)$. 定理证毕.

通过类似的讨论还可得到如下的推论.

推论 2.1 直积运算是 $\mathscr{D}'_{\Gamma_1}(\Omega_x)\times\mathscr{D}'_{\Gamma_2}(\Omega_y)\to\mathscr{D}'_{\Gamma}(\Omega_x\times$

Ω_y) 的连续映射，其中 $\Gamma = (\Gamma_1 \times \Gamma_2) \cup (\Gamma_1 \times O_y) \cup (O_x \times \Gamma_2)$，而 $O_x = \{(x, 0),\ x \in \Omega_x\}$，$O_y = \{(y, 0),\ y \in \Omega_y\}$.

四、分布的乘积

一般地说，两个分布不能进行乘积运算，但利用波前集运算，可以得到能定义乘积的一个条件. 当然，当所考虑的分布为 C^∞ 函数时，这里所定义的分布乘积正与普通的函数乘积相符.

考虑映射 $\Delta: \Omega_x \to \Omega_x \times \Omega_x$；$x \longmapsto (x, x)$.

若 $u(x)$，$v(x)$ 是 X 上光滑函数，则

$$u(x) \cdot v(x) = \Delta^*(u(x) \otimes v(y)) \tag{2.23}$$

现在设 u，$v \in \mathscr{D}'(\Omega_x)$，我们设法用 (2.23) 来定义它们的乘积. 显然，关键在于当 $u, v \in \mathscr{D}'(\Omega_x)$ 时 (2.23) 的右面在什么条件下有意义. 由前述，$u \otimes v$ 是可以定义的. 再由定理 2.2，$\Delta^*(u \otimes v)$ 有意义的条件是

$$WF(u \otimes v) \cap N_\Delta = \varnothing \tag{2.24}$$

其中 $$N_\Delta = \{(x, x; \xi, -\xi);\ \xi \neq 0\}$$

$$WF(u \otimes v) \subset (WF(u) \times WF(v)) \cup (WF(u) \times \mathrm{supp}_0 v) \cup (\mathrm{supp}_0 u \times WF(v))$$

显见

$$N_\Delta \cap (WF(u) \times \mathrm{supp}_0 v) = \varnothing = N_\Delta \cap (\mathrm{supp}_0 u \times WF(v))$$

于是 (2.24) 成立的充分条件是

$$(WF(u) \times WF(v)) \cap N_\Delta = \varnothing \tag{2.25}$$

定理 2.4 设 $u, v \in \mathscr{D}'(\Omega_x)$，则它们可以相乘的充分条件是

$$(WF(u) + WF(v)) \cap O_x = \varnothing \tag{2.26}$$

此时，uv 的波前集满足

$$WF(uv) \subset (WF(u) + WF(v)) \cup WF(u) \cup WF(v) \tag{2.27}$$

其中 $WF(u) + WF(v) = \{(x, \xi_1 + \xi_2);\ (x_1, \xi_1) \in WF(u), (x, \xi_2) \in WF(v)\}$.

证. 由已知，若 (2.25) 成立，则 uv 按 (2.23) 有意义. 但若 $(x, \xi) \in (WF(u) \times WF(v)) \cap N_\Delta$，则 $(x, \xi) \in WF(u)$ 及 $(x,$

$-\xi)\in WF(v)$. 于是 (2.25) 可以用 (2.26) 表出.

利用分布直积的波前集关系 (2.22) 及后拉的波前集关系 (2.8), 经过计算就可得到 (2.27). 定理证毕.

设 Γ_1 和 Γ_2 是两个闭锥, 记

$$\Gamma_1+\Gamma_2=\{(x,\xi_1+\xi_2);(x,\xi_1)\in\Gamma_1,(x,\xi_2)\in\Gamma_2\} \quad (2.28)$$

利用定理 2.2, 推论 2.1 及上述定理 2.4, 可得如下推论.

推论 2.2 若 $(\Gamma_1+\Gamma_2)\cap O_x=\varnothing$, 则 $\mathscr{D}'_{\Gamma_1}(\Omega_x)$ 与 $\mathscr{D}'_{\Gamma_2}(\Omega_x)$ 中的分布可以相乘,其乘积的波前集满足 (2.27),并且此乘积运算是 $\mathscr{D}'_{\Gamma_1}(\Omega_x)\times\mathscr{D}'_{\Gamma_2}(\Omega_x)\to\mathscr{D}'_{\Gamma}(\Omega_x)$ 的连续映射, 这里, $\Gamma=(\Gamma_1+\Gamma_2)\cup\Gamma_1\cup\Gamma_2$.

[例 3] 设 $H_1(x,y)=\begin{cases}1, & y>0\\0, & y<0\end{cases}$, $H_2(x,y)=\begin{cases}1, & x>0\\0, & x<0\end{cases}$,由 §1的例 2, $WF(H_1)=\{(x,0;0,\eta);\eta\neq0\}$, $WF(H_2)=\{(0,y;\xi,0);\xi\neq0\}$, 所以

$$WF(H_1)+WF(H_2)=\{(0,0;\xi,\eta);\xi\neq0,\eta\neq0\}$$

于是按 (2.26) 可知, H_1H_2 有意义, 且

$$\begin{aligned}WF(H_1H_2)\subset&\{(0,0;\xi,\eta);\xi\neq0,\eta\neq0\}\\&\cup\{(x,0;0,\eta);\eta\neq0\}\\&\cup\{(0,y;\xi,0);\xi\neq0\}\end{aligned}$$

五、分布的复合——算子在分布上的作用

由 Schwartz 核定理 (见附录一) 知, $\mathscr{D}'(\Omega_x\times\Omega_y)$ 中分布 $k(x,y)$ 与 $C_c^\infty(\Omega_y)\to\mathscr{D}'(\Omega_x)$ 的连续线性算子 K 成一一对应. 这一段中我们试图探讨算子 K 可以扩张成 $\mathscr{D}'(\Omega_y)\to\mathscr{D}'(\Omega_x)$ 上的线性连续算子的条件. 为此,先设 $u\in C_c^\infty(\Omega_y)$, 将 Ku 改写成另外的形式.

记 $1(x)$ 为 Ω_x 上恒为 1 的函数,则 $1(x)\otimes u(y)\in C^\infty(\Omega_x\times\Omega_y)$, $WF(1(x)\otimes u(y))=\varnothing$, 按定理 2.4, 存在 $k(x,y)$ 与 $1(x)\otimes u(y)$ 之乘积 $k(x,y)(1\otimes u)\in\mathscr{D}'(\Omega_x\times\Omega_y)$.

设

设 π 是投影算子：$\Omega_x \times \Omega_y \to \Omega_x; (x,y) \longmapsto x$.
对于 Ω_x 中的紧集 F，$\pi^{-1}(F) \cap \operatorname{supp}(1 \otimes u) = F \times \operatorname{supp} u$ 是 $\Omega_x \times \Omega_y$ 中的紧集. 因而 $1 \otimes u$ 和 π 满足前推条件，$k(1 \otimes u)$ 和 π 也就满足前推条件. 于是 $\pi_*(k(1 \otimes u))$ 有意义，且对任意 $v \in C_c^\infty(\Omega_x)$ 有

$$\begin{aligned}\langle \pi_*(k(1 \otimes u)), v(x) \rangle &= \langle k(1 \otimes u), v(\pi(x,y)) \rangle \\ &= \langle k(x,y), v(x) u(y) \rangle \\ &= \langle Ku, v \rangle\end{aligned}$$

因而

$$Ku = \pi_*(k(1(x) \otimes u(y))) \tag{2.29}$$

现在，当 $u \in \mathscr{D}'(\Omega_y)$ 时，我们要设法用 (2.29) 来定义 Ku，显然，关键仍在于 (2.29) 右边对 $u \in \mathscr{D}'(\Omega_y)$ 是否有合适的意义.

由于 $WF(1(x) \otimes u(y)) \subset O_x \times WF(u)$，故 $k(x,y)$ 与 $1(x) \otimes u(y)$ 相乘的条件为：若 $(y, \eta) \in WF(u)$，则 $(x, y; 0, -\eta) \bar{\in} WF(k)$. 若引入记号

$$WF'_y(k) = \{(y,\eta);\ 存在 x 使 (x,y;0,-\eta) \in WF(k)\} \tag{2.30}$$

则 $k(x,y)$ 与 $1(x) \otimes u(y)$ 相乘的条件可改写为

$$WF(u) \cap WF'_y(k) = \varnothing \tag{2.31}$$

此时有

$$\begin{aligned}WF(k(x,y)(1(x) \otimes u(y))) \subset &(WF(k) + WF(1 \otimes u)) \\ &\cup WF(k) \cup WF(1 \otimes u)\end{aligned}$$

若 π 在 $\operatorname{supp} k$ 上的限制是恰当映射，或者 $u \in \mathscr{E}'(\Omega_y)$，则 π 在 $\operatorname{supp}(k(1 \otimes u))$ 上的限制也是恰当映射，从而 $\pi_*(k(1 \otimes u))$ 有意义，再经过一些计算，即得

$$\begin{aligned}WF(Ku) = WF(\pi_*(k(1 \otimes u))) \subset &WF'(k) \circ WF(u) \\ &\cup WF_x(k)\end{aligned} \tag{2.32}$$

此处

$$WF'(k) = \{(x,y;\xi,\eta); (x,y;\xi,-\eta) \in WF(k)\}$$

$$WF'_x(k) = \{(x,\xi); (x,y,\xi,0) \in WF(k)\}$$

(2.32) 中的集合关系运算“$\circ$”按第一章 (4.9) 进行.

综上所述，可得如下定理

定理 2.5 设 $k(x,y)\in\mathscr{D}'(\Omega_x\times\Omega_y)$，$u\in\mathscr{D}'(\Omega_y)$，$\Gamma$ 是 $\Omega_y\times \mathbf{R}_m\backslash\{0\}$ 中的闭锥且 $\Gamma\cap WF'_y(k)=\varnothing$，则在下面两种情形下可以定义$K$在$u$上的作用：$Ku\in\mathscr{D}'(\Omega_x)$.

(1) $u\in\mathscr{D}'_\Gamma(\Omega_y)\cap\mathscr{E}'(\Omega_y)$;

(2) π 在 $\operatorname{supp}K$ 上的限制映射为恰当映射，$u\in\mathscr{D}'_\Gamma(\Omega_y)$，此时，$Ku$ 的波前集满足关系式 (2.32).

六、分布的复合(续)——算子的复合

现在来考虑分布的另一种复合，即设 $k_1\in\mathscr{D}'(\Omega_x\times\Omega_y)$，$k_2\in\mathscr{D}'(\Omega_y\times\Omega_z)$，我们要研究它们是否可以复合成 $k_1\circ k_2\in\mathscr{D}'(\Omega_x\times\Omega_z)$，为此，先考虑 $k_1\in C_c^\infty(\Omega_x\times\Omega_y)$ 和 $k_2\in C_c^\infty(\Omega_y\times\Omega_z)$ 的情形，记 π 为投影算子：$\Omega_x\times\Omega_y\times\Omega_z\to\Omega_x\times\Omega_z$；$(x,y,z)\longmapsto(x,z)$.

注意到 $k_2\in C_c^\infty(\Omega_y\times\Omega_z)$ 对应于算子 $K_2:C_c^\infty(\Omega_z)\to C_c^\infty(\Omega_y)$，$k_1\in C_c^\infty(\Omega_x\times\Omega_y)$ 对应于算子 $K_1:C_c^\infty(\Omega_y)\to C_c^\infty(\Omega_x)$，所以复合算子 $K_1\circ K_2$ 为 $C_c^\infty(\Omega_z)\to C_c^\infty(\Omega_x)$，它所对应的核记为 $\tilde{k}$，则对任意 $\psi(z)\in C_c^\infty(\Omega_z)$，有

$$
\begin{aligned}
(K_1\circ K_2)\psi &= \langle k_1,K_2\psi\rangle_y=\langle k_1,\langle k_2,\psi\rangle_z\rangle_y\\
&=\langle\langle k_1,k_2\rangle_y,\psi\rangle_z
\end{aligned}
$$

因此，我们应有

$$
\tilde{k}=\langle k_1(x,y),k_2(y,z)\rangle_y=\pi_*((k_1\otimes 1(z))(1(x)\otimes k_2)) \quad (2.33)
$$

现在要用 (2.33) 来定义分布 k_1，k_2 的复合，为此考虑 (2.33) 右端存在的条件.

如前可知，$k_1\otimes 1(z)$ 与 $1(x)\otimes k_2$ 可以相乘的条件是：若 $(x,y;0,\eta)\in WF(k_1)$，则 $(y,z;-\eta,0)\bar{\in} WF(k_2)$，或写作

$$
WF'_y(k_1)\cap WF_y(k_2)=\varnothing \quad (2.34)
$$

而映射 π 可以前推的条件是：π 限制在 $(\operatorname{supp}k_1\times\Omega_z)\cap(\Omega_x\times\operatorname{supp}k_2)$ 上是恰当映射.

故有如下定理

定理 2.6 设 $k_1\in\mathscr{D}'(\Omega_x\times\Omega_y)$，$k_2\in\mathscr{D}'(\Omega_y\times\Omega_z)$，若条

件(2.34)成立,且 π 在 $(\mathrm{supp}\,k_1\times\Omega_z)\cap(\Omega_x\times\mathrm{supp}\,k_2)$ 上的限制是恰当映射,则可由(2.33)来定义 $\tilde{k}=k_1\circ k_2$,并且

$$WF'(k_1\circ k_2)\subset(WF'(k_1)\circ WF'(k_2))\cup(WF'_x(k_1)\times O_z)$$
$$\cup(O_x\times WF'_z(k_2)) \qquad (2.35)$$

其中集合关系运算"$\circ$"定义为:若 $A\subset\Omega_x\times\Omega_y$,$B\subset\Omega_y\times\Omega_z$,则

$$A\circ B=\{(x,z);\ \text{存在}\ y\ \text{使}\ (x,y)\in A,(y,z)\in B\} \qquad (2.36)$$

证. 今证(2.35)成立. 由(2.3)

$$WF(k_1\circ k_2)=WF(\pi_*((k_1\otimes 1(z))\cdot(1(x)\otimes k_2)))$$
$$\subset\{(x,z,\xi,\zeta);\ \text{存在}\ y\ \text{使}\ (x,y,z;\xi,0,\zeta)$$
$$\in WF((k_1\otimes 1(z))\cdot(1(x)\otimes k_2))\}$$

而由(2.22)及(2.27)有

$$WF((k_1\otimes 1(z))\cdot(1(x)\otimes k_2))\subset\{(x,y,z;\xi,\eta_1+\eta_2,\zeta);$$
$$(x,y,\xi,\eta_1)\in WF(k_1),(y,z;\eta_2,\zeta)\in WF(k_2)\}$$
$$\cup\{(x,y,z;\xi,\eta,0);(x,y,\xi,\eta)\in WF(k_1)\}$$
$$\cup\{(x,y,z;0,\eta,\zeta);(y,z,\eta,\zeta)\in WF(k_2)\}$$

合并上述两式即得(2.35). 定理证毕.

§3. Fourier 积分算子的奇性分析

一、Fourier 分布的波前集

现在来研究 Fourier 分布的波前集. 设 Fourier 分布是

$$A:\ u\longmapsto I_\phi(au)=\iint e^{i\phi(x,\theta)}a(x,\theta)u(x)dxd\theta \qquad (3.1)$$

其中 $\phi(x,\theta)$ 是位相函数,$a(x,\theta)\in S^m_{\rho,\delta}(\Omega_x\times\mathbf{R}_N)$,$\rho>0$,$\delta<1$. $u(x)\in C_c^\infty(\Omega_x)$.

第一章定理 3.8 已经指出,A 的奇性支集 sing supp $A\subset\{x;\phi_\theta(x,\theta)=0$ 对某个 $\theta\neq 0$ 成立$\}$,现在利用对 A 的波前集的讨论,就可把此结论更推进一步.

记

$$\Lambda_\phi=\{(x,\phi_x(x,\theta));\ \phi_\theta(x,\theta)=0\} \qquad (3.2)$$

定理 3.1 $WF(A)\subset\Lambda_\phi$ (3.3)

证 任取 $(x_0,\xi_0)\bar{\in}\Lambda_\phi$. 由于 $F=\{\xi;(x_0,\xi)\in\Lambda_\phi\}$ 是闭锥，故存在开锥W使 $F\subset W$，且 $\xi_0\bar{\in}W$，又注意到

$$F=\{\phi_x(x_0,\theta);(x_0,\theta)\in C_\phi\}$$

(C_ϕ的定义见第一章(2.2)) 故存在 x_0 的邻域 U，C_ϕ的锥邻域 O_2 及 ξ_0 的锥邻域V使

$$\{\xi=\phi_x(x,\theta);\ x\in U,(x,\theta)\in O_2\}\subset W,\ V\cap W=\phi \quad (3.4)$$

取 $\chi(x)\in C_c^\infty(U)$，则 $\chi A\in\mathscr{E}'(\Omega_x)$，从而可作 χA 的 Fourier 变换

$$\begin{aligned}(\widehat{\chi A})(\xi)&=\langle\chi A,e^{-i\langle x,\xi\rangle}\rangle=I_\phi(\chi e^{-i\langle x,\xi\rangle})\\&=\iint e^{i(\phi(x,\theta)-\langle x,\xi\rangle)}a(x,\theta)\chi(x)dxd\theta\end{aligned}$$

作 C_ϕ 的锥邻域 O_1，使 $\overline{O}_1\backslash(\Omega_x\times\{0\})\subset O_2$，并作 $\rho(x,\theta)$ 使它在 $|\theta|\geqslant 2$ 时是 θ 的正齐零次函数，且在 O_1 中为 1，在 O_2 中为零；又当$|\theta|<1$ 时它也为零. 这样的 $\rho(x,\theta)$是容易作出的. 事实上，记 S_2 为球面$|\theta|=2$，Ω_1 和 Ω_2 分别是 $\Omega_x\times S_2$ 与 O_1 和 O_2的交集，则可在 $\Omega_x\times S_2$ 上作 C^∞ 函数 $g(x,\theta)$ 使得在 Ω_1 中 $g=1$，在 Ω_2 外 $g=0$，然后将 $g(x,\theta)$ 在关于 θ 的射线方向作常值延拓. 这样，除 $\theta=0$ 处 g 值不定外，其余处均为 C^∞ 函数，并且在 $\theta\neq0$ 时为 θ 的正齐零次函数，再作 $h(\xi)\in C^\infty(0,\infty)$，使当 $\xi<1$ 时 $h=0$，而在 $\xi\geqslant2$ 时 $h=1$，取 $\rho(x,\theta)=h(|\theta|)g(x,\theta)$，这个 $\rho(x,\theta)$ 就是所要求的.

分解 $(\widehat{\chi A})(\xi)$ 为两部分

$$\begin{aligned}(\widehat{\chi A})(\xi)&=\iint e^{i(\phi(x,\theta)-\langle x,\xi\rangle)}a(x,\theta)\chi(x)\rho(x,\theta)dxd\theta\\&\quad+\iint e^{i(\phi(x,\theta)-\langle x,\xi\rangle)}a(x,\theta)\chi(x)(1-\rho(x,\theta))dxd\theta\\&=I_1+I_2\end{aligned}$$

关于 I_2，由于被积函数非零时，$\phi(x,\theta)$ 关于 θ 无临界点，因此可将它先对 θ 积分，从而 I_2 是一个 C_c^∞ 函数的 Fourier 变换，它在 $|\xi|\to\infty$ 时是速降的.

为分析 I_1，记 $\xi = t\xi_1$，其中 $t = |\xi|, \xi_1 = \frac{\xi}{|\xi|}$，又在 I_1 的积分表达式中作变量代换 $\theta \to t\theta$，则 I_1 可写成

$$I_1 = \iint e^{it(\phi(x,\theta)-\langle x,\xi_1\rangle)} a(x,t\theta)\chi(x)\rho(x,t\theta)dxd\theta$$

当 t 充分大时，由 ρ 的选取知积分将局限在 O_2 上进行，由 (3.4) 可知，在 O_2 上，当 $x \in U$ 时，有

$$(\phi(x,\theta) - \langle x,\xi_1\rangle)_x = \phi_x(x,\theta) - \xi_1 \neq 0$$

记 $\tau = \min(\delta, 1-\rho)$，有 $0 < \tau < 1$，且

$$|\partial^\alpha_{x,\theta}(a(x,t\theta)\chi(x)\rho(x,t\theta))| \leqslant C_\alpha t^{m+|\alpha|\tau}(1+|\theta|)^{m+|\alpha|\tau}$$

容易验证位相 $\phi(x,\theta) - \langle x,\xi_1\rangle$ 也满足第一章定理 5.2 的条件 (5.12),(5.13)，于是由该定理知，对任意 N 成立 $I_1 \leqslant C_N t^{-N}$，结合前面关于 I_2 的讨论，即得 $(x_0, \xi_0)\bar{\in} WF(A)$. 定理证毕.

推论 3.1 定理 3.1 显然还可以改进为

$$WF(A) \subset \{(x, \phi_x(x,\theta)); (x,\theta) \in \text{cone supp}\, a, \phi_\theta(x,\theta) = 0\} \quad (3.5)$$

关于 $WF(A)$ 更确切的描述在下节中给出.

推论 3.2 若 $\phi(x, y, \theta)$ 是算子位相函数，$a(x, y, \theta) \in S^m_{\rho,\delta}(\Omega_x \times \Omega_y \times \mathbf{R}_N)$，记 A 是由 ϕ, a 定义的 Fourier 积分算子

$$Au(x) = \iint e^{i\phi(x,y,\theta)} a(x,y,\theta)u(y)dyd\theta \qquad u \in C_c^\infty(\Omega_y)$$

则对于 $u \in \mathscr{E}'(\Omega_y)$（由第一章定理 4.3 知 Au 有意义），

$$WF(Au) \subset WF'(K_A) \circ WF(u) \quad (3.6)$$

式中 K_A 为算子 A 的分布核.

证. 由 (2.32) 知

$$WF(Au) \subset WF'(K_A) \circ WF(u) \cup WF_x(K_A)$$

而 $WF_x(K_A)$ 实际上为空集. 这是因为，假如 $(x_0, \xi_0) \in WF_x(K_A)$，则存在 y_0，使得 $(x_0, y_0; \xi_0, 0) \in WF(K_A)$. 另一方面，由 (3.3) 知

$$WF(K_A) \subset \{(x, y; \phi_x, \phi_y); \phi_\theta(x, y, \theta) = 0\}$$

因而在 (x_0, ξ_0) 点应有 $\phi_x = \xi_0$, $\phi_y = 0$, $\phi_\theta = 0$，但对于算子位相函数而言，ϕ_y, ϕ_θ 不能同时为零，因而 $WF_x(K_A) = \phi$. 推论证

毕.

推论 3.3 若 A 是拟微分算子，则对 $u\in\mathscr{E}'(\Omega)$ 有

$$WF(Au)\subset WF(u) \tag{3.7}$$

证. 由第一章知，拟微分算子的位相函数 $\phi=\langle x-y,\theta\rangle$ 是算子位相函数，故由推论 3.2 知

$$WF(Au)\subset WF'(K_A)\circ WF(u)$$

由于 $WF(K_A)\subset\{(x,y;\phi_x,\phi_y);\phi_\theta=0\}=\{(x,x;\theta,-\theta);\theta\neq 0\}$，故

$$WF'(K_A)\circ WF(u)\subset\{(x,x;\theta,\theta);\theta\neq 0\}\circ WF(u)=WF(u)$$

此即 (3.7). 推论证毕.

注. 将 (3.7) 到 $\mathbb{R}^n_x$ 作投影，得

$$\operatorname{sing\,supp}(Au)\subset\operatorname{sing\,supp}u$$

此即拟微分算子的拟局部性(第一章 (4.16))，因此(3.7)式是拟局部性的更精确的描述，通常称它为拟微分算子的**拟微局部性**.

二、波前集和特征集的关系

在古典偏微分方程理论中大家已经知道，解的奇性与该方程的特征面(线)有密切关系. 因而，波前集应当与算子的特征集之间有一定关系. 这一段就要来讨论这种关系.

为简单起见，下面的讨论仅对 A 是拟微分算子的情形进行.

定义 3.1 设 A 是拟微分算子，对应的象征 $a(x,\xi)\in S^m_{\rho,\delta}(\Omega_x)$，则称

$$\begin{aligned}\operatorname{char}A=\{(x,\xi);\,&(x,\xi)\in T^*(\Omega_x)\backslash\{0\},\\ &\times\varliminf_{t\to\infty}(1+t)^{-m}|a(x,t\xi)|=0\}\end{aligned} \tag{3.8}$$

为算子 A 的**特征集**. 其中的点称为 A 的**特征点**.

易见，特征集是 $T^*(\Omega_x)$ 上的一个闭锥.

设 $a_1(x,\xi)$ 为算子 A 的任一主象征，则 $a(x,\xi)-a_1(x,\xi)\in S^{m_1}_{\rho,\delta}$，$m_1<m$. 所以

$$\lim_{t\to\infty}(1+t)^{-m}|a(x,t\xi)-a_1(x,t\xi)|=0$$

这说明定义式 (3.8) 中 $a(x,\xi)$ 可以用算子 A 的任一主象征代替. 又若 A 是微分算子 $p(x,D)$, 则它的主象征可取为 ξ 的 m 次齐次多项式 $p_m(x,\xi)$, 于是 char A 就是 $p_m(x,\xi)$ 的零点集, 因此它与古典的特征概念是一致的.

定理 3.2 设 $A=a(x,D)$ 是 m 阶拟微分算子, 对应的象征 $a(x,\xi)\in \tilde{S}^m_{\rho,\delta}(\Omega_x)$. 若 $(x_0,\xi_0)\bar{\in}$ char A, 则存在一 m 阶拟微分算子 $e(x,D)$ 与 $r(x,D)$, $\tilde{r}(x,D)$, 使得 $r(x,D)$ 及 $\tilde{r}(x,D)$ 在 (x_0,ξ_0) 的某锥邻域内是 $-\infty$ 阶的, 而且

$$
\begin{aligned}
e(x,D)a(x,D)&=I+r(x,D)\\
a(x,D)e(x,D)&=I+\tilde{r}(x,D)
\end{aligned}\tag{3.9}
$$

证. 记

$$a_m(x,\xi)=\varliminf_{t\to\infty}(1+t)^{-m}a(x,t\xi)$$

则 $a_m(x_0,\xi_0)\neq 0$, 从而在 (x_0,ξ_0) 的某锥邻域 Γ 中 $a_m(x,\xi)\neq 0$. 现在, 我们设法找 $e(x,\xi)$, 使在 Γ 中 $|\xi|$ 充分大时

$$\sum\frac{1}{\alpha!}\partial^\alpha_\xi e(x,\xi)D^\alpha_x a(x,\xi)\sim 1\tag{3.10}$$

为推导简单起见, 设 $a(x,\xi)\in S^m_{1,0}$, 假定 $e(x,\xi)$ 有渐近展开 $\sum\limits_{k=0}^{\infty}e_k(x,\xi)$, 其中 $e_k(x,\xi)\in S^{-m-k}_{1,0}$, 由 (3.10) 可得递推方程如下

$$
\begin{aligned}
&e_0(x,\xi)a(x,\xi)=1\\
&e_k(x,\xi)a(x,\xi)+\sum_{1<|\alpha|\leqslant k}\frac{1}{\alpha!}\partial^\alpha_\xi e_{k-|\alpha|}D^\alpha_x a(x,\xi)\\
&\qquad=0\qquad(k=1,2,\cdots)
\end{aligned}
$$

由于在 Γ 中 $a_m(x,\xi)\neq 0$, 则当 $|\xi|>M$ 时 $a(x,\xi)\neq 0$, 于是在 Γ 中当 $|\xi|>M$ 时对上面方程组可逐个地决定出 $e_0,e_1,\cdots$, 且在 Γ 中当 $|\xi|>M$ 时 $e_k\in S^{-m-k}_{1,0}$, 作锥 Γ_1 满足 $(x_0,\xi_0)\in\Gamma_1$, $\bar{\Gamma}_1\subset\Gamma$, 并作 $\psi(x,\xi)\in C^\infty(\Omega_x\times\mathbf{R}_n)$ 使

$$\psi(x,\xi)=\begin{cases}0 & |\xi|\leqslant M \text{ 或 } (x,\xi)\bar{\in}\Gamma\\ 1 & \{|\xi|>2M\}\cap\Gamma_1\end{cases}$$

则 $\psi e_k\in S^{-m-k}_{1,0}(\Omega_x\times\mathbf{R}_n)$, 从而由第一章定理 2.5 知存在着 $e(x,$

$\xi) \in S_{1,0}^{-m}$，使 $e(x, \xi) \sim \sum \psi e_k(x, \xi)$.

记 $E = e(x,D)$ 是象征为 $e(x,\xi)$ 的恰当支拟微分算子，令 $R = EA - I$，则由 (3.10) 可知拟微分算子 R 的象征在锥 Γ_1 中当 $|\xi| > 2M$ 时是速降的，按第一章推论 2.1，它在 Γ_1 中是 $-\infty$ 阶的.

类似地可以构造 $-m$ 阶恰当支拟微分算子 $E' = e'(x,D)$，使 $R' = AE' - I$ 在 Γ_1 中是 $-\infty$ 阶的.

又 $E' - E = (I - EA)E' - E(I - AE') = ER' - RE'$，故 $E - E'$ 在锥 Γ_1 中也是 $-\infty$ 阶的，且易知 $AE - I$ 与 $E'A - I$ 也是 $-\infty$ 阶的，从而它们都是定理中所要求的算子. 定理证毕.

定义 3.2 对拟微分算子 A，若 $(x_0, \xi_0) \overline{\in} \operatorname{char} A$，则称 A 在 (x_0,ξ_0) 点是微局部椭圆型的，且 (x_0,ξ_0) 点称为 A 的椭圆点. 特别地，若 $\operatorname{char} A = \phi$，则称 A 为椭圆型的.

定义 3.3 设拟微分算子 A 及 $(x_0, \xi_0) \in \Omega_x \times \mathbf{R}_n \backslash \{0\}$，若存在 (x_0, ξ_0) 的锥邻域及拟微分算子 E，使在此锥邻域内 $AE - I$ 是 $-\infty$ 阶的，则称 E 是 A 在 (x_0,ξ_0) 点的右微局部拟基本解. 若在该锥邻域内 $EA - I$ 是 $-\infty$ 阶的，则称 E 是 A 在 (x_0, ξ_0) 的左微局部拟基本解. 若左、右微局部拟基本解相等，则称它为微局部拟基本解.

又若在整个 $\Omega_x \times \mathbf{R}_n \backslash \{0\}$ 上 $AE - I$ (或 $EA - I$) 是 $-\infty$ 阶的，则 E 称为 A 在 Ω_x 上的右(或左)拟基本解. 同样也可定义拟基本解.

因此，定理 3.2 可以叙述为：若拟微分算子 A 在 (x_0, ξ_0) 点是微局部椭圆型算子，则在该点存在微局部拟基本解. 类似的证明可以推知，当 A 是椭圆算子时，则存在拟基本解.

引理 3.1 若拟微分算子 $A(x,D)$ 的象征 $a(x, \xi)$ 在 (x_0, ξ_0) 点的某锥邻域 Γ 中关于 $|\xi|$ 速降，则对 $u \in \mathscr{E}'(\Omega_x)$，有 $(x_0, \xi_0) \overline{\in} WF(Au)$.

证. 取 (x_0,ξ_0) 的锥邻域 Γ_1，使 $\bar{\Gamma}_1 \subset \Gamma$，作 $\rho(x,\xi) \in C^\infty(\Omega_x \times \mathbf{R}_n)$，使当 $|\xi| < 1$ 时 $\rho = 0$，而在 $|\xi| > 2$ 时是 ξ 的正齐零次函

数，且在 Γ_1 中为零，在 Γ 外为 1（ρ 的作法参见定理 3.1 证明）

$$\begin{aligned} Au(x) &= (2\pi)^{-n}\iint e^{i\langle x-y,\xi\rangle}a(x,\xi)u(y)dyd\xi \\ &= (2\pi)^{-n}\iint e^{i\langle x-y,\xi\rangle}a\rho u dyd\xi \\ &\quad + (2\pi)^{-n}\iint e^{i\langle x-y,\xi\rangle}a(1-\rho)udyd\xi \\ &= A_1u(x) + A_2u(x) \end{aligned}$$

其中 A_1 和 A_2 分别是以 $a\rho$ 和 $a(1-\rho)$ 为象征的拟微分算子．由 ρ 的作法，有 $\text{cone supp}(a\rho)\cap\Gamma_1=\phi$ 且 $a(1-\rho)\in S^{-\infty}_{\rho,\delta}$．这就意味着对 A_1 有 $WF(A_1)\subset\{(x,x;\xi,-\xi);(x,\xi)\bar{\in}\Gamma_1\}$，再由(3.6)有 $WF(A_1u)\cap\Gamma_1=\phi$，从而 $(x_0,\xi_0)\bar{\in}WF(A_1u)$．另外，因为 A_2 是一个光滑算子，自然有 $(x_0,\xi_0)\bar{\in}WF(A_2u)$．总之，$(x_0,\xi_0)\bar{\in}WF(Au)$．引理证毕．

利用上述定理 3.2 及引理 3.1，就可得如下定理．

定理 3.3 设 A 是拟微分算子，则对 $u\in\mathscr{E}'(\Omega_x)$，有

$$WF(u)\subset WF(Au)\cup\text{char}\,A \tag{3.11}$$

证．若 $(x_0,\xi_0)\bar{\in}\text{char}\,A$，由定理 3.2，存在 (x_0,ξ_0) 的锥邻域及拟微分算子 E，R，使得

$$EA=I+R \tag{3.12}$$

且 R 在该锥邻域内是 $-\infty$ 阶的．再由引理 3.1 知，对任意 $u\in\mathscr{E}'(\Omega_x)$，有 $(x_0,\xi_0)\bar{\in}WF(Ru)$．另一方面，利用 (3.12) 及推论 3.3，可得

$$WF(u)\subset WF(EAu)\cup WF(Ru)\subset WF(Au)\cup WF(Ru)$$

现在 $(x_0,\xi_0)\bar{\in}WF(Ru)$，故欲 $(x_0,\xi_0)\in WF(u)$，必须有 $(x_0,\xi_0)\in WF(Au)$．定理证毕．

注．当 A 是恰当支拟微分算子时，定理中的条件 $u\in\mathscr{E}'(\Omega_x)$ 可略去．

定理 3.3 表明，当 $Au\in C^\infty(\Omega_x)$ 时，$WF(u)\subset\text{char}\,A$，更进一步，可得如下描述波前集和特征集之联系的更精确的关系式．

定理 3.4 设 $u\in\mathscr{D}'(\Omega_x)$，则

$$WF(u)=\bigcap_{Au\in C^{\infty}}\operatorname{char}A \tag{3.13}$$

式中 A 是零阶的恰当支拟微分算子.

证. 由定理 3.3 及其注知,若 $Au\in C^{\infty}(\Omega_x)$, 则有 $WF(u)\subset\operatorname{char}A$, 所以 $WF(u)\subset\bigcap_{Au\in C^{\infty}}\operatorname{char}A$.

反之,若 $(x_0,\xi_0)\bar{\in}WF(u)$, 则存在 (x_0,ξ_0) 的锥邻域 Γ 使得 $\Gamma\cap WF(u)=\varnothing$, 这样, 可以选取一个 C^{∞} 的正齐零次函数 $a(x,\xi)$,使它的支集在 Γ 中, 且 $a(x_0,\xi_0)\neq 0$, 记 A 是具象征 $a(x,\xi)$ 的零阶恰当支拟微分算子,有

$$WF(Au)\subset WF'(A)\circ WF(u)\subset\{(x,x;\xi,\xi);(x,\xi)\in\Gamma\}\circ WF(u)$$
$$=\varnothing$$

因此, $Au\in C^{\infty}$, 另外易见 $(x_0,\xi_0)\bar{\in}\operatorname{char}A$, 从而更有

$$(x_0,\xi_0)\bar{\in}\bigcap_{Au\in C^{\infty}}\operatorname{char}A$$

这就证明了 $WF(u)\supset\bigcap_{Au\in C^{\infty}}\operatorname{char}A$. 定理证毕.

注. 定理 3.4 将波前集通过有关拟微分算子的特征集来表达, 由于 (3.13) 右面完全摆脱了坐标的选取, 因此, 若将它作为波前集的定义,在有些场合是很方便的.

三、锥 Lagrange 浸入子流型 Λ_{ϕ}

集合 Λ_{ϕ} 在整个 Fourier 积分算子理论中起着极为重要的作用, 现在我们对它作更详细的讨论. 以下总假定 ϕ 是非退化的位相函数, 因此, 在 $\phi_{\theta}=0$ 的点 $(x,\theta)\in\Omega_x\times\mathbf{R}_N\backslash\{0\}$ 处, 矩阵 $(\phi_{x\theta},\phi_{\theta\theta})$ 的秩是 N.

定义 3.4 设有流形 N 和 M, 并有 C^{∞} 映射 $F:N\to M$, 若在 F 的定义域上每点 p, 由 F 所导出的切映射 DF_p 是 $T_p(N)\to T_{F(p)}(M)$ 的单映射,则称 F 为 $N\to M$ 的浸入映射. 浸入映射的象 $F(N)$ 称为是 M 的浸入子流形.

设在所考虑的点 $x\in N$ 处的局部坐标是 $(x_1,\cdots,x_n)$, 它在映

射 F 下的象点 $y\in M$ 处的局部坐标是 $(y_1,\cdots,y_m)$，于是 F 的局部表示为 $y=f(x)$，且在 x 点的切映射 DF 局部表示为矩阵

$$DF=\begin{pmatrix}\dfrac{\partial f_1}{\partial x_1},\cdots,\dfrac{\partial f_1}{\partial x_n}\\ \cdots\cdots\cdots\cdots\\ \dfrac{\partial f_m}{\partial x_1},\cdots,\dfrac{\partial f_m}{\partial x_n}\end{pmatrix}\tag{3.14}$$

若 $m\geqslant n$ 且上述矩阵之秩等于 n，则 F 就是浸入映射.

定理 3.5 Λ_ϕ 是 $T^*(\Omega)\backslash\{0\}$ 的浸入子流形.

证. 取 ϕ 的临界点集 $C_\phi=\{(x,\theta);(x,\theta)\in\Omega_x\times R_N\backslash\{0\},\ \phi_\theta(x,\theta)=0\}$，由 ϕ 的非退化性，C_ϕ 是 $\Omega_x\times\mathbf{R}_n\backslash\{0\}$ 中的 n 维子流形（参见第一章定理 3.9 的证明）.

记 $T^{(\phi)}: C_\phi\to T^*(\Omega_x)$; $(x,\theta)\longmapsto(x,\phi_x)$，则 Λ_ϕ 就是 C_ϕ 在映射 $T^{(\phi)}$ 下的象，注意到 ϕ 是位相函数，$\nabla_{(x,\theta)}\phi\neq 0$，故 $\Lambda_\phi\in T^*(\Omega_x)\backslash\{0\}$.

在 $(x_0,\theta_0)\in C_\phi$ 处，$T^{(\phi)}$ 的切映射 $DT^{(\phi)}_{(x_0,\theta_0)}$ 为

$$DT^{(\phi)}_{(x_0,\theta_0)}: T_{(x_0,\theta_0)}(C_\phi)\to T_{(x_0,\phi_x(x_0,\theta_0))}(T^*(\Omega_x))$$

用 $(\delta x,\delta\theta)$ 表示 $T_{(x_0,\theta_0)}(C_\phi)$ 的元素，它表示 C_ϕ 在 (x_0,θ_0) 的一个切矢量，故应满足

$$\phi_{\theta x}\delta x+\phi_{\theta\theta}\delta\theta=0\tag{3.15}$$

在映射 $DT^{(\phi)}_{(x_0,\theta_0)}$ 下，$(\delta x,\delta\theta)$ 的象点应是 $(\delta x,\phi_{xx}\delta x+\phi_{x\theta}\delta\theta)$.

设象点为零向量，即 $\delta x=0$，$\phi_{xx}\delta x+\phi_{x\theta}\delta\theta=0$，则显然可得 $\phi_{x\theta}\delta\theta=0$，又将 $\delta x=0$ 代入 (3.15)，有 $\phi_{\theta\theta}\delta\theta=0$，而已知 $(\phi_{x\theta},\phi_{\theta\theta})$ 之秩为 N，可知 $\delta\theta=0$，这就表示 $DT^{(\phi)}_{(x_0,\theta_0)}$ 是一个单映射，于是 $T^{(\phi)}$ 是浸入映射，Λ_ϕ 是 $T^*(\Omega_x)\backslash\{0\}$ 的浸入子流形. 定理证毕.

容易看出，Λ_ϕ 是一个锥流形，即若 $(x,\xi)\in\Lambda_\phi$，则对任一正数 t，必有 $(x,t\xi)\in\Lambda_\phi$，这一点不难由 ϕ 关于 θ 为正齐一次函数，从而 ϕ_x，ϕ_θ 分别为关于 θ 的正齐一次与正齐零次函数推出.

我们还要指出 Λ_ϕ 是一个 Lagrange 流形，这一性质在 Fourier 积分算子理论中甚为重要，由于 Lagrange 流形是辛几何中的语

言，故我们先扼要地介绍一些辛几何中有关的概念．

定义 3.5 设 V 是 m 维向量空间，在 V 上定义了一个反对称且非退化的双线性形式 σ，即双线性形式 σ 满足

(1) 反对称性：$\sigma(\alpha,\beta)=-\sigma(\beta,\alpha)$，$\forall\alpha,\beta\in V$； (3.16)

(2) 非退化性：若对任意 $\beta\in V$，有 $\sigma(\alpha,\beta)=0$，则

$$\alpha=0. \tag{3.17}$$

这时，称 V 带有以 σ 为辛形式的辛结构，(V,σ) 称为辛向量空间，有时就把 V 称为辛向量空间．

若已选定向量空间的坐标．例如，选定 V 的基础向量组为 e_1，$\cdots,e_m$，用 $x=(x_1,\cdots,x_m)$，$y=(y_1,\cdots,y_m)$ 分别表示向量 α，β 对应于此基础向量组的坐标：$\alpha=\sum_{j=1}^{m}x_je_j$，$\beta=\sum_{j=1}^{m}y_je_j$，则 V 中双线性形式恒可用一个矩阵表示，即记 $a_{ij}=\sigma(e_i,e_j)$，则有

$$\sigma(\alpha,\beta)={}^txAy \tag{3.18}$$

矩阵 $A=(a_{ij})$ 就称为 σ 的表示．

于是，(3.16)就意味着 A 是反对称矩阵，(3.17) 则表示 A 为非异矩阵．由于奇数阶的反对称行列式必为零，所以 m 必为偶数，记 $m=2n$．

[例 1] 若记 $J=\begin{pmatrix}0 & -I\\ I & 0\end{pmatrix}$，其中 I 是 $n\times n$ 单位方阵，0 为零矩阵，则由 J 确定的双线性形式 σ 满足(3.16)和(3.17)，从而 $2n$ 维实向量空间配以这个 σ 后成一辛向量空间．

注意，若记 $\alpha=\sum_{j=1}^{2n}x_je_j$，$\beta=\sum_{j=1}^{2n}y_je_j$，则有

$$\sigma(\alpha,\beta)=\sum_{j=1}^{n}(x_{n+j}y_j-x_jy_{n+j})$$

定义 3.6 若 M 是一辛向量空间 V 的子空间，而辛形式 σ 在 M 上的限制为零，即

$$\sigma(\alpha,\beta)=0\quad\forall\alpha,\beta\in M \tag{3.19}$$

则称 M 为 V 的迷向子空间．

引理 3.2 设辛向量空间 V 的维数是 $2n$，则它的任一迷向子

空间M的维数 $k\leqslant n$.

证. 作 M^{σ} 为M的辛补空间,即

$$M^{\sigma}=\{\alpha\in V;\sigma(\beta,\alpha)=0 \text{对所有} \beta\in M \text{成立}\}$$

则 M^{σ} 之维数为 $2n-k$, 但(3.19)表示 $M\subset M^{\sigma}$, 故 $k\leqslant 2n-k$, 从而 $k\leqslant n$. 引理证毕.

注. 迷向子空间M也可以用 $M\subset M^{\sigma}$ 来定义.

定义 3.7 设迷向子空间的维数达到最大值 n, 则称M为辛向量空间V的 Lagrange 子空间.

定义 3.8 设Ω是一微分流形, 在Ω上定义一个 C^{∞} 的二次形式 σ, 即在Ω上任一点 x 的切空间 $T_x(\Omega)$ 上定义一个双线性形式 $\sigma(x)$, 并且在局部坐标系中, 它的系数是 x 的 C^{∞} 函数, 若 σ 又是Ω上闭的微分形式, 且使得 $(T_x(\Omega),\ \sigma(x))$ 是辛向量空间, 则称 (Ω,σ) 是辛流形.

在局部坐标下, σ 可以用一个 C^{∞} 的二次外微分形式表示

$$\sigma=\frac{1}{2}\sum\sigma_{ij}dx_i\wedge dx_j \tag{3.20}$$

并且矩阵 (σ_{ij}) 是非退化和反对称的, 且 $d\sigma=0$, 即 σ 为闭形式.

[例 2] 考虑余切丛 $T^*(\Omega)$, 其中Ω为 n 维流形, 故 $T^*(\Omega)$ 是 $2n$ 维流形, 我们要指出, $T^*(\Omega)$ 具备一个自然的辛结构, 它使 $T^*(\Omega)$ 成为一个辛流形.

考虑映射 $\pi: T^*(\Omega)\to\Omega;\ (x,\xi)\longmapsto x$. 记 π 在 (x,ξ) 点的切映射为 $D\pi_{(x,\xi)}: T_{(x,\xi)}(T^*(\Omega))\to T_x(\Omega)$.

对任意的 $v\in T_{(x,\xi)}(T^*(\Omega))$, $(D\pi_{(x,\xi)})v\in T_x(\Omega)$, 即 $D\pi_{(x,\xi)}v$ 是 Ω 在点 x 的切向量, 故它与 $T_x^*(\Omega)$ 上的元素 ξ 的作用 $\langle(D\pi_{(x,\xi)})v,\xi\rangle\in\mathbf{R}$, 这样就可以自然地定义一个作用在 $T_{(x,\xi)}(T^*(\Omega))$上的一次形式

$$\alpha(x,\xi)v=\langle(D\pi_{(x,\xi)})v,\xi\rangle \tag{3.21}$$

由此又可得 $T^*(\Omega)$ 上的一次微分形式 α, 我们称它为 $T^*(\Omega)$ 上的基本一次形式.

现用局部坐标表出此基本一次形式 α, 设 $(x,\ \xi)$ 的坐标是

$(x_1,\cdots,x_n,\xi_1,\cdots,\xi_n)$，故

$$\xi = \sum_{j=1}^{n} \xi_j dx_j$$

又设 $\alpha = \sum a_j dx_j + \sum b_j d\xi_j$，

$$v = \sum a_j' \frac{\partial}{\partial x_j} + \sum b_j' \frac{\partial}{\partial \xi_j}$$

故

$$(D\pi)v = \sum a_j' \frac{\partial}{\partial x_j}$$

按上面的定义，

$$\alpha \cdot v = \langle (D\pi)v, \xi \rangle = \left\langle \sum a_j' \frac{\partial}{\partial x_j}, \sum \xi_k dx_k \right\rangle = \sum a_j' \xi_j$$

另一方面，

$$\alpha \cdot v = \left\langle \sum a_j dx_j + \sum b_j d\xi_j, \sum a_k' \frac{\partial}{\partial x_k} + \sum b_k' \frac{\partial}{\partial \xi_k} \right\rangle$$
$$= \sum a_j a_j' + \sum b_j b_j'$$

比较这两个式子得 $b_j = 0$，$a_j = \xi_j$，故基本一次形式 α 的局部表示是：$\alpha = \sum_{j=1}^{n} \xi_j dx_j$ (3.22)

令
$$\sigma = d\alpha = \sum_{j=1}^{n} d\xi_j \wedge dx_j \tag{3.23}$$

这是 $T^*(\Omega)$ 上的二次形式，σ 所相应的矩阵是 $\begin{pmatrix} 0 & -I \\ I & 0 \end{pmatrix}$，它显然是反对称且非退化的．又 $d\sigma = d(d\alpha) = 0$，故 σ 为闭的．

在坐标变换 $y = y(x)$ 下，

$$dx_j = \sum_k \frac{\partial x_j}{\partial y_k} dy_k, \quad \xi_j = \sum_k \frac{\partial y_k}{\partial x_j} \eta_k$$

故

$$\alpha = \sum_{j=1}^{n} \xi_j dx_j = \sum_j \eta_j dy_j$$

这表示基本一次形式在坐标变换下形式不变，故可在 $T^*(\Omega)$ 上有定义．从而 $\sigma = d\alpha$ 在 $T^*(\Omega)$ 上有定义．且由上知它是反对称、

非退化且闭的，因而 $(T^*(\Omega),\sigma)$ 是辛流形，此 σ 称为 $T^*(X)$ 上的自然辛形式，今后除非特别声明，凡讲到 $T^*(\Omega)$ 为辛流形时均指此自然辛结构．

定义 3.9 若 (Ω,σ) 为辛流形，Ω_1 是 Ω 的子流形，若 σ 在 Ω_1 上的限制为零，则称 Ω_1 为 Ω 的迷向子流形，又若 Ω_1 的维数为 $\frac{1}{2}\dim\Omega$ 时，Ω_1 称为 Ω 的 Lagrange 子流形．

下面我们简略地介绍 Lagrange 流形的一些性质，为此先引入流形上函数图象的概念．

定义 3.10 若 φ 是定义在流形 Ω 上的 C^∞ 函数，则称余切丛 $T^*(\Omega)$ 上的集合 $\Phi=\{(x,d\varphi)\}$ 为函数 φ 的图象．

若引入局部坐标 $(x_1,\cdots,x_n)$，则在 $T^*(\Omega)$ 的相应的局部坐标系中图象可表示为 $\left\{\left(x_1,\cdots,x_n,\frac{\partial\varphi}{\partial x_1},\cdots,\frac{\partial\varphi}{\partial x_n}\right)\right\}$.

定理 3.6 函数 φ 的图象必为 $T^*(\Omega)$ 的 Lagrange 子流形．

证．因为在局部坐标下，图象 Φ 的坐标为

$$\left\{\left(x_1,\cdots,x_n,\frac{\partial\varphi}{\partial x_1},\cdots,\frac{\partial\varphi}{\partial x_n}\right)\right\}$$

所以 $T^*(\Omega)$ 的辛形式 σ 在其上的限制为

$$\sigma=\sum_{i=1}^n d\xi_i\wedge dx_i=\sum_{i,j=1}^n\frac{\partial^2\varphi}{\partial x_i\partial x_j}dx_j\wedge dx_i=0$$

这就说明 Φ 是迷向子流形，而 Φ 的维数是 $n=\frac{1}{2}\dim T^*(\Omega)$，故 Φ 为 Lagrange 子流形．定理证毕．

定理 3.7 设 M 是 $T^*(\Omega)$ 内的 Lagrange 子流形，又投影 π: $T^*(\Omega)\to\Omega((x,\xi)\longmapsto x)$ 限制在 M 上是 $M\to\Omega$ 的微分同胚，则 M 局部地必为某个定义在 Ω 上函数的图象．

证．由于 π 在 M 上的限制（仍记为 π）是微分同胚，则可以将 M 写成 $\{(x,\omega(x))\}$，其中 $\omega(x)$ 在局部坐标下的表示为 $\sum\omega_i(x)dx_i$，$\omega_i(x)$ 为 C^∞ 函数 $(i=1,\cdots,n)$，今若记 α 为 $T^*(\Omega)$ 的基本一次形式：$\alpha=\sum\xi_i dx_i$，π^* 是由 π 所诱导出的 $T^*(\Omega)\to T^*(M)$ 的

后拉，则有

$$\pi^*\alpha = \omega$$

从而

$$d\omega = d\pi^*\alpha = \pi^* d\alpha = \pi^*\sigma$$

但由于M是 Lagrange 流形，所以 $\pi^*\sigma = 0$，故ω为闭形式，于是据 Poincaré 定理，局部地有 $\omega = d\varphi$，从而 M 为函数φ的图象．定理证毕．

定理 3.8 Λ_ϕ是$T^*(\Omega)$的锥 Lagrange 浸入子流形．

证．上面已证得Λ_ϕ是n维锥浸入子流形，故只需证明它是迷向子流形，即要证明自然辛形式σ在Λ_ϕ上限制为零．设 $(x,\xi)\in\Lambda_\phi$，则 $\xi = \phi_x(x,\theta)$ 且 $\phi_\theta(x,\theta) = 0$，从而在$\Lambda_\phi$上有

$$\begin{aligned}\sigma &= \sum_{j=1}^{n} d\xi_j \wedge dx_j \\ &= \sum_{j=1}^{n}\left(\sum_{k=1}^{n}\phi_{x_j x_k} dx_k + \sum_{l=1}^{N}\phi_{x_j\theta_l} d\theta_l\right)\wedge dx_j \\ &= \sum_{j,k=1}^{n}\phi_{x_j x_k} dx_k \wedge dx_j \\ &\quad + \sum_{j=1}^{n}\sum_{l=1}^{N}\phi_{x_j\theta_l} d\theta_l \wedge dx_j\end{aligned}$$

由$\phi_{x_j x_k}$的对称性，右面第一项为零，又由于在Λ_ϕ上$\phi_{\theta_l}(x,\theta)=0$，故 $\sum_{j=1}^{n}\phi_{x_j\theta_l} dx_j + \sum_{s=1}^{N}\phi_{\theta_s\theta_l} d\theta_s = 0$，把它代入上式，有

$$\sigma = -\sum_{s,l=1}^{N} d\theta_l \wedge \phi_{\theta_s\theta_l} d\theta_s$$

同样由$\phi_{\theta_s\theta_l}$的对称性知上式右面为零，这样，σ在Λ_ϕ上的限制为零，即Λ_ϕ是迷向子流形．定理证毕．

四、Fourier 分布的波前集(续)

在本章末尾，我们利用已有的关于 Lagrange 流形Λ_ϕ的知识，给 Fourier 分布的波前集一个更准确的计算方法，为此引入如下的

概念.

定义 3.11 振幅函数 $a(x,\theta)$ 的本性支集是 $\Omega_x\times\mathbf{R}_N\backslash\{0\}$ 中的这样的闭锥子集，在此锥子集外 $a\in S^{-\infty}_{\rho,\delta}$，且它是具有这一性质的锥子集中的最小者，记为 ess supp a.

按此定义有

$$\text{ess supp}\, a=\bigcap\{\Gamma; a\in S^{-\infty}_{\rho,\delta}((\Omega_x\times\mathbf{R}_N\backslash\{0\})\backslash\Gamma)\} \quad (3.24)$$

定理 3.9 对于 Fourier 分布 $A((3.1))$，有

$$WF(A)=\{(x,\phi_x);(x,\theta)\in\text{ess supp}\, a,\phi_\theta(x,\theta)=0\} \quad (3.25)$$

证. 记上式右边的集合为 D，我们先证明 $WF(A)\subset D$，由定理 3.1 知 $WF(A)\subset\Lambda_\phi$，因此只须指出当 $(x,\xi)\in\Lambda_\phi\backslash D$ 时，$(x,\xi)\bar{\in}WF(A)$. 记 $T^{(\phi)}$ 为 $C_\phi\to\Lambda_\phi$ 的映照(见定理 3.5 的证明)，设 $(x,\xi)\in\Lambda_\phi\backslash D$，则由定理 3.5 的证明知存在 $(x,\theta)\in C_\phi$，使 $T^{(\phi)}(x,\theta)=(x,\xi),(x,\theta)\bar{\in}\text{ess supp}\, a$，且有 (x,ξ) 在 Λ_ϕ 上的邻域 U_Λ 与 (x,θ) 在 C_ϕ 上的邻域 U_c 成微分同胚，我们还可取 U_Λ 充分小使 $U_\Lambda\cap D=\varnothing$，$U_c\cap\text{ess supp}\, a=\varnothing$，从而在 U_c 上 $a\in S^{-\infty}_{\rho,\delta}$.

作 U_c 在 $\Omega_x\times\mathbf{R}_N\backslash\{0\}$ 中的锥邻域 V_1, V_2，使 $U_c\subset V_1$, $\bar{V}_1\subset V_2$，并在 V_2中仍有 $a\in S^{-\infty}_{\rho,\delta}$，再作 $\chi(x,\theta)\in C^\infty$，使 χ 在 V_1 中恒为 1，在 V_2 外为 0，那时有

$$\begin{aligned}I_\phi(au)&=\iint e^{i\phi(x,\theta)}\chi au\,dx\,d\theta\\&\quad+\iint e^{i\phi(x,y)}(1-\chi)au\,dx\,d\theta\\&=A_1u+A_2u\end{aligned}$$

对于第一项积分，由 $\chi a\in S^{-\infty}_{\rho,\delta}$ 知 A_1 为光滑算子，又由于 $(1-\chi)a$ 在 V_1 中为零，所以由推论 3.1 知 U_c 在 Λ_ϕ 上的映象 U_Λ 不可能成为 A_2 的波前集，所以 $(x,\xi)\bar{\in}WF(A)$.

再证 $D\subset WF(A)$，若 $(x_0,\xi_0)\in D$，则由 $D\subset\Lambda_\phi$ 知存在对应的 θ_0，使 $\phi_x(x_0,\theta_0)=\xi_0,\phi_\theta(x_0,\theta_0)=0$，且 $(x_0,\theta_0)\in\text{ess supp}\, a$，由 ess supp a 的定义知，对于 (x_0,θ_0) 的任一锥邻域 $U\times V$ 来说，a 不可能在整个锥邻域中是 $S^{-\infty}$ 的，从而在 $C_\phi\cap(U\times V)$ 上，过 (x_0,θ_0) 可以找到 C^∞ 曲线$(x(\sigma),\theta(\sigma))$，使 $x(\sigma_0)=x_0$, $\theta(\sigma_0)=$

θ_0, $\phi_\theta(x(\sigma),\theta(\sigma))=0$, 且在 σ_0 的任一 σ 变量邻域 Σ 中, $a(x(\sigma), t\theta(\sigma))$恒不可能对一切$N'$为$O(t^{-N'})$, 今在 (x_0,σ_0) 的邻域内作 C^∞ 函数 $\psi(x,\sigma)$, 使它满足

$$\psi(x(\sigma),\sigma)=0,\quad \psi_x(x(\sigma),\sigma)=\phi_x(x(\sigma),\theta(\sigma)) \tag{3.26}$$

$$\begin{pmatrix}(\phi-\psi)_{xx} & \phi_{x\theta}\\ \phi_{x\theta} & \phi_{\theta\theta}\end{pmatrix}\quad 满秩 \tag{3.27}$$

显然，这样的ψ容易作出，因为ϕ是一个非退化的位相函数，故(3.27)中所示矩阵最后N行的秩是N, 所以可以选取ψ的二阶导数,使该矩阵满秩.以后,可按在$(x(\sigma),\sigma)$上给定的函数值及一、二阶导数值得到在(x_0,σ_0)邻域中的$\psi(x,\sigma)$, 而且由ϕ的非退化性质知,得到了函数$\psi(x,\sigma)$后,满足方程

$$\phi_x(x,\theta)-\psi_x(x,\sigma)=0,\quad \phi_\theta(x,\theta)=0 \tag{3.28}$$

的解$(x(\sigma),\theta(\sigma))$是唯一的.

取 x_0,θ_0,σ_0 分别在 U, V, Σ 中的相对紧邻域 U_1, V_1, Σ_1, 使当 $\sigma\in\Sigma_1$ 时 $x(\sigma)\in U_1$, $\theta(\sigma)\in V_1$, 取 $u\in C_c^\infty(U)$, $h(\theta)\in C^\infty(V)$, 且 $h(\theta)$ 在 $|\theta|\leqslant\frac{1}{2}$ 或 $\theta\bar{\in}V$ 时为 1, 在 $\left\{|\theta|>\frac{3}{4}\right\}$ 与 V_1 之交中为 0, 且在 $|\theta|>\frac{3}{4}$ 时为齐零次函数,考察

$$\begin{aligned}&\iint e^{i\phi(x,\theta)}a(x,\theta)u(x)e^{-it\psi(x,\sigma)}dxd\theta\\ &=t^N\iint e^{it(\phi(x,\theta)-\psi(x,\sigma))}a(x,t\theta)u(x)dxd\theta\\ &=t^N\iint e^{it(\phi(x,\theta)-\psi(x,\sigma))}h(\theta)a(x,t\theta)u(x)dxd\theta\\ &\quad+t^N\iint e^{it(\phi(x,\theta)-\psi(x,\sigma))}(1-h(\theta))a(x,t\theta)u(x)dxd\theta\\ &=I_1+I_2\end{aligned}$$

当$\sigma\in\Sigma_1$时,I_1对任意的N'可以用$C_Nt^{-N'}$估计,对于I_2,由于其临界点(依赖于σ)是由 $\phi_x(x,\theta)-\psi_x(x,\sigma)=0$, $\phi_\theta(x,\theta)=0$ 决定,故恰为$(x(\sigma),\theta(\sigma))$,于是利用第一章的定理5.3,它有渐近展开式,注意到相应于该定理中的矩阵Q是(3.27)中的矩阵,根据ϕ的

选取方法，Q 是满秩的，故当 $t\to\infty$ 时

$$I_2 \sim t^{\frac{N-n}{2}} e^{it(\psi(x(\sigma),\theta(\sigma))-\psi(x(\sigma),\sigma))} \sum_{j=0}^{\infty} a_j t^{-j} \tag{3.29}$$

由第一章 (5.29) 知

$$a_0 = (2\pi)^{\frac{n+N}{2}} |\mathrm{de.}\, Q|^{-\frac{1}{2}} e^{\frac{\pi}{4} i \operatorname{sgn} Q} a(x(\sigma), t\theta(\sigma)) d \tag{3.30}$$

其中 d 为作相应自变量变换时引入的 Jacobian 的值，它不等于零。

前已说明，$x(\sigma),\theta(\sigma)$ 的选取使 $a(x(\sigma),t\theta(\sigma))$ 在 Σ_1 中不可能对一切 N' 成立 $C_N t^{-N'}$ 型的估计，因而 (3.30) 中的 a_0 也是如此。而由 a_j 的表示式知，$a_j t^{-j}$ 在 $t\to\infty$ 时的阶数比 a_0 均低，所以，当 $t\to\infty$ 时 I_2 也不是快速递减的。综合 I_1, I_2 的估计，并利用定理 1.5 知 $(x_0,\xi_0)\in WF(A)$，这就说明了 $D\subset WF(A)$。定理证毕。

第三章　Fourier 积分算子的运算

本章将对 Fourier 积分算子本身进行更深入的讨论，主要介绍三个方面的内容．在 §1 中研究 Fourier 分布的表示，由此可以看到锥 Lagrange 子流形 Λ_ϕ 将起本质的作用；§2 着重研究 Fourier 积分算子的复合运算及其共轭运算，特别地，还给出了若干应用中经常需要的运算方式；在 §3 中引入关于 Fourier 积分算子的阶数的概念，并讨论 Fourier 积分算子的 H^s 连续性．

§1. Fourier 分布的表示

在第一章中，我们已经用振荡积分定义了 Fourier 分布 $u\longmapsto I_\phi(au)$

$$I_\phi(au)=\iint e^{i\phi(x,\theta)}a(x,\theta)u(x)dxd\theta \tag{1.1}$$

取关于 $\tilde{\theta}$ 为正齐一次的 C^∞ 函数 $\theta(x,\tilde{\theta})$，$\left|\dfrac{\partial\theta}{\partial\tilde{\theta}}\right|\neq 0$，并使$(x,\theta)\to(x,\theta(x,\tilde{\theta}))$ 构成一变数变换，把它代入 (1.1)，有

$$I_\phi(au)=\iint e^{i\tilde{\phi}(x,\tilde{\theta})}\tilde{a}(x,\tilde{\theta})u(x)dxd\tilde{\theta} \tag{1.2}$$

此处 $\tilde{\phi}(x,\tilde{\theta})=\phi(x,\theta(x,\tilde{\theta}))$，$\tilde{a}(x,\tilde{\theta})=a(x,\theta(x,\tilde{\theta}))\cdot\left|\dfrac{\partial\theta}{\partial\tilde{\theta}}\right|$.

这样，(1.1) 与 (1.2) 虽然有不同的位相和振幅，但它们表示同一个分布．

这个简单的例子说明了同一个 Fourier 分布表示的多样性，这在拟微分算子理论中是没有遇见过的，那么 Fourier 分布究竟如何依赖于它的位相和振幅呢？什么是这类分布的最本质的东西呢？为此，我们再来分析上例．由关系式 $\tilde{\phi}(x,\tilde{\theta})=\phi(x,\theta(x,\tilde{\theta}))$

知道,当 $\phi_\theta=0$ 时,$\tilde{\phi}_{\tilde{\theta}}=\phi_\theta\theta_{\tilde{\theta}}=0$,$\tilde{\phi}_x=\phi_x+\phi_\theta\theta_x=\phi_x$,所以有 $\Lambda_\phi=\Lambda_{\tilde{\phi}}$. 这么看来,锥 Lagrange 子流形 Λ_ϕ 似乎起着实质性的作用,而事实也确实如此. 若有两个 Fourier 分布 $A: u\longmapsto I_\phi(au)$ 及 $\tilde{A}:u\longmapsto I_{\tilde{\phi}}(\tilde{a}u)$,它们均有非退化的位相函数,且在 mod C^∞ 下 $A=\tilde{A}$,则在对应于 ess supp a 的那些点上必有 $\Lambda_\phi=\Lambda_{\tilde{\phi}}$. 反之,若对非退化的位相函数 $\phi,\tilde{\phi},\Lambda_\phi=\Lambda_{\tilde{\phi}}$,则对应于 Fourier 分布 $A:u\longmapsto I_\phi(au)$,一定存在振幅 $\tilde{a}$,使得由 $\tilde{\phi},\tilde{a}$ 所组成的 Fourier 分布 $\tilde{A}:u\longmapsto I_{\tilde{\phi}}(\tilde{a},u)$ 满足 $\tilde{A}=A$. 上述结论的第一部分不难由第二章的定理 3.9 得到,这是因为 Λ_ϕ 上与 ess supp a 所对应的部分即 D,从而有 $D=WF(A)=WF(\tilde{A})=\tilde{D}$. 关于结论的第二部分及其证明,我们叙述为如下的 L.Hörmander 定理

定理 1.1 设 $\phi(x,\theta)$ 及 $\tilde{\phi}(x,\tilde{\theta})$ 分别是点 $(x_0,\theta_0)\in\Omega\times\mathbf{R}_N\backslash\{0\}$ 及 $(x_0,\tilde{\theta}_0)\in\Omega\times\mathbf{R}_{\tilde{N}}\backslash\{0\}$ 的锥邻域 Γ 及 $\tilde{\Gamma}$ 内的非退化位相函数,若 $\Lambda_\phi=\Lambda_{\tilde{\phi}}$,则对任意 $a(x,\theta)\in S^m_\rho(\Omega\times\mathbf{R}_N)$, ess supp a 包含在 (x_0,θ_0) 点的充分小锥邻域内时,存在 $\tilde{a}(x,\tilde{\theta})\in S_\rho^{m+\frac{1}{2}(N-\tilde{N})}$, ess supp $\tilde{a}$ 包含在 $(x_0,\tilde{\theta}_0)$ 的某锥邻域内,使得

$$I_\phi(au)=I_{\tilde{\phi}}(\tilde{a}u)\qquad\forall u\in C_c^\infty(\Omega)\tag{1.3}$$

当 $(x_0,\theta_0)\bar{\in} C_\phi$ 时,定理显然成立,故以下就 $(x_0,\theta_0)\in C_\phi$ 的情形加以证明. 由于定理的证明较长,我们将分下列几步证明之. 首先在保持 Fourier 分布不变的前提下,$\phi(x,\theta)$ 的位相变量个数可以减少,其所能减少到的最低数目由 Λ_ϕ 所确定. 其次我们证明在保持 Fourier 分布不变的条件下,位相变量的个数可任意增加. 最后,在位相变量个数相等,且 $\Lambda_\phi=\Lambda_{\tilde{\phi}}$ 的条件下推知存在一个保纤维的微分同胚映射[1],它将 ϕ 变为 $\tilde{\phi}$,同时 Fourier 分布不变. 综合这些结果,就得到定理 1.1.

定理的证明.

(I) 减少位相变量的个数 我们的目的是由 $\phi(x,\theta)$ 出发构

1) 设 f 是两向量丛 E,F 之间的 C^∞ 映射,π_E,π_F 分别是 E,F 到其底空间 X,Y 上的投影. 若 f 使 E 的纤维同胚于 F 的纤维,则称 f 是保纤维的映射,此时 f 在 Y 上之投影仅依赖于 x.

造新的位相函数 $\phi_1(x, \theta')$，使得 $\Lambda_\phi = \Lambda_{\phi_1}$，而 ϕ_1 中位相变量 θ' 的维数 $k > 0$ 是 Λ_ϕ 在 $(x_0, \phi_x(x_0, \theta_0))$ 点的切空间与 $T_{(x_0, \phi_x(x_0, \theta_0))}\pi^{-1}(x_0)$ 相交的维数，此处 π 为 $T^*(\Omega) \to \Omega$ 的投影.

为此考虑对应于二次型 $\phi_{\theta\theta}(x_0, \theta_0)$ 的 $N \times N$ 实对称矩阵. 我们总可通过 θ 空间中的正交变换，将此矩阵化为 $\begin{pmatrix} 0 & 0 \\ 0 & Q \end{pmatrix}$ 的形式，其中左上角是一块 $k \times k$ 的零阵，而右下角 Q 是一块 $(N-k) \times (N-k)$ 的非异方阵. $(x_0, \theta_0) \in C_\phi$ 意指 $\phi_\theta(x_0, \theta_0) = 0$，故由于 ϕ_θ 关于 θ 是正齐零次的，所以 $\phi_{\theta\theta}(x_0, \theta_0) \cdot \theta_0 = 0$. 于是，若 $\operatorname{rank} Q = N$，则 $\theta_0 = 0$，而这是不可能的. 这就是说必定 $\operatorname{rank} Q < N$ 成立，故记 $\operatorname{rank} Q$ 为 $N-k$，有 $k > 0$，记 $\theta = (\theta', \theta'')$，此处 $\theta' = (\theta_1, \cdots, \theta_k)$，$\theta'' = (\theta_{k+1}, \cdots, \theta_N)$，由

$$\phi_{\theta\theta}(x_0, \theta_0) \cdot \theta_0 = \begin{pmatrix} 0 & 0 \\ 0 & Q \end{pmatrix} \begin{pmatrix} \theta_0' \\ \theta_0'' \end{pmatrix} = 0$$

及 Q 为非异阵的性质，可得 $\theta_0'' = 0$.

显见，此时应有 $\theta_0' \neq 0$，由 $\phi_{\theta''}(x_0, \theta_0', 0) = 0$ 及 $\phi_{\theta''\theta''}(x_0, \theta_0', 0)$ 非异，将 $\phi_{\theta''}(x, \theta', \theta'') = 0$ 视为关于 θ'' 的方程，由隐函数存在定理可知，在 (x_0, θ_0') 附近存在唯一的 $\theta''(x, \theta')$，使得

$$\begin{cases} \theta''(x_0, \theta_0') = 0 \\ \phi_{\theta''}(x, \theta', \theta''(x, \theta')) = 0 \end{cases} \tag{1.4}$$

记 $\phi_1(x, \theta') = \phi(x, \theta', \theta''(x, \theta'))$，则可以证明 ϕ_1 也是一个非退化的位相函数，且 $\Lambda_{\phi_1} = \Lambda_\phi$，事实上

(1) ϕ_1 关于 θ' 是正齐一次的，这是因为 ϕ 关于 θ 是正齐一次的，故从 (1.4) 得到

$$\phi_{\theta''}(x, t\theta', t\theta''(x, \theta')) = 0$$

但另一方面，$\theta''(x, \theta')$ 是 $\phi_{\theta''}(x, \theta', \theta'') = 0$ 的解，故 $\phi_{\theta''}(x, t\theta', t\theta'') = 0$ 有解 $\theta''(x, t\theta')$，由解的唯一性得 $t\theta''(x, \theta') = \theta''(x, t\theta')$，于是

$$\begin{aligned} \phi_1(x, t\theta') &= \phi(x, t\theta', \theta''(x, t\theta')) \\ &= \phi(x, t\theta', t\theta''(x, \theta')) \end{aligned}$$

$$= t\phi_1(x,\theta')$$

(2) ϕ_1 关于 x, θ' 无临界点,这是因为

$$\phi_{1x}(x,\theta') = \phi_x + \phi_{\theta''}\theta''_x,$$
$$\phi_{1\theta'}(x,\theta') = \phi_{\theta'} + \phi_{\theta''}\cdot\theta''_{\theta'}$$

但是 $\phi_{\theta''}(x, \theta', \theta''(x, \theta')) = 0$, 故

$$\phi_{1x} = \phi_x, \qquad \phi_{1\theta'} = \phi_{\theta'} \tag{1.5}$$

已知 ϕ 是位相函数, $\nabla_{(x,\theta)}\phi = \nabla_{(x,\theta',\theta'')}\phi \neq 0$, 现在 $\phi_{\theta''} = 0$, 因此 $\phi_{\theta'}$, ϕ_x 不能同时为零,故 $\nabla_{(x,\theta')}\phi_1 \neq 0$.

(3) ϕ_1 是非退化的位相函数,为此,只要证明在 $\phi_{1\theta'} = 0$ 上有

$$\operatorname{rank}\begin{pmatrix} (\phi_1)_{x\theta'} \\ (\phi_1)_{\theta'\theta'} \end{pmatrix} = k \tag{1.6}$$

由于 ϕ 为非退化的位相函数,故在 $\phi_\theta = 0$ 上,

$$\operatorname{rank}\begin{pmatrix} \phi_{x\theta} \\ \phi_{\theta\theta} \end{pmatrix} = N$$

由上述,在 $(x_0, \theta'_0, 0)$ 处,此矩阵化为

$$\begin{pmatrix} \phi_{x\theta'} & \phi_{x\theta''} \\ 0 & 0 \\ 0 & \phi_{\theta''\theta''} \end{pmatrix}$$

$\operatorname{rank}\phi_{\theta''\theta''} = N - k$, 故 $\operatorname{rank}\phi_{x\theta'}(x_0,\theta'_0, 0) = k$. 从而在此点的邻域内也是如此,由 (1.5), 在 $\theta'' = \theta''(x,\theta')$ 上, $\phi_{1\theta'} = 0 \Longleftrightarrow \phi_{\theta'} = 0 \Longleftrightarrow \phi_\theta = 0$, 且 $(\phi_1)_{x\theta'} = \phi_{x\theta'}$, 因此在 $\phi_{1\theta'} = 0$ 上, $\operatorname{rank}(\phi_1)_{x\theta'} = k$, 故 (1.6) 成立.

(4) 由 (1.5) 可知

$$\Lambda_{\phi_1} = \{(x,\phi_{1x});\phi_{1\theta'} = 0\} = \{(x,\phi_x);\ \phi_\theta = 0\} = \Lambda_\phi$$

引入新的非退化位相函数 $\phi_1(x,\theta')$ 后, Fourier 分布 A 可改写为

$$I_\phi(au) = \iint e^{i\phi(x,\theta)}a(x,\theta)u(x)dxd\theta$$
$$= \iint e^{i\phi_1(x,\theta')}\left(\int e^{i(\phi(x,\theta)-\phi_1(x,\theta'))}a(x,\theta',\theta'')d\theta''\right)u(x)dxd\theta'$$

记

$$\psi(x,\theta',\theta'')=\phi(x,\theta',\theta'')-\phi_1(x,\theta')$$

并令

$$b(x,\theta')=\int e^{i\psi(x,\theta',\theta'')}a(x,\theta',\theta'')d\theta'' \tag{1.7}$$

有

$$I_\phi(au)=I_{\phi_1}(bu)=\iint e^{i\phi_1(x,\theta')}b(x,\theta')u(x)dxd\theta'$$

我们下面再证明 $b(x,\theta')\in S_\rho^{m+\frac{N-k}{2}}(\Omega\times\mathbf{R}_k)$, 从而说明 $u\longmapsto I_{\phi_1}(bu)$ 是一个 Fourier 分布.

为此,作变量替换 $\eta'=\dfrac{\theta'}{|\theta'|}$, $\eta''=\dfrac{\theta''}{|\theta'|}$, 由于 $\theta_0'\neq 0$, 这个变量替换是合理的,经此变换后,

$$b(x,\theta')=\int e^{i|\theta'|\psi(x,\eta',\eta'')}a(x,\theta',|\theta'|\eta'')|\theta'|^{N-k}d\eta''$$

在 $x=x_0$, $\eta'=\dfrac{\theta_0'}{|\theta_0'|}$, $\eta''=0$ 时, $\psi_{\theta''}=\phi_{\theta''}=0$, 故 $\psi_{\eta''}=0$. 因为本定理仅在 (x_0,θ_0) 的附近考虑 Fourier 分布的变形,所以不妨认为 $\psi_{\eta''}$ 在 $\left(x_0,\dfrac{\theta_0'}{|\theta_0'|},0\right)$ 点上述对应的锥邻域内仅有此零点,且在此点 $\psi_{\eta''\eta''}$ 非退化(因为 $\psi_{\theta''\theta''}=\phi_{\theta''\theta''}$ 在 $(x_0,\theta_0',0)$ 点非退化). 于是,由第一章定理 5.3, 在 (x_0,θ_0') 的锥邻域内估计式

$$\begin{aligned}|b(x,\theta')|&\leqslant C|\theta'|^{-\frac{N-k}{2}}|\psi_{\eta''\eta''}|^{-1/2}|a(x,\theta',\theta''(x,\theta'))|\\&\quad\times|\theta'|^{N-k}\\&\leqslant C|\theta'|^{\frac{N-k}{2}}|\psi_{\eta''\eta''}|^{-1/2}|a(x,\theta',\theta''(x,\theta'))|\\&\leqslant C|\theta'|^{m+\frac{N-k}{2}}\end{aligned}$$

成立. 用类似的方法对 $b(x,\theta')$ 的各阶导数进行估计,可知 $b(x,\theta')\in S_\rho^{m+\frac{N-k}{2}}(\Omega\times\mathbf{R}_k)$.

我们还要指出，$\phi_1(x, \theta')$ 中位相变量 θ' 的维数 k 恰好就是 Λ_ϕ 在 $(x_0, \phi_x(x_0, \theta_0))$ 点切空间与 $T^*(\Omega)$ 在该点的纤维空间相交的子空间 S 的维数．因此它是由 Λ_ϕ 所确定的一个几何量，事实上

$$S = (T_{(x_0,\phi_x(x_0,\theta_0))}\Lambda_\phi)\cap(T_{(x_0,\phi_x(x_0,\theta_0))}\pi^{-1}(x_0))$$

由于

$$T_{(x_0,\phi_x(x_0,\theta_0))}\Lambda_\phi = \{(\delta x, \phi_{xx}\delta x + \phi_{x\theta}\delta\theta); \phi_{\theta x}\delta x + \phi_{\theta\theta}\delta\theta = 0\},$$

而 $T_{(x_0,\phi_x(x_0,\theta_0))}\pi^{-1}(x_0) = \{(0, \delta\xi)\}$，所以 $S = \{(0, \phi_{\theta x}\delta\theta); \Phi_{\theta\theta}\delta\theta = 0\}$．另外，因为 $\phi_{\theta\theta} = \begin{pmatrix} 0 & 0 \\ 0 & \phi_{\theta''\theta''} \end{pmatrix}$，所以 $\phi_{\theta\theta}\delta\theta = 0$ 之解 $\delta\theta$ 具有 $\begin{pmatrix} \delta\theta' \\ 0 \end{pmatrix}$ 的形式，再由于 $\phi_{x\theta'}$ 之秩为 k，所以 S 的维数是 k．

(II) 增加位相变量的个数　由第一章 § 4 例 3 知，在考虑 Fourier 分布的变形时，可以略去一些光滑函数而不影响讨论的结果．因此，在讨论如何增加积分 $\iint e^{i\phi(x,\theta)}a(x,\theta)u(x)dxd\theta$ 的位相变量时，不妨认为 $a(x, \theta)$ 的支集在 $|\theta| \geqslant 1$ 的范围中，不然的话，只要用一个支集在 $|\theta| > 1$ 中而于 $|\theta| \geqslant 2$ 时恒等于 1 的 C^∞ 函数乘以振幅 $a(x, \theta)$，由此引起的与原来分布的差别仅是一个 C^∞ 函数．

今设 $\sigma \in \mathbf{R}_\nu$，$A(\sigma,\sigma)$ 为一个正定的二次型，作

$$\phi_1(x, \theta, \sigma) = \phi(x,\theta) + \frac{A(\sigma, \sigma)}{|\theta|} \tag{1.8}$$

由于 $a(x,\theta)$ 在 $|\theta| < 1$ 时为零，故可以认为上式中 $|\theta| \geqslant 1$，从而 (1.8) 有意义，将 θ, σ 视为位相变量，则 ϕ_1 是一个非退化的位相函数，且 $\Lambda_{\phi_1} = \Lambda_\phi$．

事实上，$\phi_1(x,\theta,\sigma)$ 关于 θ, σ 为正齐一次的．又若 $\nabla_{(x,\theta,\sigma)}\phi_1 = 0$，则 $\phi_{1x} = \phi_x = 0$，

$$\phi_{1\theta} = \phi_\theta + \left(\frac{A(\sigma, \sigma)}{|\theta|}\right)_\theta = 0$$

$$\phi_{1\sigma}=\frac{1}{|\theta|}(A(\sigma,\sigma))_\sigma=0$$

但 $A(\sigma,\sigma)$ 是非退化的二次型，故由第三式知 $\sigma=0$. 代入第二式得 $\phi_{1\theta}=\phi_\theta=0$. 这样就与 ϕ 是位相函数相矛盾. 因此 $\nabla_{(x,\theta,\sigma)}\phi_1\neq 0$，即 ϕ_1 是位相函数.

由上已知，$\phi_{1\theta}=0$，$\phi_{1\sigma}=0$ 意味着 $\phi_\theta=0$，$\sigma=0$，于是由 ϕ_1 之定义可知，在 $\phi_{1\theta}=0$，$\phi_{1\sigma}=0$ 上，矩阵

$$\begin{pmatrix}(\phi_1)_{x\theta} & (\phi_1)_{\theta\theta} & (\phi_1)_{\sigma\theta}\\ (\phi_1)_{x\sigma} & (\phi_1)_{\theta\sigma} & (\phi_1)_{\sigma\sigma}\end{pmatrix} \tag{1.9}$$

化为

$$\begin{pmatrix}\phi_{x\theta} & \phi_{\theta\theta} & 0\\ 0 & 0 & \dfrac{2A}{|\theta|}\end{pmatrix}$$

但 $|A|\neq 0$，且由 ϕ 的非退化性知 $(\phi_{x\theta},\phi_{\theta\theta})$ 满秩，从而矩阵 (1.9) 满秩，即 $\phi_1(x,\theta,\sigma)$ 是非退化的位相函数.

另外，由 ϕ_1 及 ϕ 的一阶导数之间关系立刻可知 $\Lambda_\phi=\Lambda_{\phi_1}$.

利用新的位相函数 $\phi_1(x,\theta,\sigma)$，Fourier 分布 $A: u\longmapsto I_\phi(au)$ 又可改写为

$$\begin{aligned}I_\phi(au)&=\iint e^{i\phi(x,\theta)}a(x,\theta)u(x)dxd\theta\\ &=\iint e^{i\phi_1(x,\theta,\sigma)}C^{-1}|\theta|^{-\frac{\nu}{2}}a(x,\theta)u(x)dxd\theta d\sigma\end{aligned}$$

其中 C 是由下式确定的常数(参见第一章引理 5.3)：

$$\int\exp\left(i\frac{A(\sigma,\sigma)}{|\theta|}\right)d\sigma=C|\theta|^{\frac{\nu}{2}}$$

于是令 $b(x,\theta,\sigma)=C^{-1}a(x,\theta)|\theta|^{-\frac{\nu}{2}}$，即有

$$I_\phi(au)=I_{\phi_1}(bu) \tag{1.10}$$

现在再证明 $b(x,\theta,\sigma)\in S_\rho^{m-\frac{\nu}{2}}(\Omega\times\mathbb{R}_{N+\nu})$，由 $\phi_{1\theta_i}=\phi_{\theta_i}-A(\sigma,\sigma)|\theta|^{-3}\theta_i$，利用

$$(\phi_{1\theta_i})^2\geqslant\frac{1}{2}A(\sigma,\sigma)^2|\theta|^{-6}\cdot\theta_i^2-(\phi_{\theta_i})^2$$

得到

$$\sum_i (\phi_{1\theta_i})^2 \geqslant \frac{1}{2} A(\sigma,\sigma)^2|\theta|^{-4} - \sum_i (\phi_{\theta_i})^2$$

因 ϕ_{θ_i} 关于 θ 是正齐零次的，所以 $\sum_i(\phi_{\theta_i})^2$ 有界. 再因 $A(\sigma,\sigma)$ 的正定性，当 $|\theta| < \varepsilon|\sigma|$ (ε 充分小)时，$\frac{1}{2}A(\sigma,\sigma)^2|\theta|^{-4}$ 可以任意大. 此时就有 $\sum_i (\phi_{1\theta_i})^2 > 0$，于是由稳定位相法可知，可以限制在 $|\theta| \geqslant \varepsilon|\sigma|$ 范围中讨论积分 $I_{\phi_1}(bu)$. 这时所引起的差别只是一个 C^∞ 函数，故可不予考虑.

在 $|\theta| \geqslant \varepsilon|\sigma|$ 时，有不等式

$$1 + |\theta| \leqslant 1 + |\theta| + |\sigma| \leqslant C_1(1 + |\theta|) \tag{1.11}$$

所以由 $a(x,\theta) \in S^m_\rho(\Omega \times \mathbf{R}_N)$ 即可得知

$$b(x,\theta,\sigma) \in S_\rho^{m-\frac{\nu}{2}}(\Omega \times \mathbf{R}_{N+\nu}).$$

这样，$u \longmapsto I_\phi(bu)$ 也是一个 Fourier 分布. 由于在上述过程中引入新变量 σ 的个数 ν 可以是任意正整数，因而可以在保持原 Fourier 分布不变的条件任意增加位相变量的个数.

(III) 当 $N = \tilde{N} = k$ 时定理 1.1 的证明. 此处 k 是 (I) 中所获得的位相变量的最少个数.

设 ϕ, $\tilde{\phi}$ 都是定义在 $\Omega \times \mathbf{R}_k \backslash \{0\}$ 上的非退化位相函数，且在 (x_0, θ_0) 的邻域内所导出的 Λ_ϕ 与在 $(x_0, \tilde{\theta}_0)$ 的邻域内所导出 $\Lambda_{\tilde{\phi}}$ 相重合. 由第二章定理 3.5 的证明可知，可以诱导出一个定义在

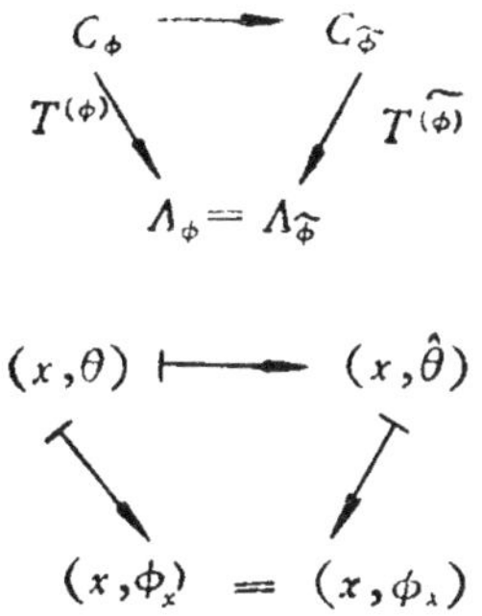

图 1.1

C_ϕ 上的函数 $\hat{\theta}(x,\theta)$（见图 1.1），使有

$$((T^{(\tilde{\phi})})^{-1}\circ T^{(\phi)})(x,\theta)=(x,\hat{\theta}(x,\theta)) \tag{1.12}$$

并且上式所定义的映射

$$(T^{(\tilde{\phi})})^{-1}\circ T^{(\phi)}: C_\phi \to C_{\tilde{\phi}}$$

是一个微分同胚（在上述局部邻域内）．于是 $\hat{\theta}(x,\theta)$ 可以视为由等式 $\phi_x(x,\theta)=\tilde{\phi}_x(x,\hat{\theta})$ 定出．显然可见，由 $\phi_x(x_0,\theta_0)=\tilde{\phi}_x(x_0,\tilde{\theta}_0)$ 可知 $\hat{\theta}_0=\hat{\theta}(x_0,\theta_0)=\tilde{\theta}_0$．另外，因 $\tilde{N}=k$，由 (1.6) 的证明知 rank $\tilde{\phi}_{x\hat{\theta}}(x_0,\hat{\theta}_0)=k$，故可以从 $\tilde{\phi}_x(x,\hat{\theta})=$ 已知值（使得它在 C_ϕ 上 $=\phi_x(x,\theta)$）解出 $\hat{\theta}$，从而将 $\hat{\theta}=\hat{\theta}(x,\theta)$ 延拓到 (x_0,θ_0) 在 $\Omega\times\mathbf{R}_N$ 的邻域内，而使得在 C_ϕ 上仍保持 $\phi_x(x,\theta)=\tilde{\phi}_x(x,\hat{\theta})$．又因为 $\phi_x(x,\theta)$ 及 $\tilde{\phi}_x(x,\hat{\theta})$ 分别关于 θ 及 $\hat{\theta}$ 为正齐一次的，故 $\hat{\theta}(x,\theta)$ 关于 θ 也是正齐一次的．

定义 $\phi(x,\theta)=\tilde{\phi}(x,\hat{\theta}(x,\theta))$．显然，它关于 θ 也是正齐一次的，考察它的导数，有

$$\begin{cases}\phi_x=\tilde{\phi}_x+\tilde{\phi}_{\hat{\theta}}\hat{\theta}_x, \quad \phi_\theta=\tilde{\phi}_{\hat{\theta}}\hat{\theta}_\theta\\ \phi_{\theta\theta}=\tilde{\phi}_{\hat{\theta}\hat{\theta}}(\hat{\theta}_\theta)^2+\tilde{\phi}_{\hat{\theta}}\hat{\theta}_{\theta\theta}\\ \phi_{\theta x}=\tilde{\phi}_{\hat{\theta}x}\hat{\theta}_\theta+\tilde{\phi}_{\hat{\theta}\hat{\theta}}\hat{\theta}_x\hat{\theta}_\theta+\tilde{\phi}_{\hat{\theta}}\hat{\theta}_{\theta x}\end{cases} \tag{1.13}$$

由这些等式可知 ϕ 是一个非退化的位相函数.事实上,因 $\phi_x(x,\theta)=\tilde{\phi}_x(x,\hat{\theta}(x,\theta))$，两边对 θ 求导，得 $\phi_{\theta x}(x,\theta)=\tilde{\phi}_{\hat{\theta}x}(x,\hat{\theta})\hat{\theta}_\theta$，而由 (1.6)，$\phi_{\theta x}$，$\tilde{\phi}_{\hat{\theta}x}$ 在 (x_0,θ_0) 点满秩（秩为 k），故 $\hat{\theta}_\theta$ 必满秩．若 $\nabla_{(x,\theta)}\phi=0$，则由(1.13)中前二式得 $\tilde{\phi}_x+\tilde{\phi}_{\hat{\theta}}\hat{\theta}_x=0$，$\tilde{\phi}_{\hat{\theta}}\cdot\hat{\theta}_\theta=0$，由 $\hat{\theta}_\theta$ 满秩又可得 $\tilde{\phi}_{\hat{\theta}}=0$，$\tilde{\phi}_x=0$，这与 $\tilde{\phi}$ 为位相函数矛盾，故 ϕ 无关于 x,θ 的临界点.为证 ϕ 是非退化的，即证在 $\phi_\theta=0$ 时矩阵 $(\phi_{\theta x},\phi_{\theta\theta})$ 之秩为 k，我们只要证明在 (x_0,θ_0) 处，此矩阵之秩为 k 就可以了．注意到 k 是位相变量可能达到的最少个数，由本定理证明的第一段知 $\tilde{\phi}_{\hat{\theta}\hat{\theta}}(x_0,\hat{\theta}_0)=0$ 又 $\tilde{\phi}_{\hat{\theta}}(x_0,\hat{\theta}_0)=0$，于是，由 (1.13) 后两式，在点 (x_0,θ_0) 处有

$$\phi_{\theta\theta}=0, \quad \phi_{\theta x}=\tilde{\phi}_{\hat{\theta}x}\hat{\theta}_\theta$$

但 $\hat{\theta}_\theta$ 非异，$\tilde{\phi}_{\hat{\theta}x}$ 之秩为 k，故 $\phi_{\theta x}$ 之秩也为 k．这样就证明了 $\phi(x,\theta)$ 是非退化的位相函数．

$\psi(x,\theta)$ 还有一个性质：$\psi-\phi$ 在 C_ϕ 上具有二阶零点．这是因为在 C_ϕ 上，$\phi_\theta=0$，$\tilde{\phi}_{\hat{\theta}}(x,\hat{\theta}(x,\theta))=0$，且 $\phi_x(x,\theta)=\tilde{\phi}_x(x,\hat{\theta}(x,\theta))$，从而由 (1.13) 第二式及 $\hat{\theta}_\theta$ 非异性质可知 $\psi_\theta=0$，而由 (1.13) 第一式有 $\psi_x=\phi_x$，于是在 C_ϕ 上 $\nabla_{(x,\theta)}(\psi-\phi)=0$．另一方面，由 ψ 与 ϕ 关于 θ 的正齐一次性知 $(\psi-\phi)(x,\theta)=\nabla_\theta((\psi-\phi)(x,\theta))\cdot\theta=0$，所以 $\psi-\phi$ 在 C_ϕ 上有二阶零点．

但是我们不能断定在 C_ϕ 的锥邻域内 $\psi-\phi=0$．而这一点又恰是我们所希望的．所以我们再作一步工作，找一个适当的 $\theta'(x,\theta)$，使 $\phi(x,\theta)=\psi(x,\theta'(x,\theta))$，若这样的 θ' 能被找到，则定理得证．事实上，此时位相函数 ϕ 与 $\tilde{\phi}$ 将由下面等式联系

$$\phi(x,\theta)=\tilde{\phi}(x,\hat{\theta}(x,\theta'(x,\theta))) \tag{1.14}$$

从而，令 $\tilde{\theta}=\hat{\theta}(x,\theta'(x,\theta))$ 后，有

$$\iint e^{i\phi(x,\theta)}a(x,\theta)u(x)dxd\theta$$

$$=\iint e^{i\tilde{\phi}(x,\tilde{\theta})}\tilde{a}(x,\tilde{\theta})u(x)dxd\tilde{\theta} \tag{1.15}$$

其中 $\tilde{a}(x,\tilde{\theta})=a(x,\theta)\cdot|\theta_{\tilde{\theta}}|$ 是与 $a(x,\theta)$ 属于同阶象征类的．

为寻求 $\theta'(x,\theta)$，试设 $\theta'=\theta+\mu$，写出

$$\phi(x,\theta)-\psi(x,\theta)=\psi(x,\theta')-\psi(x,\theta)$$

$$=\psi(x,\theta+\mu)-\psi(x,\theta) \tag{1.16}$$

今考察 (1.16) 两边．先看 (1.16) 左边，在 C_ϕ 附近作坐标变换，取 ϕ_θ 为坐标 y，由于 C_ϕ 上 $\phi_{x\theta}$ 之秩为 k，故可以从 $\phi_\theta=y$ 解出 x 中 k 个分量，记它们为 x'，并记其余 $n-k$ 个分量为 x''，则有 $x'=f(y,x'',\theta)$，为书写方便起见，我们将 $x'=f(y,x'',\theta)$ 代入 $\psi-\phi$ 后的函数仍用 $\psi-\phi$ 记之．

在新的坐标下，C_ϕ 的方程是 $y=0$，从而 $\psi-\phi$ 在 $y=0$ 时有二阶零点．由 Taylor 公式

$$\psi-\phi=\langle y,By\rangle \tag{1.17}$$

其中 $B=\int_0^1(1-\varepsilon)(\psi-\phi)_{yy}(\varepsilon y,x'',\theta)d\varepsilon$．

再看 (1.16) 右边，因为 $y=0$ 时 $\psi=\phi$，故此时 $\mu=0$ 从而

设 μ 为 $W(x,\theta)y$ 的形式，有

$$\phi(x,\theta+\mu)-\phi(x,\theta)=\langle y, Wy\rangle+\langle Wy, CWy\rangle \quad (1.18)$$

其中 $C=\int_0^1(1-\varepsilon)\phi_{\theta\theta}(x,\theta+\varepsilon Wy)d\varepsilon$.

现考虑

$$F(x,\theta,W)=W+{}^tWCW+B \quad (1.19)$$

若能从 $F=0$ 定出 $W(x,\theta)$，则 $\mu=Wy=W(x,\theta)\phi_\theta(x,\theta)$ 就使(1.16)成立，由于在 (x_0,θ_0) 点 $y=\phi_\theta=0,\phi_{\theta\theta}=0$，故 $C=0$，此时就有 $F(x_0,\theta_0,-B)=0$.

容易看出

$$\left.\frac{\partial C}{\partial W}\right|_{(x_0,\theta_0)}=0,$$

所以

$$\left.\frac{\partial F}{\partial W}\right|_{(x_0,\theta_0)}=\left[1+CW+{}^tW\frac{\partial C}{\partial W}W+{}^tWC\right]_{(x_0,\theta_0)}=1$$

这样，由隐函数存在定理可知存在 $W(x,\theta)$ 使在 (x_0,θ_0) 附近 $F=0$，从而可得 $\theta'=\theta+Wy$，使 (1.16) 成立，或 $\phi(x,\theta)=\phi(x,\theta')$. 于是，在 Fourier 分布 $u\longmapsto I_\phi(au)$ 中把位相 ϕ 换成 $\tilde{\phi}$，并把 $a(x,\theta)$ 相应地换成 $\tilde{a}(x,\tilde{\theta})=a(x,\theta)\left|\frac{\partial\theta}{\partial\tilde{\theta}}\right|$，该分布保持不变.

最后，综合上面三部分的讨论，就可完成定理的证明. 事实上由定理的假设条件，$\phi(x,\theta)$ 与 $\tilde{\phi}(x,\tilde{\theta})$ 所生成的 Lagrange 流形 Λ_ϕ 与 $\Lambda_{\tilde{\phi}}$ 重合，利用 (I) 的讨论结果，可以将 ϕ 与 $\tilde{\phi}$ 的位相变量个数均减少至最低个数 k，设它们所对应的新位相函数分别是 ϕ_1 和 $\tilde{\phi}_1$，则局部地有 $\Lambda_\phi=\Lambda_{\phi_1}$，$\Lambda_{\tilde{\phi}}=\Lambda_{\tilde{\phi}_1}$. 从而局部地仍保持 $\Lambda_{\phi_1}=\Lambda_{\tilde{\phi}_1}$. 由 (III) 的讨论可知 ϕ_1 与 $\tilde{\phi}_1$ 等价，即它们可以相互变换. 这样，对原来的 Fourier 分布 A: $u\longmapsto I_\phi(au)$，由(I)，知存在 a_1 使 $I_\phi(au)=I_{\phi_1}(a_1u)$，再由 (III)，知存在 $\tilde{a}_1$ 使 $I_{\phi_1}(a_1u)=I_{\tilde{\phi}_1}(\tilde{a}_1u)$. 再由 (II)，知存在 $\tilde{a}$ 使 $I_{\tilde{\phi}_1}(\tilde{a}_1u)=I_{\tilde{\phi}}(\tilde{a}u)$. 于是

$$I_\phi(au)=I_{\tilde{\phi}}(\tilde{a}u) \quad (1.20)$$

又从上面讨论可知，若 $a\in S^m_\rho(\Omega\times \mathbf{R}_N)$，则

$$a_1\in S_\rho^{m+\frac{N-k}{2}}(\Omega\times \mathbf{R}_k)$$

$$\tilde{a}_1\in S_\rho^{m+\frac{N-k}{2}}(\Omega\times \mathbf{R}_k)$$

$$\tilde{a}\in S_\rho^{m+\frac{N-k}{2}-\frac{\tilde{N}-k}{2}}(\Omega\times \mathbf{R}_{\tilde{N}}),$$

即

$$\tilde{a}\in S^{m+\frac{N-\tilde{N}}{2}}(\Omega\times \mathbf{R}_{\tilde{N}})$$

定理 1.1 证毕.

§2. Fourier 积分算子的共轭和复合

由第一章，Fourier 积分算子是通过作为其核的 Fourier 分布来定义的，因而关于 Fourier 积分算子的许多运算可以归结为相应的 Fourier 分布的运算. 而后者又可以视为一般分布运算的特例. 从而其中许多运算可由第二章 §1 诱导出来. 但是由于 Fourier 积分算子本身的特性，也考虑到应用上的方便，有必要对某些重要的运算进行深入的讨论. 为此，在这一节中主要讨论共轭和复合运算. 共轭运算较简单，重点是研究复合运算. 我们首先将给出两个 Fourier 积分算子复合后仍为 Fourier 积分算子的条件，然后给出若干经常应用的运算公式.

一、Fourier 积分算子的伴随与共轭

考虑 Fourier 积分算子 A，记它的分布核为 K_A，则

$$\begin{aligned}\langle K_A, f\rangle &= I_\phi(af)\\ &= \iiint e^{i\phi(x,y,\theta)}a(x,y,\theta)f(x,y)dxdyd\theta \qquad (2.1)\end{aligned}$$

此处 $f(x, y)\in C_0^\infty(\Omega_x\times\Omega_y)$，$\Omega_x$ 及 Ω_y 分别是 $\mathbf{R}^{n_x}$ 及 $\mathbf{R}^{n_y}$ 中的开集，$a(x,y,\theta)\in S^m_{\rho,\delta}(\Omega_x\times\Omega_y\times \mathbf{R}_N)$，$\rho>0$，$\delta<1$，$\phi(x,y,\theta)$ 是算子位相函数.

A 的伴随算子 ${}^tA$ 由下式确定

$$\langle Au, v\rangle = \langle u, {}^tAv\rangle$$

记 ${}^tA$ 的分布核为 $K_{{}^tA}$，由第一章 (4.6)，有

$$\langle K_{{}^tA}, f(x,y)\rangle = \iiint e^{i\phi(y,x,\theta)}a(y,x,\theta)f(x,y)dxdyd\theta \quad (2.2)$$

显然，${}^tA$ 也是一个 Fourier 积分算子，并且它是 $C_c^\infty(\Omega_x)\to C^\infty(\Omega_y)$ 及 $\varepsilon'(\Omega_x)\to\mathscr{D}'(\Omega_y)$ 的连续线性算子.

我们还可讨论算子 A 的共轭算子 A^*，它是由下式确定的算子

$$\langle u, A^*v\rangle = \langle\overline{A\bar{u},\bar{v}}\rangle \qquad \forall u\in C_c^\infty(\Omega_x),\ v\in C_c^\infty(\Omega_y)$$

这一共轭算子的概念显然是 Hilbert 空间 L^2 上线性算子的共轭概念的推广.

将 A 的表示式代入上式，可得

$$\begin{aligned}\langle u, A^*v\rangle &= \langle\overline{A\bar{u}, \bar{v}}\rangle\\ &= \overline{\int e^{i\phi(x,y,\theta)}a(x,y,\theta)\bar{u}(y)\bar{v}(x)dxdyd\theta}\\ &= \int e^{-i\phi(x,y,\theta)}\overline{a(x,y,\theta)}u(y)v(x)dxdyd\theta\end{aligned}$$

从而 A^* 的分布核 K_{A^*} 由下式确定

$$\langle K_{A^*}, f(x,y)\rangle = \iiint e^{-i\phi(y,x,\theta)}\overline{a(y,x,\theta)}f(x,y)dxdyd\theta \quad (2.3)$$

与第一章定理 4.3 相仿，A^* 也是 $C_c^\infty(\Omega_x)\to C^\infty(\Omega_y)$ 及 $\mathscr{E}'(\Omega_x)\to\mathscr{D}'(\Omega_y)$ 的线性连续算子.

更进一步，A^* 也是一个 Fourier 积分算子. 事实上，由 $\phi(x,y,\theta)$ 是算子位相函数推知，$-\phi(y,x,\theta)$ 也是算子位相函数，由 $a(x,y,\theta)\in S^m_{\rho,\delta}(\Omega_x\times\Omega_y\times\mathbf{R}_N)$ 推知，$\overline{a(y,x,\theta)}\in S^m_{\rho,\delta}(\Omega_y\times\Omega_x\times\mathbf{R}_N)$，从而 K_{A^*} 是一个 Fourier 分布.

二、Fourier 积分算子的复合

现在讨论两个 Fourier 积分算子可复合，且复合后仍系 Fourier 积分算子的条件. 为此，先介绍横截的概念.

定义 2.1 若 R_1 与 R_2 是线性空间 R 的两个子空间，其线性和 R_1+R_2 的维数达到极大，则称 R_1 与 R_2 横截. 记为 $R_1 \pitchfork R_2$.

上述定义中所谓 R_1+R_2 的维数达到极大是指：当 $\dim R_1+\dim R_2<\dim R$ 时，$\dim(R_1+R_2)=\dim R_1+\dim R_2$；当 $\dim R_1+\dim R_2\geqslant\dim R$ 时，$R=R_1+R_2$，从而 $\dim R=\dim R_1+\dim R_2-\dim(R_1\cap R_2)$.

定义 2.2 设在一微分流形中，P 为两微分子流形 M_1，M_2 的公共点，若在 P 点的两个切空间 T_PM_1 与 T_PM_2 横截，则称 M_1 与 M_2 在 P 点横截.

［例 1］ 设 S_1: $f(x,y,z)=0$ 与 S_2: $g(x,y,z)=0$ 为 R^3 中两曲面，它们有公共点 P，则当矩阵 $\begin{pmatrix} f_x, & f_y, & f_z \\ g_x, & g_y, & g_z \end{pmatrix}$ 在 P 点之秩为 2 时，其切平面联合张成三维空间；按定义 2.2，S_1 与 S_2 在 P 点横截.

定理 2.1 设 Ω_x，Ω_y，Ω_z 分别是 $\mathbf{R}^{n_x}$，$\mathbf{R}^{n_y}$，$\mathbf{R}^{n_z}$ 中的开集，A_i 是由非退化算子位相函数 ϕ_i 及振幅 a_i 所确定的 Fourier 积分算子 $(i=1,2)$

$$(A_1u)(x)=\int e^{i\phi_1(x,y,\theta)}a_1(x,y,\theta)u(y)dyd\theta$$

$$(A_2v)(y)=\int e^{i\phi_2(x,y,\theta)}a_2(y,z,\sigma)v(z)dzd\sigma$$

$$a_1\in S_\rho^{\mu_1}(\Omega_x\times\Omega_y\times\mathbf{R}_{N_1}),\ a_2\in S_\rho^{\mu_2}(\Omega_y\times\Omega_z\times\mathbf{R}_{N_2}),\quad \rho>\frac{1}{2}$$

如果 A_1，A_2 中至少有一个是恰当支的（振幅 a 为恰当支时，称对应的 Fourier 积分算子为恰当支的），而位相函数 ϕ_1，ϕ_2 满足条件

$$(\Lambda'_{\phi_1}\times\Lambda'_{\phi_2}) \text{ 与 } (T^*(\Omega_x)\times \operatorname{diag}(T^*(\Omega_y))\times T^*(\Omega_z)) \text{ 在每一交点处横截} \tag{2.4}$$

则可定义 A_1 与 A_2 的复合 $A_1\circ A_2$，它是 $C_c^\infty(\Omega_z)$ 到 $C^\infty(\Omega_x)$ 的 Fourier 积分算子，位相 ϕ 是定义于 $\Omega_x\times\Omega_z\times\mathbf{R}_N\backslash\{0\}$ 上非退化算子位相函数 $(N=N_1+N_2+n_y)$，而振幅 $a\in S_\rho^{\mu_1+\mu_2-n_y}(\Omega_x\times\Omega_z\times\mathbf{R}_N)$，且

$$\Lambda'_\phi=\Lambda'_{\phi_1}\circ\Lambda'_{\phi_2} \tag{2.5}$$

证．此处 A_1 与 A_2 的复合是以其分布核在第二章关于分布复

合的意义下进行复合来定义的．所以我们需验证第二章定理 2.6 的条件．以下为书写简便起见，A_1，A_2 的分布核仍用 A_1，A_2 表示．

第二章中条件 (2.34) 是满足的，这是因为，若 ϕ_1 为算子位相函数，ϕ_{1x} 与 $\phi_{1\theta}$ 就不会同时为零，从而 $\Lambda_{\phi_1}=\{(x,y;\phi_{1x},\phi_{1y});\phi_{1\theta}=0\}$ 中不含 $(x,y;0,\eta)$ 型的点．故 $WF(A_1)$也是如此，于是 $WF_y(A_1)=\varnothing$，同理 $WF_y(A_2)=\varnothing$．

由于 A_1,A_2 中至少有一个是恰当支的，映射 $\pi:\Omega_x\times\Omega_y\times\Omega_z\to\Omega_x\times\Omega_z,(x,y,z)\longmapsto(x,z)$ 在 $(\mathrm{supp}A_1\times\Omega_z)\cap(\Omega_x\times\mathrm{supp}\,A_2)$ 上的限制是恰当映射．事实上，不妨设 A_1 是恰当支的，令 K 是 $\Omega_x\times\Omega_z$ 中的紧集，$\pi^{-1}K\cap(\mathrm{supp}\,A_1\times\Omega_z)\subset\pi_xK\times\pi_y(\mathrm{supp}A_1)\times\pi_z(K)$，此处 π_x,π_y,π_z 分别表示到 $\mathbf{R}^{n_x}$，$\mathbf{R}^{n_y}$，$\mathbf{R}^{n_z}$ 上的投影算子．于是 $\pi^{-1}K$ 局限于 $(\mathrm{supp}\,A_1\times\Omega_z)\times(\Omega_x\times\mathrm{supp}\,A_2)$ 上是紧的，此即所需要的．

从而按第二章定理 2.6，A_1，A_2 可以复合．以下要证明算子 $A_1\circ A_2$ 仍是一个 Fourier 积分算子．

若 $a_1(x,y,\theta)$ 及 $a_2(y,z,\sigma)$ 分别对 θ 及 σ 有紧支集，则对 $u(x,z)\in C_c^\infty(\Omega_x\times\Omega_z)$，易得

$$\langle A_1\circ A_2,u\rangle=\int e^{i(\phi_1(x,y,\theta)+\phi_2(y,z,\sigma))}a_1(x,y,\theta)a_2(y,z,\sigma)\times u(x,z)dxdydzd\theta d\sigma \tag{2.6}$$

由于 a_1，a_2 中至少有一个是恰当支的，故当 $u\in C_c^\infty(\Omega_x\times\Omega_z)$ 时，y 也仅在紧集中变化，从而 $A_1\circ A_2$ 的分布核是

$$\int e^{i(\phi_1(x,y,\theta)+\phi_2(y,z,\sigma))}a_1(x,y,\theta)a_2(y,z,\sigma)dyd\theta d\sigma \tag{2.7}$$

一般地，若 $a_1(x,y,z)$ 及 $a_2(y,z,\sigma)$ 并非关于 θ，σ 有紧支集，我们可利用第一章定理 3.1 中的处理方法来定义 $A_1\circ A_2$．此时应说明 (2.6) 右端仍然表示一个 Fourier 积分算子，且重点在于对位相函数的分析．由 (2.7) 的启发，我们应当将变量 y，θ，σ 均考虑为位相变量，将 $\phi_1+\phi_2$ 考虑为位相函数．但由于位相函数要求关

于位相变量是正齐一次的，所以实际上将用 $\tilde{y}=y(|\theta|^2+|\sigma|^2)^{1/2}$，$\theta$，$\sigma$ 作为位相变量.

由 ϕ_1，ϕ_2 的表示式知，

$$(\phi_1+\phi_2)_x=\phi_{1x}, \qquad (\phi_1+\phi_2)_z=\phi_{2z}$$
$$(\phi_1+\phi_2)_\theta=\phi_{1\theta}, \qquad (\phi_1+\phi_2)_\sigma=\phi_{2\sigma}$$

注意到 ϕ_1，ϕ_2 为算子位相函数，则 ϕ_{1x}，$\phi_{1\theta}$ 不能同时为零，$\phi_{2\sigma}$，ϕ_{2z} 也不能同时为零，所以 $\phi_1+\phi_2$ 关于 (x, y, θ, σ) 无临界点. 关于 (y, z, θ, σ) 也无临界点，并且 $\nabla_{(y,\theta)}\phi_1\neq 0$，$\nabla_{(y,\sigma)}\phi_2\neq 0$，而由 $\phi_{2y}(y,\sigma)$ 关于 σ 的正齐一次性可知当 σ 充分小时 ϕ_{2y} 也充分小. 于是当 σ 充分小时，$\nabla_{(y,\theta)}(\phi_1+\phi_2)\neq 0$. 同理，当 θ 充分小时，$\nabla_{(y,\sigma)}(\phi_1+\phi_2)\neq 0$，这就表示存在 $\varepsilon>0$，使在 $|(\theta,\sigma)|=(|\theta|^2+|\sigma|^2)^{1/2}=1$ 上，在 $|\sigma|\leqslant\varepsilon|\theta|$ 部分有 $\nabla_{(y,\theta)}(\phi_1+\phi_2)\neq 0$，而在 $|\theta|\leqslant\varepsilon|\sigma|$ 部分有 $\nabla_{(y,\sigma)}(\phi_1+\phi_2)\neq 0$（见图 2.1）.

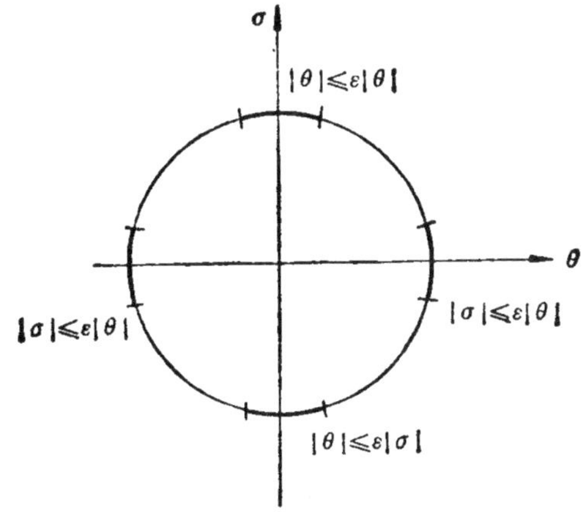

图 2.1

于是作关于 (θ,σ) 为正齐零次 C^∞ 函数 $\chi_i(\theta, \sigma)$，$i=1, 2$，使得在 $|(\theta, \sigma)|=1$ 上满足

$$\chi_1=\begin{cases}1 & |\sigma|\leqslant\dfrac{\varepsilon}{2}|\theta| \\ 0 & |\sigma|>\varepsilon|\theta|\end{cases}$$

$$\chi_2=\begin{cases}1 & |\theta|\leqslant\frac{\varepsilon}{2}|\sigma| \\ 0 & |\theta|>\varepsilon|\sigma|\end{cases}$$

这样，积分(2.6)可分解成三部分

$$\begin{aligned}\langle A_1\circ A_2,u\rangle=&\int e^{i(\phi_1(x,y,\theta)+\phi_2(y,z,\sigma))}\chi_1(\theta,\sigma)a_1(x,y,\theta)\\&\times a_2(y,z,\sigma)u(x,z)dxdzdyd\theta d\sigma\\&+\int e^{i(\phi_1+\phi_2)}\chi_2a_1a_2udxdzdyd\theta d\sigma\\&+\int e^{i(\phi_1+\phi_2)}(1-\chi_1-\chi_2)a_1a_2udxdzdyd\theta d\sigma\\=&I_1+I_2+I_3\end{aligned}\tag{2.8}$$

对 I_1 的核

$$\int e^{i(\phi_1(x,y,\theta)+\phi_2(y,z,\sigma))}\chi_1(\theta,\sigma)\times a_1(x,y,\theta)a_2(y,z,\sigma)dyd\theta d\sigma$$

利用对 y, θ, σ 分部积分技术，由 $a_i\in S_{\rho}^{\mu_i}$ 之估计式，可知它是 (x,z) 的光滑函数，同样 I_2 的核也是 (x, z) 的 C^∞ 函数，因此对应于这些核的算子是光滑算子.

对于 I_3，由于在 $\operatorname{supp}((1-\chi_1-\chi_2)a_1a_2u)$ 上，

$$|\sigma|>\frac{\varepsilon}{2}|\theta| \text{ 且 } |\theta|>\frac{\varepsilon}{2}|\sigma|$$

故有

$$\frac{2}{\varepsilon}|\sigma|>|\theta|>\frac{\varepsilon}{2}|\sigma|\tag{2.9}$$

令 $\tilde{y}=y|(\theta,\sigma)|$，由 (2.9)，$|(\theta,\sigma)|\neq 0$，故有

$$\begin{aligned}I_3=&\int e^{i\left(\phi_1\left(x,\frac{\tilde{y}}{|(\theta,\sigma)|},\theta\right)+\phi_2\left(\frac{\tilde{y}}{|(\theta,\sigma)|},z,\sigma\right)\right)}(1-\chi_1-\chi_2)\\&\times a_1\left(x,\frac{\tilde{y}}{|(\theta,\sigma)|},\theta\right)a_2\left(\frac{\tilde{y}}{|(\theta,\sigma)|},z,\sigma\right)|(\theta,\sigma)|^{-n_y}\\&\times u(x,z)dxdzd\tilde{y}d\theta d\sigma\end{aligned}$$

再定义

$$\phi(x,z,\tilde{y},\theta,\sigma)=\phi_1\left(x,\frac{\tilde{y}}{|(\theta,\sigma)|},\theta\right)$$

$$+\ \phi_2\left(\frac{\tilde{y}}{|(\theta,\sigma)|},z,\sigma\right) \qquad (2.10)$$

$$a(x,z,\tilde{y},\theta,\sigma)=(1-\chi_1-\chi_2)a_1\left(x,\frac{\tilde{y}}{|(\theta,\sigma)|},\theta\right)$$

$$\times\ a_2\left(\frac{\tilde{y}}{|(\theta,\sigma)|},z,\sigma\right)|(\theta,\sigma)|^{-n_y} \qquad (2.11)$$

则

$$I_3=\int e^{i\phi(x,z,\tilde{y},\theta,\sigma)}a(x,z;\tilde{y},\theta,\sigma)u(x,z)dxdzd\tilde{y}d\theta d\sigma \quad (2.12)$$

现在即可说明(2.12)右边是一个 Fourier 分布.

首先,由(2.9),当 $|\theta|\to\infty$ (从而 $|\sigma|\to\infty$) 时, $(1+|\theta|)^l$, $(1+|\sigma|)^l$ 与 $(1+|\theta|+|\sigma|)^l$ 是等价的,其中 $l\in\mathbf{R}$,因而 $a\in S^{\mu}_{\rho}(\Omega_x\times\Omega_z\times\mathbf{R}_N)$,其中

$$\mu=\mu_1+\mu_2-n_y,\quad N=N_1+N_2+n_y$$

其次,由(2.10)定义的 ϕ 是一个以 $\tilde{y},\theta,\sigma$ 为位相变量的位相函数,且 $\Lambda'_\phi=\Lambda'_{\phi_1}\circ\Lambda'_{\phi_2}$. 事实上:

(1) 因为 ϕ_1, ϕ_2 分别关于 θ,σ 为正齐一次的,且

$$\frac{t\tilde{y}}{|(t\theta,t\sigma)|}=\frac{\tilde{y}}{|(\theta,\sigma)|}$$

故 $\phi(x,z;\tilde{y},\theta,\sigma)$ 关于 $\tilde{y},\theta,\sigma$ 也是正齐一次的.

(2) 若 $\phi_\theta=\phi_\sigma=\phi_{\tilde{y}}=0$,则由

$$\phi_{\tilde{y}}=\frac{\phi_{1y}+\phi_{2y}}{|(\theta,\sigma)|}$$

知 $\phi_{1y}+\phi_{2y}=0$. 又由 $\phi_\theta=\phi_{1\theta}+(\phi_{1y}+\phi_{2y})(|(\theta,\sigma)|^{-1})_\theta$, $\phi_\sigma=\phi_{2\sigma}+(\phi_{1y}+\phi_{2y})(|(\theta,\sigma)|^{-1})_\sigma$,知 $\phi_{1\theta}=\phi_{2\sigma}=0$. 注意到 ϕ_1, ϕ_2 本身是算子位相函数,所以 $\phi_{1x}\neq0$, $\phi_{2z}\neq0$,因而 $\nabla_{(x,\tilde{y},\theta,\sigma)}\phi\neq0$, $\nabla_{(z,\tilde{y},\theta,\sigma)}\phi\neq0$,即 ϕ 是一个算子位相函数.

(3) 由上知

$$\Lambda_\phi=\{(x,z;\phi_x,\phi_z);\phi_\theta=0,\phi_\sigma=0,\phi_{\tilde{y}}=0\}$$

$$= \{(x,z;\phi_{1x},\phi_{2z});\phi_{1\theta}=0,\phi_{2\sigma}=0,\phi_{1y}+\phi_{2y}=0\}$$
$$= \Lambda'_{\phi_1}\circ\Lambda_{\phi_2}$$

故得(2.5)。

进而，我们可证明由(2.10)所定义的位相函数 $\phi(x,z;\tilde{y},\theta,\sigma)$ 还是一个非退化的位相函数．从而由第二章定理 4.1，Λ_ϕ 即 $\Lambda'_{\phi_1}\circ\Lambda_{\phi_2}$ 是 $T^*(\Omega_x\times\Omega_z)\backslash\{0\}$ 中一个 n_x+n_z 维浸入子流形．

为此，要在 $\nabla_{(\tilde{y},\theta,\sigma)}\phi=0$ 上证明 $\nabla_{(x,z,\tilde{y},\theta,\sigma)}(\nabla_{(\tilde{y},\theta,\sigma)}\phi)$ 线性无关．这又只要证明当 $\nabla_{(y,\theta,\sigma)}(\phi_1+\phi_2)=0$ 时 $\nabla_{(x,z,y,\theta,\sigma)}[\nabla_{(y,\theta,\sigma)}(\phi_1+\phi_2)]$ 线性无关就可以了．事实上，对于任一可微函数 $\psi(x,\eta)$，作满秩变换 $\eta\longmapsto\eta'$．在此变换下 $\psi(x,\eta)\longmapsto\psi(x,\eta')$，从而

$$\frac{\partial\psi}{\partial\eta'}=\frac{\partial\psi}{\partial\eta}\cdot\frac{\partial\eta}{\partial\eta'}$$
$$\frac{\partial}{\partial x}\left(\frac{\partial\psi}{\partial\eta'}\right)=\frac{\partial\eta}{\partial\eta'}\frac{\partial}{\partial x}\left(\frac{\partial\psi}{\partial\eta}\right)$$
$$\frac{\partial}{\partial\eta'}\left(\frac{\partial\psi}{\partial\eta'}\right)=\left(\frac{\partial\eta}{\partial\eta'}\right)^2\frac{\partial^2\psi}{\partial\eta^2}+\frac{\partial}{\partial\eta'}\left(\frac{\partial\eta}{\partial\eta'}\right)\frac{\partial\psi}{\partial\eta}$$

显然

$$\frac{\partial\psi}{\partial\eta}=0 \text{ 与 } \frac{\partial\psi}{\partial\eta'}=0$$

是同时成立的．又此时有

$$\frac{\partial}{\partial x}\left(\frac{\partial\psi}{\partial\eta'}\right)=\frac{\partial\eta}{\partial\eta'}\frac{\partial}{\partial x}\left(\frac{\partial\psi}{\partial\eta}\right)$$
$$\frac{\partial}{\partial\eta'}\left(\frac{\partial\psi}{\partial\eta'}\right)=\left(\frac{\partial\eta}{\partial\eta'}\right)^2\frac{\partial}{\partial\eta}\left(\frac{\partial\psi}{\partial\eta}\right)$$

由 $\frac{\partial\eta}{\partial\eta'}$ 满秩可知在 $\frac{\partial\psi}{\partial\eta}=0$ 时，$\nabla_{(x,\eta')}\left(\frac{\partial\psi}{\partial\eta'}\right)$ 与 $\nabla_{(x,\eta)}\left(\frac{\partial\psi}{\partial\eta}\right)$ 同时线性无关．若把上述一般性的考察应用到我们的具体问题，取 η 相应于 (y,θ,σ)，η' 相应于 $(\tilde{y},\theta,\sigma)$，问题就归结为证明在 $\nabla_{(y,\theta,\sigma)}(\phi_1+\phi_2)=0$ 时 $\nabla_{(x,z,y,\theta,\sigma)}[\nabla_{(y,\theta,\sigma)}(\phi_1+\phi_2)]$ 线性无关．这时要用到横截条件(2.4)，

记

$$E=T(\Lambda'_{\phi_1}\times\Lambda'_{\phi_2})\cap T(T^*(\Omega_x)\times(\mathrm{diag}T^*(\Omega_y))\times T^*(\Omega_z)) \quad (2.13)$$

$$T(\Lambda'_{\phi_1})=\{(\delta x,\delta y;\nabla_{(x,y,\theta)}(\phi_{1x})\cdot u,-\nabla_{(x,y,\theta)}(\phi_{1y})\cdot u);$$
$$u=(\delta x,\delta y,\delta\theta),\nabla_{(x,y,\theta)}(\phi_{1\theta})\cdot u=0\}$$

$$T(\Lambda'_{\phi_2})=\{(\delta y',\delta z;\nabla_{(y,z,\sigma)}(\phi_{2y})\cdot v,-\nabla_{(y,z,\sigma)}(\phi_{2z})\cdot v);$$
$$v=(\delta y',\delta z,\delta\sigma),\nabla_{(y,z,\sigma)}(\phi_{2\sigma})\cdot v=0\}$$

$$T(\Lambda'_{\phi_1}\times\Lambda'_{\phi_2})=T(\Lambda'_{\phi_1})\times T(\Lambda'_{\phi_2})$$

$$T(T^*(\Omega_x)\times(\mathrm{diag}T^*(\Omega_y))\times T^*(\Omega_z))$$
$$=\{(\delta x'',\delta y'',\delta y'',\delta z'';\delta\xi,\delta\eta,\delta\eta,\delta\zeta)\}$$

所以

$$E=\{(\delta x,\delta y,\delta y,\delta z;\nabla_{(x,y,\theta)}(\phi_{1x})\cdot u,-\nabla_{(x,y,\theta)}(\phi_{1y})\cdot u,$$
$$\nabla_{(y,z,\sigma)}(\phi_{2y})\cdot v,-\nabla_{(y,z,\sigma)}(\phi_{2z})\cdot v);u=(\delta x,\delta y,\delta\theta)$$
$$v=(\delta y,\delta z,\delta\sigma),\nabla_{(x,y,\theta)}(\phi_{1\theta})\cdot u=0$$
$$\nabla_{(y,z,\sigma)}(\phi_{2\sigma})\cdot v=0,-\nabla_{(x,y,\theta)}(\phi_{1y})\cdot u$$
$$=\nabla_{(y,z,\sigma)}(\phi_{2y})v\}$$

记 $w=(\delta x,\delta z,\delta y,\delta\theta,\delta\sigma)$，则上式中三个条件可改写为

$$\nabla_{(x,z,y,\theta,\sigma)}[(\phi_1+\phi_2)_\theta]\cdot w=0$$
$$\nabla_{(x,z,y,\theta,\sigma)}[(\phi_1+\phi_2)_\sigma]\cdot w=0$$
$$\nabla_{(x,z,y,\theta,\sigma)}[(\phi_1+\phi_2)_y]\cdot w=0$$

合并后即得

$$\nabla_{(x,z,y,\theta,\sigma)}[\nabla_{(y,\theta,\sigma)}(\phi_1+\phi_2)]\cdot w=0$$

从而

$$\dim E=\dim\{\ker[\nabla_{(x,z,y,\theta,\sigma)}(\nabla_{(y,\theta,\sigma)}(\phi_1+\phi_2)]\} \quad (2.14)$$

另一方面，定理中条件 (2.4) 表示

$$\dim[T^*(\Omega_x)\times T^*(\Omega_y)\times T^*(\Omega_y)\times T^*(\Omega_z)]$$
$$=\dim(\Lambda'_{\phi_1}\times\Lambda'_{\phi_2})+\dim[T^*(\Omega_x)\times(\mathrm{diag}\,T^*(\Omega_y))$$
$$\times T^*(\Omega_z)]-\dim E \quad (2.15)$$

(2.15) 左面 $=2n_x+2n_y+2n_y+2n_z$

$=2(n_x+2n_y+n_z)$

(2.15) 右面第一项 $=(n_x+n_y)+(n_y+n_z)$

$$= n_x + 2n_y + n_z$$

(2.15) 右面第二项 $= 2n_x + 2n_y + 2n_z$

所以 $\dim E = n_x + n_z$，即

$$\dim\{\ker[\nabla_{(x,z,y,\theta,\sigma)}(\nabla_{(y,\theta,\sigma)}(\phi_1 + \phi_2))]\} = n_x + n_z$$

或写成

$$n_x + n_y + n_z + N_1 + N_2 - \operatorname{rank}[\nabla_{(x,z,y,\theta,\sigma)}(\nabla_{(y,\theta,\sigma)}(\phi_1 + \phi_2))]$$
$$= n_x + n_z$$

此处 rank 表示矩阵之秩．于是有

$$\operatorname{rank}[\nabla_{(x,z,y,\theta,\sigma)}(\nabla_{(y,\theta,\sigma)}(\phi_1 + \phi_2))] = n_y + N_1 + N_2$$

所以 $\nabla_{(x,z,y,\theta,\sigma)}[\nabla_{(y,\theta,\sigma)}(\phi_1 + \phi_2)]$ 线性无关，从而 ϕ 是非退化的位相函数．定理证毕．

[例 2] 设 A_1 是具有位相函数 $\phi_1 = \langle x - y, \theta\rangle$ 与 $S_\rho^{\mu_1}$ 振幅函数的拟微分算子，A_2 是具有非退化算子的位相函数 $\phi(y,z,\sigma)$ 与 $S_\rho^{\mu_2}$ 振幅函数的 Fourier 积分算子，$\rho > \frac{1}{2}$，A_1，A_2 中至少有一个是恰当支的，则按定理 2.1 的意义 A_1，A_2 可复合，复合后所得的 Fourier 积分算子 $A_1 \circ A_2$ 仍具有 Lagrange 流形 Λ_ϕ．

事实上，只需验证条件 (2.4) 满足．由于 $\Lambda'_{\phi_1} \times \Lambda'_\phi$ 中的元素可以写成

$$\{(x,y,\tilde{y},\tilde{z};\theta,\theta,\phi_{\tilde{y}},-\phi_{\tilde{z}});\ x = y,\ \phi_\sigma = 0\}$$
$$= \{(x,x,\tilde{y},\tilde{z},\theta,\theta,\phi_{\tilde{y}},-\phi_{\tilde{z}});\ \phi_\sigma = 0\}$$

所以其切空间元素为

$$\{(\delta x,\delta x,\delta\tilde{y},\delta\tilde{z};\delta\theta,\delta\theta,\phi_{\tilde{y}\tilde{y}}\delta\tilde{y} + \phi_{\tilde{y}\tilde{z}}\delta\tilde{z} + \phi_{\tilde{y}\sigma}\delta\sigma,$$
$$-\phi_{\tilde{z}\tilde{y}}\delta\tilde{y} - \phi_{\tilde{z}\tilde{z}}\delta\tilde{z} - \phi_{\tilde{z}\sigma}\delta\sigma);\phi_{\sigma\tilde{y}}\delta\tilde{y} + \phi_{\sigma\tilde{z}}\delta\tilde{z}$$
$$+ \phi_{\sigma\sigma}\delta\sigma = 0\}$$

记 $\Delta = T^*(\Omega_x) \times \operatorname{diag}T^*(\Omega_y) \times T^*(\Omega_z)$，$\Delta$ 的切空间的元素为

$$\{(\delta_1 x,\delta_1 y,\delta_1 y,\delta_1 z;\delta_1\xi,\delta_1\eta,\delta_1\eta,\delta_1\zeta)\}$$

为使 $T(\Delta)$ 与 $T(\Lambda'_{\phi_1} \times \Lambda'_\phi)$ 横截，需要这两个线性空间的线性和充满 $T(T^*(\Omega_x) \times T^*(\Omega_y) \times T^*(\Omega_y) \times T^*(\Omega_z))$．再注意到 $T(\Delta)$中 $\delta_1 x$，$\delta_1 z$，$\delta_1\xi$，$\delta_1\zeta$ 可以任意选取，故只需对 $T^*(\Omega_y) \times$

$T^*(\Omega_y)$ 中任意的向量 $(a,b;c,d)$，下列方程组关于 $\delta x,\delta\tilde{y},\delta\tilde{z}$, $\delta\theta,\delta\sigma,\delta_1 y,\delta_1\eta$ 有解

$$\begin{cases} \delta_1 y + \delta x = a \\ \delta_1\eta + \delta\theta = c \\ \delta_1 v + \delta\tilde{y} = b \\ \delta_1\eta + \phi_{\tilde{y}\tilde{y}}\delta\tilde{y} + \phi_{\tilde{y}\tilde{z}}\delta\tilde{z} + \phi_{\tilde{y}\sigma}\delta\sigma = d \\ \phi_{\sigma\tilde{y}}\delta\tilde{y} + \phi_{\sigma\tilde{z}}\delta\tilde{z} + \phi_{\sigma\sigma}\delta\sigma = 0 \end{cases}$$

于是，我们得知条件 (2.4) 满足. 故 $A_1\circ A_2$ 有意义，而且由于 Λ'_{ϕ_1} 为 $T^*(\Omega_x)\times T^*(\Omega_y)$ 上的对角线（注意 Ω_x 与 Ω_y 的维数相同)，所以 $A_1\circ A_2$ 的 Lagrange 流形即 Λ_ϕ.

注. 由定理 2.1 的证明可知，ϕ_1 及 ϕ_2 仅要求满足 (2.4) 和如下条件的非退化位相函数:

(1) $(x,y;\xi,0)\in\Lambda'_{\phi_1}$,　$(y,z;0,\zeta)\in\Lambda'_{\phi_2}$

(2) 若 $(x,y;\xi,\eta)\in\Lambda'_{\phi_1}$ 和 $(y,z;\eta,\zeta)\in\Lambda'_{\phi_2}$，则 $\xi\neq 0$ 或 $\zeta\neq 0$.

现在考虑 Fourier 积分算子与其共轭算子的复合.类似地可考虑 Fourier 积分算子与其伴随算子的复合. 为此先证如下的引理.

引理 2.1 设 $\phi(x,y,\theta)$ 是非退化的位相函数，任取 Λ_ϕ 上一点 $(x_0,y_0,\phi_x(x_0,y_0,\theta_0),\phi_y(x_0,y_0,\theta_0))$，则在此点于 Λ_ϕ 内的邻域中，投影映射 $P:\ \Lambda_\phi\to T^*(\Omega_x)$ 是局部微分同胚的充要条件是

(1) $n_x = n_y$;

(2) 矩阵 $\begin{pmatrix}\phi_{xy} & \phi_{x\theta}\\ \phi_{\theta y} & \phi_{\theta\theta}\end{pmatrix}$ 在 (x_0,y_0,θ_0) 点满秩.

证. 先证必要性，因为 Λ_ϕ 是 n_x+n_y 维流形，$T^*(\Omega_x)$ 是 $2n_x$ 维流形，故若 Λ_ϕ 与 $T^*(\Omega_x)$ 在该点附近同胚，必有 $n_x+n_y=2n_x$，即 $n_x=n_y$.

又因 $T^{(\phi)}: C_\phi\to\Lambda_\phi$ 是局部微分同胚，故映射 $P\circ T^{(\phi)}: C_\phi\to T^*(\Omega_x)$ 是 (x_0,y_0,θ_0) 于 C_ϕ 上的邻域与 $(x_0,\xi_0)(\xi_0=\phi_x(x_0,\theta_0))$ 于$T^*(\Omega_x)$中邻域之间的一个局部微分同胚，现在此映射 $P\circ T^{(\phi)}$ 是由下面的变换来实现的

$$\{(x,y,\theta);\phi_\theta=0\}\to\{(x,\phi_x);\phi_\theta=0\}$$

这样，(x,ϕ_x) 给出了 C_ϕ 上的局部坐标. 但 C_ϕ 的方程是 $\phi_\theta=0$，故在 (x,y,θ) 空间中可将 ϕ_θ 取为另一个坐标，使得 $(x,y,\theta)\longmapsto(x,\phi_x,\phi_\theta)$ 给出了 (x,y,θ) 空间中 (x_0,y_0,θ_0) 点邻域内的一个坐标变换. 由此应有

$$\frac{\partial(x,\phi_x,\phi_\theta)}{\partial(x,y,\theta)}=\begin{vmatrix} I & 0 & 0 \\ * & \phi_{xy} & \phi_{x\theta} \\ * & \phi_{\theta y} & \phi_{\theta\theta}\end{vmatrix}\neq 0$$

即矩阵 $\begin{pmatrix}\phi_{xy} & \phi_{x\theta}\\ \phi_{\theta y} & \phi_{\theta\theta}\end{pmatrix}$ 满秩.

充分性是显然的. 事实上，若条件 (1)，(2) 成立，则 $(x,y,\theta)\longmapsto(x,\phi_x,\phi_\theta)$ 在该点是局部微分同胚. 因此两边在 $\phi_\theta=0$ 上的限制自然也是同胚，再由 $T^{(\phi)}$ 的局部微分同胚性就可以导出 $\Lambda_\phi\to T^*(\Omega_x)$ 也是局部微分同胚. 引理证毕.

利用上述引理，可得如下定理.

定理 2.2 设 A 为恰当支的 Fourier 积分算子，对应的位相 $\phi(x,y,\theta)$ 是非退化的算子位相函数. 若投影映射 $\Lambda_\phi\to T^*(\Omega_x)$ 是微分同胚映射，则 $A^*\circ A$ 和 $A\circ A^*$ 有意义，且都是拟微分算子.

证. 在这里，我们仅讨论 $A^*\circ A$ 的情形，对 $A\circ A^*$ 的情形可用类似的方法证明.

由定理 2.1，我们仅需验证该定理中横截条件成立.

由 $\phi(x,y,\theta)$ 是 A 的位相函数知 $-\phi(y,x,\theta)$ 是 A^* 的位相函数，故有

$$\Lambda_{\phi^*}=\{(x,y;-\phi_2(y,x,\theta),-\phi_1(y,x,\theta);\phi_\theta(y,x,\theta)=0\}$$
$$\Lambda_\phi=\{(\tilde{y},\tilde{z};\phi_1(\tilde{y},\tilde{z},\tilde{\theta}),\phi_2(\tilde{y},\tilde{z},\tilde{\theta});\phi_{\tilde{\theta}}(\tilde{y},\tilde{z},\tilde{\theta})=0\}$$

此处 ϕ_i 表示 ϕ 对第 i 个变量的导数，$i=1,2$，所以

$$\begin{aligned}T(\Lambda'_{\phi^*}\times\Lambda'_\phi)=\{(&\delta x,\delta y,\delta\tilde{y},\delta\tilde{z};-\phi_{22}\delta x-\phi_{21}\delta y-\phi_{2\theta}\delta\theta,\\ &\phi_{12}\delta x+\phi_{11}\delta y+\phi_{1\theta}\delta\theta,\tilde{\phi}_{11}\delta\tilde{y}+\tilde{\phi}_{12}\delta\tilde{z}+\tilde{\phi}_{1\theta}\delta\theta,\\ &-\tilde{\phi}_{21}\delta\tilde{y}-\tilde{\phi}_{22}\delta\tilde{z}-\tilde{\phi}_{2\theta}\delta\tilde{\theta}),\\ &\phi_{\theta 2}\delta x+\phi_{\theta 1}\delta y+\phi_{\theta\theta}\delta\theta=0,\end{aligned}$$

$$\tilde{\phi}_{\theta 1}\delta\tilde{y} + \tilde{\phi}_{\theta 2}\delta\tilde{z} + \tilde{\phi}_{\theta\theta}\delta\tilde{\theta} = 0\}$$

这里 $\tilde{\phi}$ 表示 $\phi(y,z,\theta)$ 中变量分别用 $\tilde{y}$, $\tilde{z}$, $\tilde{\theta}$ 代入的结果，ϕ_{ij} 及 $\tilde{\phi}_{ij}$ 分别表示 ϕ 及 $\tilde{\phi}$ 对第 i 个和第 j 个变量求导.

另一方面，流形 $T^*(\Omega_x) \times (\mathrm{diag}\, T^*(\Omega_y)) \times T^*(\Omega_z)$ 的切空间 $T(\Delta) = \{(\delta_1 x, \delta_1 y, \delta_1 y, \delta_1 z; \delta_1\xi, \delta_1\eta, \delta_1\eta, \delta_1\zeta)\}$

类似于上面的例 2 的讨论可知，为使 $T(\Delta)$ 与 $T(\Lambda'_{\phi^*} \times \Lambda'_{\phi})$ 横截，只需对 $T^*(\Omega_y) \times T^*(\Omega_y)$ 中任意向量 $(a, b; c, d)$，下列方程组关于 δx, δy, $\delta\theta$, $\delta\tilde{y}$, $\delta\tilde{z}$, $\delta\tilde{\theta}$, $\delta_1 y$, $\delta_1\eta$ 有解

$$\begin{cases} \delta y + \delta_1 y = a \\ \delta\tilde{y} + \delta_1 y = b \\ \phi_{12}\delta x + \phi_{11}\delta y + \phi_{1\theta}\delta\theta + \delta_1\eta = c \\ \tilde{\phi}_{11} d\tilde{y} + \tilde{\phi}_{12}\delta\tilde{z} + \tilde{\phi}_{1\theta}\delta\tilde{\theta} + \delta_1\eta = d \\ \phi_{\theta 2}\delta x + \phi_{\theta 1}\delta y + \phi_{\theta\theta}\delta\theta = 0 \\ \tilde{\phi}_{\theta 1}\delta\tilde{y} + \tilde{\phi}_{\theta 2}\delta\tilde{z} + \tilde{\phi}_{\theta\theta}\delta\tilde{\theta} = 0 \end{cases}$$

此方程组的系数矩阵是

$$\begin{pmatrix} 0 & 1 & 0 & 0 & 0 & 0 & 1 & 0 \\ 0 & 0 & 0 & 1 & 0 & 0 & 1 & 0 \\ \phi_{12} & \phi_{11} & \phi_{1\theta} & 0 & 0 & 0 & 0 & 1 \\ 0 & 0 & 0 & \tilde{\phi}_{11} & \tilde{\phi}_{12} & \tilde{\phi}_{1\theta} & 0 & 1 \\ \phi_{\theta 2} & \phi_{\theta 1} & \phi_{\theta\theta} & 0 & 0 & 0 & 0 & 0 \\ 0 & 0 & 0 & \tilde{\phi}_{\theta 1} & \tilde{\phi}_{\theta 2} & \phi_{\theta\theta} & 0 & 0 \end{pmatrix}$$

我们只需指出此矩阵的秩为最大，即其秩等于它的行数，对此矩阵进行初等变换后，可知其秩等于下面矩阵的秩：

$$\begin{pmatrix} \phi_{\theta 2} & \phi_{\theta 1} & \phi_{\theta\theta} & 0 & 0 & 0 \\ 0 & 1 & 0 & -1 & 0 & 0 \\ \phi_{12} & \phi_{11} & \phi_{1\theta} & -\tilde{\phi}_{11} & -\tilde{\phi}_{12} & -\tilde{\phi}_{1\theta} \\ 0 & 0 & 0 & \tilde{\phi}_{\theta 1} & \tilde{\phi}_{\theta 2} & \tilde{\phi}_{\theta\theta} \end{pmatrix}$$

注意到 ϕ 是非退化的位相函数，因而只要矩阵

$$\begin{pmatrix} \phi_{\theta 2} & \phi_{\theta 1} & \phi_{\theta\theta} \\ 0 & 1 & 0 \\ \phi_{12} & \phi_{11} & \phi_{1\theta} \end{pmatrix}$$

的秩达最大，这也等价于下面的行列式不为零：

$$\begin{vmatrix} \phi_{\theta 2} & \phi_{\theta\theta} \\ \phi_{12} & \phi_{1\theta} \end{vmatrix} \neq 0$$

由引理 2.1，上式成立．因此定理 2.1 中横截条件得证，即复合 $A^*\circ A$ 有意义．

现在再证明 $A^*\circ A$ 是一个拟微分算子．设 $A^*\circ A$ 对应的位相是 Φ．由定理 2.1

$$\Lambda'_\Phi = \Lambda'_{\phi^*}\circ\Lambda'_\phi = \{(x,z;-\phi_2(y,x,\theta),-\phi_2(y,z,\tilde{\theta}));$$
$$\phi_\theta(y,x,\theta) = \phi_{\tilde{\theta}}(y,z,\tilde{\theta}) = 0,$$
$$\phi_1(y,x,\theta) = \phi_1(y,z,\tilde{\theta})\}$$

由引理 2.1 有

$$\begin{vmatrix} \phi_{\theta x}(y,x,\theta) & \phi_{\theta\theta}(y,x,0) \\ \phi_{yx}(y,x,\theta) & \phi_{y\theta}(y,x,\theta) \end{vmatrix} \neq 0$$

因而由 $\phi_\theta(y,x,\theta)=a$，$\phi_y(y,x,\theta)=b$ 组成的映射为 (x,θ) 空间到 (a,b) 空间的微分同胚．所以若取 $\phi_{\tilde{\theta}}(y,z,\tilde{\theta})$，$\phi_y(y,z,\tilde{\theta})$ 为 a，b，考虑方程组

$$\begin{cases} \phi_\theta(y,x,\theta) = \phi_{\tilde{\theta}}(y,z,\tilde{\theta}) \\ \phi_y(y,x,\theta) = \phi_y(y,z,\tilde{\theta}) \end{cases}$$

此非线性方程组只有唯一的解 x，θ，显然此唯一解就是 $x=z$，$\theta=\tilde{\theta}$．由此，记 $\xi = -\phi_2(y,x,\theta) = -\phi_2(y,z,\tilde{\theta})$，有

$$\Lambda'_\Phi = \{(x,\ z;\ \xi,\ \xi)\}$$

于是根据定理 1.3，$A^*\circ A$ 可以表示为一个拟微分算子．定理证毕．

三、复合公式

上面给出了两个 Fourier 积分算子可以进行复合的条件．并且，复合后的算子可以用 (2.6) 来表示．但是正如定理 2.1 证明中所指出的那样，(2.6) 本身并不符合 Fourier 分布的表示形式，从而

在应用上十分不方便，而 (2.12) 虽然具有 Fourier 积分分布的表示形式，应用起来仍然是相当复杂的. 为此，我们现在要对偏微分方程理论中最常见的几种特殊情形简化相应的复合公式，以便于应用. 在偏微分方程理论中，经常出现的 Fourier 积分算子是拟微分算子或位相函数具有形如 $\phi(x,y,\theta)=S(x,\theta)-\langle y,\theta\rangle$ (见第一章 §4 例 2) 的算子. 因此，在下面针对这些算子化简定理 2.1 及定理 2.2 中给出的复合公式.

定理 2.3 设 Ω_x, Ω_y, Ω_z 均为 $\mathbf{R}^n$ 中开集，$\rho>\frac{1}{2}$，又设 A_1 是具振幅 $a_1(x,y,\theta)\in S_\rho^{\mu_1}(\Omega_x\times\Omega_y\times\mathbf{R}_n)$ 的拟微分算子，A_2 是具振幅 $a_2(y,z,\sigma)\in S_\rho^{\mu_2}(\Omega_y\times\Omega_z\times\mathbf{R}_n)$ 及非退化位相函数 $\phi(y,z,\sigma)$ 的 Fourier 积分算子，a_1, a_2 中至少有一个是恰当支的，又存在常数 $C_0>0$，使在 $\Omega_y\times\Omega_z\times\mathbf{R}_n\backslash\{0\}$ 上有不等式

$$|\phi_y(y,z,\sigma)|\geqslant C_0|\sigma| \tag{2.16}$$

成立，则 $A_1\circ A_2$ 可定义为如下形式的 Fourier 积分算子

$$(A_1\circ A_2)u(x)=(2\pi)^{-n}\iint e^{i\phi(x,z,\sigma)}a(x,z,\sigma)u(z)dzd\sigma \tag{2.17}$$

其中 $a(x,z,\sigma)\in S_\rho^{\mu_1+\mu_2}(\Omega_x\times\Omega_z\times\mathbf{R}_n)$，且有如下渐近展开

$$a(x,z,\sigma)\sim(2\pi)^n\sum_\alpha\frac{1}{\alpha!}D_y^\alpha[(\partial_\theta^\alpha a_1(x,y,\theta))$$
$$\times a_2(y,z,\sigma)e^{ih(x,y,z,\sigma)}]_{y=x,\theta=\phi_x(x,z,\sigma)} \tag{2.18}$$

而 (2.18) 中

$$h(x,y,z,\sigma)=\phi(y,z,\sigma)-\phi(x,z,\sigma)$$
$$-(y-x)\phi_x(x,z,\sigma) \tag{2.19}$$

证. 由条件 2.16，按定理 2.1 的注和那里的例 2 知 $A_1\circ A_2$ 是一个 Fourier 积分算子，本定理的要点在于当条件 (2.16) 满足时可得 $A_1\circ A_2$ 的简单表示式 (2.17). 在以下的证明中，我们将多次利用截断函数，从所考察的积分中分划出光滑算子，而寻求剩余部分的振幅的表示式. 至于已被分划出的光滑算子，由第一章 §4 的例 3 可知，它们能写成具任意位相函数，并且振幅为 $S^{-\infty}$ 类函数的 Fourier 积分算子，从而不影响定理结论. 以下记 $\psi(\omega)$ 为

一 C_c^∞ 函数,它在 $|\omega|\geqslant 1$ 时恒为零,而在 $|\omega|\leqslant \frac{1}{2}$ 时恒等于 1.

设 $K_1\subset\Omega_x$, $K_2\subset\Omega_y$ 均是紧子集,因为 A_1 或 A_2 是恰当支的,故 $\{(x,y,z);x\in K_1,z\in K_2,(x,y)\in \operatorname{supp} A_1,(y,z)\in \operatorname{supp} A_2\}$ 是紧集,将 $A_1\circ A_2$ 表示为

$$
\begin{aligned}
(A_1\circ A_2)u(x) &= (2\pi)^{-n}\int e^{i\langle x-y,\theta\rangle}a_1(x,y,\theta) \\
&\quad \times\left[\int e^{i\phi(y,z,\sigma)}a_2(y,z,\sigma)u(z)dzd\sigma\right]dyd\theta \\
&= (2\pi)^{-n}\int e^{i(\langle x-y,\theta\rangle+\phi(y,z,\sigma))}a_1(x,y,\theta) \\
&\quad \times a_2(y,z,\sigma)u(z)dzd\sigma dyd\theta \qquad (2.20)
\end{aligned}
$$

右端关于 y 的积分区域是紧的,从而关于变量 y 可利用分部积分技巧,整个积分按振荡积分意义存在.

取

$$
C_1=\sup\frac{|\phi_{yy}(y,z,\sigma)|}{|\sigma|},\quad \varepsilon=\frac{C_0}{8C_1}
$$

1. 用 $\psi\left(\frac{x-y}{\varepsilon}\right)$ 将 (2.20) 分解为

$$
(2\pi)^{-n}\int e^{i(\langle x-y,\theta\rangle+\phi(y,z,\sigma))}a_1a_2\psi\left(\frac{x-y}{\varepsilon}\right)udzd\sigma dyd\theta
$$

$$
+(2\pi)^{-n}\int e^{i(\langle x-y,\theta\rangle+\phi(y,z,\sigma))}a_1a_2\left(1-\psi\left(\frac{x-y}{\varepsilon}\right)\right)udzd\sigma dyd\theta
$$

对于后一项积分,可以先借助

$$
\begin{aligned}
L_1 = \frac{-i(1-\psi(\sigma))}{|\nabla_y\phi|^2+|\sigma|^2|\nabla_\sigma\phi|^2}&\left[\sum_{j=1}^n\phi_y\frac{\partial}{\partial y_i}\right. \\
&\left.+|\sigma|^2\sum_{j=1}^n\phi_{\sigma_j}\frac{\partial}{\partial\sigma_j}\right]+\psi(\sigma)
\end{aligned}
$$

再借助

$$
L_2=\frac{-i}{|x-y|^2}\sum_{j=1}^n(x_j-y_j)\frac{\partial}{\partial\theta_j}
$$

并利用分部积分技巧进行化约，从而可以将它写成为

$$\int K(x,z)u(z)dz$$

的形式，其中 $K(x,z)\in C^\infty(\Omega_x\times\Omega_z)$，故由它所表示的算子是光滑算子，在我们计算 $A_1\circ A_2$ 时不予考虑，于是下面我们不妨假定 (2.20) 中 a_1 的支集就在 $|x-y|\leqslant\varepsilon$ 中，在此假定下，将 (2.20) 改写成

$$(A_1\circ A_2)u(x)=(2\pi)^{-n}\int e^{i\phi(x,z,\sigma)}\Big[e^{i\phi(x,z,\sigma)}\int e^{i\langle x-y,\theta\rangle}a_1(x,y,\theta)\times e^{i\phi(y,z,\sigma)}a_2(y,z,\sigma)\,dyd\theta\Big]u(z)dzd\sigma$$

令

$$a(x,z,\sigma)=\int e^{i(\langle x-y,\theta\rangle+\phi(y,z,\sigma)-\phi(x,z,\sigma))}a_1(x,y,\theta)\times a_2(y,z,\sigma)dyd\theta\tag{2.21}$$

即得 (2.17) 的表示形式，今需计算 (2.21)

2. 用 $\psi\left(\dfrac{2(\theta-\phi_1(x,z,\sigma))}{C_0|\sigma|}\right)$ 对上式进行分解，式中 ϕ_1 表示 ϕ 对其第一个变量的导数. 我们要指出

$$I_3=\int e^{i(\langle x-y,\theta\rangle+\phi(y,z,\sigma)-\phi(x,z,\sigma))}a_1a_2(1-\psi)dyd\theta$$

是一个 C^∞ 函数. 为此，引入变量替换

$$y_1=y-x,\quad \theta_1=\theta-\int_\theta^1\phi_1(y+t(x-y),z,\sigma)dt\tag{2.22}$$

由 $\dfrac{\partial(y_1,\theta_1)}{\partial(y,\theta)}=1$，这是一个满秩变换，在此变换下，

$$\langle x-y,\theta\rangle+\phi(y,z,\sigma)-\phi(x,z,\sigma)=\langle x-y,\theta_1\rangle=-\langle y_1,\theta_1\rangle$$

$$I_3=\int e^{-i\langle y_1,\theta_1\rangle}a_1a_2(1-\psi)dy_1d\theta_1\tag{2.23}$$

由于截断函数 ψ 的影响，在积分 I_3 中可以认为

$$\frac{2(\theta-\phi_1(x,z,\sigma))}{C_0|\sigma|}\geqslant\frac{1}{2}$$

于是

$$|\theta - \phi_1(x,z,\sigma)| \geqslant \frac{C_0}{4}|\sigma|$$

$$|\theta_1| \geqslant |\theta - \phi_1(x,z,\sigma)| - \int_0^1 |\phi_1(x,z,\sigma)$$

$$- \phi_1(y + t(x-y),z,\sigma)|\,dt$$

$$\geqslant \frac{C_0}{4}|\sigma| - |x-y|\int_0^1 (1-t)|\phi_{11}|\,dt$$

$$\geqslant \frac{C_0}{4}|\sigma| - \varepsilon \cdot \sup(|\phi_{11}|/|\sigma|)|\sigma|$$

$$\geqslant \frac{C_0}{8}|\sigma|$$

所以对 I_3 可以借助于算子

$$L_3 = \frac{i}{|\theta_1|^2}\sum_{j=1}^{n}\theta_{1j}\frac{\partial}{\partial y_{1j}}$$

以及分部积分技巧将它化成

$$\int e^{-i\langle y_1,\theta_1\rangle}({}^tL_3)^k[a_1a_2(1-\phi)]dy_1d\theta_1 \tag{2.24}$$

注意到 $(1-\phi)$ 中不含 y_1 变量，故 L_3 算子只对 a_1，a_2 作用，当它作用于 a_1 时，产生因子 $(1+|\theta_1|)^{1-\rho}$，而作用于 a_2 时，产生因子 $(1+|\sigma|)^{1-\rho}$. 考虑到 L_3 的系数性质，可知每进行一次 ${}^tL_3$ 运算，在估计被积函数增长性时可乘以一因子

$$(1+|\theta_1|)^{-1}(1+|\sigma|+|\theta_1|)^{1-\rho} \tag{2.25}$$

由于在我们所考虑的积分范围内，$|\theta_1| \geqslant \frac{C_0}{8}|\sigma|$，故 $|\theta_1|$ 与 $|\theta_1| + |\sigma|$ 等价. 故 (2.25) 又可估计为

$$C(1+|\theta_1|+|\sigma|)^{-1}(1+|\sigma|+|\theta_1|)^{1-\rho}$$
$$= C(1+|\theta_1|+|\sigma|)^{-\rho}$$

所以当 k 充分大时，不仅积分 (2.24) 收敛，而且其值对任意的 N，可用 $(1+|\sigma|)^{-N}$ 估计. 这说明由 I_3 所引起的对 $A_1 \circ A_2$ 的影响只是一个 C^∞ 算子.

3. 在考虑

$$\int e^{i(\langle x-y,\theta\rangle+\phi(y,z,\sigma)-\phi(x,z,\sigma))}a_1a_2\psi\left(\frac{2(\theta-\phi_1)}{C_0|\sigma|}\right)dy\,d\theta$$

时，再用 $\psi(|x-y||\sigma|^{\frac{1}{2}})$ 对其进行分解，记

$$I_4=\int e^{i\langle x-y,\theta\rangle}a_1a_2\psi\left(\frac{2(\theta-\phi_1(x,z,\sigma))}{C_0|\sigma|}\right)$$
$$\times(1-\psi(|x-y||\sigma|^{\frac{1}{2}}))dy\,d\theta$$

由于在积分范围中，

$$\frac{2|(\theta-\phi_1(x,y,\sigma))|}{C_0|\sigma|}\leqslant 1,\quad |x-y||\sigma|^{\frac{1}{2}}\geqslant\frac{1}{2}$$

所以

$$|x-y|^{-1}\leqslant 2|\sigma|^{\frac{1}{2}}$$
$$|\theta|\leqslant\frac{C_0}{2}|\sigma|+|\phi_1(x,z,\sigma)|$$
$$\leqslant C'|\sigma|$$
$$|\theta|\geqslant|\phi_1(x,z,\sigma)|-|\theta-\phi_1(x,z,\sigma)|$$
$$\geqslant C_0|\sigma|-\frac{C_0}{2}|\sigma|$$
$$=\frac{C_0}{2}|\sigma|$$

从而，对 I_4 又可借助于算子

$$L_4=\frac{-i}{|x-y|^2}\sum_{j=1}^{n}(x_j-y_j)\frac{\partial}{\partial\theta_j}$$

与分部积分技巧说明由它所引起的对 $A_1\circ A_2$ 的影响也只是一个光滑算子.

4. 最终剩下要考察的积分是

$$I_5=\int e^{i(\langle x-y,\theta\rangle+\phi(y,z,\sigma)-\phi(x,z,\sigma))}a_1a_2\psi\left(\frac{2(\theta-\phi_1(x,z,\sigma))}{C_0|\sigma|}\right)$$
$$\times\psi(|x-y||\sigma|^{\frac{1}{2}})dy\,d\theta$$

记

$$h(x,y,z,\sigma)=\phi(y,z,\sigma)-\phi(x,z,\sigma)-(y-x)\phi_1(x,z,\sigma)$$

以及

$$b(x,y,z,\theta,\sigma)=a_1(x,y,\theta)a_2(y,z,\sigma)\psi\left(\frac{2(\theta-\phi_1(x,z,\sigma))}{C_0|\sigma|}\right)$$

$$\times\,\psi(|x-y||\sigma|^{\frac{1}{2}})$$

又可将 I_5 表示为

$$I_5=t^n\int e^{i\langle x-y,\theta-\phi_1(x,z,\sigma)\rangle}e^{ih(x,y,z,\sigma)}b(x,y,z,\theta,\sigma)dyd\theta \quad (2.26)$$

我们要利用稳定位相法给出 $|\sigma|\to\infty$ 时 $I_5(x,z,\sigma)$ 的渐近估计式. 为此,记 σ 为 $t\sigma$, 并在 (2.26) 右端积分中将 θ 替换成 $t\theta$, 就有

$$I_5(x,z,t\sigma)=t^n\int e^{it\langle x-y,\theta-\phi_1(x,z,\sigma)\rangle}e^{ih(x,y,z,t\sigma)}b(x,y,z,t\theta,t\sigma)dyd\theta$$

与第一章的定理 5.2 相比较,该定理中的 a 即 (x,z,σ), 定理中的 x 即 y, 位相 f 即 $\langle x-y,\ \theta-\phi_1(x,z,\sigma)\rangle$, 振幅 g 即 $t^ne^{ih}b$. 于是在 f 的临界点有

$$f_y=-\theta+\phi_1(x,z,\sigma)=0,\quad f_\theta=x-y=0$$

即 $y=x$, $\theta=\phi_1(x,z,\sigma)$. 又二阶矩阵

$$Q=\begin{pmatrix} f_{yy} & f_{y\theta}\\ f_{\theta y} & f_{\theta\theta}\end{pmatrix}=\begin{pmatrix}0 & -1\\ -1 & 0\end{pmatrix}$$

从而 $|\det Q|=1$, $\operatorname{sgn}Q=0$.为应用第一章定理 5.3 及其后的注 2, 我们需验证该章的 (5.10).

若以 $\partial^\alpha_{y,\theta}$ 作用于 $g=e^{ih}b$, 可得

$$\partial^\alpha_{y,\theta}g=\sum_{\alpha'+\alpha''=\alpha}\binom{\alpha}{\alpha'}\partial_y^{\alpha'}(e^{ih})\partial^{\alpha''}_{y,\theta}b$$

对于 $\partial^{\alpha''}_{y,\theta}b(x,y,z,t\theta,t\sigma)$,有 $Ct|\theta|^{m+\delta|\alpha-\alpha'|}$ 型的估计($m=\mu_1+\mu_2$) 从而只需讨论 $\partial_y^{\alpha'}(e^{ih})$ 即可, 为简化记号起见, 以下仍记 α' 为α, 并在不至引起混淆时记 ∂_y 为 ∂, 注意到链式法则

$$\partial^\alpha(e^{ih})=\sum(\partial^{\alpha_1}h)(\partial^{\alpha_2}h)\cdots(\partial^{\alpha_s}h)e^{ih}$$

这里等式右边和式的各项中, $s\leqslant|\alpha|$, $\sum\limits_{l=1}^{s}|\alpha_l|=|\alpha|$, 因而对于 $h(x,y,z,\sigma)$ 的导数有

$$\begin{aligned}|\partial_y h(x,y,z,\sigma)| &= |\phi_1(y,z,\sigma) - \phi_1(x,z,\sigma)| \\ &\leqslant |y-x|\sup(|\phi_{11}|/|\sigma|)\cdot|\sigma| \\ &\leqslant C_1|y-x||\sigma|\end{aligned}$$

在 I_5 的积分范围内成立

$$|x-y||\sigma|^{\frac{1}{2}} \leqslant 1, \quad |\theta| \geqslant \frac{C_0}{2}|\sigma|$$

所以

$$|\partial_y h(x,y,z,\sigma)| \leqslant C_1|\sigma|^{\frac{1}{2}} \leqslant C|\theta|^{\frac{1}{2}}$$

又对于 h 的高于二阶的导数，也容易由 $|\sigma| \leqslant \dfrac{2}{C_0}|\theta|$ 导出

$$|\partial_y^\beta h(x,y,z,\sigma)| \leqslant C|\theta|, \quad |\beta| \geqslant 2$$

因此可得

$$|\partial_y^\alpha e^{ih(x,y,z,\sigma)}| \leqslant C|\theta|^{\frac{|\alpha|}{2}}$$

$$|\partial_y^\alpha e^{ih(x,y,z,t\sigma)}| \leqslant Ct^{\frac{|\alpha|}{2}}|\theta|^{\frac{|\alpha|}{2}}$$

于是第一章的条件 (5.10) 对于 $e^{ih}b$ 来说是满足的，条件 (5.12) 和(5.13)也显然满足，从而我们可用第一章定理 5.3 得到积分 I_5 的渐近展开式

$$I_5 \sim \sum_{j=0}^{\infty} a_j t^{-j}$$

式中

$$a_j = (2\pi)^n \frac{1}{j!}\left(\frac{i}{2}\langle Q^{-1}\partial_{y,\theta}, \partial_{y,\theta}\rangle\right)^j \times \left(e^{ih(x,y,z,t\sigma)}b(x,y,z,t\theta,t\sigma)\right)\Big|_{\substack{y=x\\ \theta=\phi_x(x,z,\sigma)}}$$

注意到

$$\frac{1}{2}\langle Q^{-1}\partial_{y,\theta}, \partial_{y,\theta}\rangle = \sum_k D_{y_k}\partial_{\theta_k}$$

而函数

$$\psi(|x-y||\sigma|^{\frac{1}{2}}),\ \psi\left(\frac{2(\theta-\phi_1(x,z,\sigma))}{C_0|\sigma|}\right)$$

在临界点附近恒为 1，故有

$$I_5(x,z,t\sigma)\sim\sum_{j=0}^{\infty}(2\pi)^n\frac{t^{-j}}{j}\Big(\sum_k D_{y_k}\partial_{\theta_k}\Big)^j$$

$$\times\left(e^{ih(x,y,z,t\sigma)}a_1(x,y,t\theta)a_2(y,z,t\sigma)\right)\Big|_{\substack{y=x\\ \theta=\phi_x(x,z,\sigma)}}$$

$$I_5(x,z,\sigma)\sim(2\pi)^n\sum_\alpha\frac{1}{\alpha!}D_y^\alpha[(\partial_\theta^\alpha a_1(x,y,\theta))$$

$$\times a_2(y,z,\sigma))e^{ih(x,y,z,\sigma)}]\Big|_{\substack{y=x\\ \theta=\phi_x(x,z,\sigma)}}$$

采用与第一章 § 5 对 $\sigma_A(x,\xi)$ 渐近展开同样的分析，可知此式不仅按普通函数渐近展开意义成立，而且按第一章定义 2.6 的意义成立. 再结合前面对 I_2, I_3, I_4 的分析，即知 (2.18) 成立. 定理 2.3 证毕.

推论 2.1 设 A_1 是具象征 $a_1(x,\theta)\in S_\rho^{\mu_1}(\Omega_x\times\mathbf{R}_n)$ 的恰当支的拟微分算子，A_2 是位相为 $\phi(x,z,\theta)=S(x,\theta)-\langle z,\theta\rangle$，振幅为 $a_2(x,\theta)\in S_\rho^{\mu_2}(\Omega_x\times\mathbf{R}_n)$ 的 Fourier 积分算子，且 $S_{x\theta}(x,\theta)$满秩. 又设K为 Ω_x 的紧集，则在K上

$$(A_1\circ A_2)u(x)=(2\pi)^{-n}\int e^{iS(x,\sigma)}a(x,\sigma)\hat{u}(\sigma)d\sigma \qquad (2.27)$$

其中 $a(x,\sigma)\in S_\rho^{\mu_1+\mu_2}(\Omega_x\times\mathbf{R}_n)$ 且有如下渐近展开式

$$a(x,\sigma)\sim\sum_\alpha\frac{1}{\alpha!}\partial_\theta^\alpha a_1(x,S_x(x,\sigma))D_y^\alpha[a_2(y,\sigma)e^{ih(x,y,\sigma)}]\big|_{y=x}$$

$$\sim a_1\Big(x,S_x(x,\sigma)\Big)a_2(x,\sigma)+\sum_{j=1}^{n}\partial_{\theta_j}a_1\Big(x,S_x(x,\sigma)\Big)$$

$$\times D_{x_j}a_2(x,\sigma)+\frac{1}{2i}\sum_{j,l=1}^{n}\partial_{\theta_j\theta_l}^2a_1(x,S_x(x,\sigma))$$

$$\times a_2(x,\sigma)\partial_{x_jx_l}^2S(x,\sigma)+\cdots \qquad (2.28)$$

其中未写出的部分属于 $S_\rho^{\mu_1+\mu_2-2(2\rho-1)}$，又

$$h(x,y,\sigma)=S(y,\sigma)-S(x,\sigma)-(y-x)S_x(x,\sigma) \quad (2.29)$$

证. 设

$$\phi(y,z,\sigma)=S(y,\sigma)-\langle z,\sigma\rangle$$

$$\phi_y(y,z,\sigma) = S_y(y,\sigma)$$

由

$$S(y,\sigma) = S_\sigma(y,\sigma)\cdot\sigma, \quad \sigma \neq 0$$

$$S_y(y,\sigma) = S_{y\sigma}(y,\sigma)\cdot\sigma$$

故当矩阵 $S_{y\sigma}(y,\sigma)$ 满秩时 $S_y(y,\sigma) \neq 0$ 且 ϕ 是非退化的. 考虑到K有界，所以在K上有

$$|\phi_y(y,z,\sigma)| = |S_y(y,\sigma)| \geqslant C_0|\sigma| \tag{2.30}$$

(2.30)表明满足定理 2.3 条件，于是根据此定理，$A_1\circ A_2$ 是一个 Fourier 积分算子，它具有形式(2.27)，且振幅

$$a(x,\sigma) \in S_\rho^{\mu_1+\mu_2}(\Omega_x \times \mathbf{R}_n)$$

而(2.29)即是定理 2.3 中(2.19). 注意到 a_1 与 y 无关，

$$D_y^\alpha h|_{y=x} = 0, \quad |\alpha| \leqslant 1$$

于是根据(2.18)式可以得到(2.28). 推论证毕.

作为推论 2.1 的特例，我们易得

推论 2.2 若 A_1, A_2 均为 Ω_x 上的拟微分算子，它们至少有一个是恰当支的. 而象征分别是 $a_1(x,\theta) \in S_\rho^{\mu_1}$, $a_2(x,\theta) \in S_\rho^{\mu_2}$，则 $A_1\circ A_2$ 和 $A_2\circ A_1$ 均是拟微分算子. $A_1\circ A_2$ 的象征 $a(x,\theta) \in S_\rho^{\mu_1+\mu_2}$，且有如下渐近展式

$$a(x,\theta) \sim \sum_\alpha \frac{1}{\alpha!}\partial_\theta^\alpha a_1(x,\theta) D_x^\alpha a_2(x,\theta) \tag{2.31}$$

$A_2\circ A_1$ 的象征可类似推知.

定理 2.4 设 A_1 是位相函数为 $\phi(x,y,\theta) = S(x,\theta) - \langle y, \theta\rangle$，振幅为 $a_1(x,\theta) \in S_\rho^{\mu_1}(\Omega_x \times \mathbf{R}_n)$ 的 Fourier 积分算子，此处 $S_{x\theta}(x,\theta)$满秩，$\rho > \frac{1}{2}$. 又设 A_2 是象征为$a_2(x,\theta) \in S_\rho^{\mu_2}(\Omega_x \times \mathbf{R}_n)$ 的恰当支拟微分算子，则 $A_1\circ A_2$ 是如下的 Fourier 积分算子

$$(A_1\circ A_2)u(x) = (2\pi)^{-n}\int e^{iS(x,\sigma)}a(x,\sigma)\hat{u}(\sigma)d\sigma \tag{2.32}$$

其中 $a(x,\sigma) \in S_\rho^{\mu_1+\mu_2}(\Omega_x \times \mathbf{R}_n)$ 且有渐近展式

$$a(x,\sigma) \sim \sum_\alpha \frac{1}{\alpha!}\partial_\eta^\alpha[a_1(x,\sigma+\eta)e^{ih}]|_{\eta=0}\cdot[D_y^\alpha a_2(y,\sigma)]|_{y=S_\sigma(x,\sigma)}$$

$$
\begin{aligned}
&\sim a_1(x,\sigma)a_2(S_\sigma(x,\sigma),\sigma)\\
&+\sum_{j=1}^{n}\partial_{\sigma_j}a_1(x,\sigma)\cdot D_{y_j}a_2(y,\sigma)|_{y=S_\sigma(x,\sigma)}\\
&+\frac{1}{2}a_1(x,\sigma)\cdot\sum_{j,l=1}^{n}[D^2_{y_jy_l}a_2(y,\sigma)]_{y=S_\sigma(x,\sigma)}\\
&\times\partial^2_{\sigma_j\sigma_l}S(x,\sigma)+\cdots
\end{aligned}
\tag{2.33}
$$

其中未写出部分属于 $S_\rho^{\mu_1+\mu_2-2(2\rho-1)}$,

$$
h(x,\sigma,\eta)=S(x,\sigma+\eta)-S(x,\sigma)-S_\sigma(x,\sigma)\cdot\eta \tag{2.34}
$$

证. 与定理 2.1 后面的例 2 相仿,容易验证定理 2.1 的条件满足,从而 $A_1\circ A_2$ 有定义且是一个 Fourier 积分算子.

设 $g=\langle y,\sigma-\theta\rangle-[S(x,\sigma)-S(x,\theta)]$

$$
\begin{aligned}
(A_1\circ A_2)u(x)&=(2\pi)^{-n}\int e^{i[S(x,\theta)-\langle y,\theta\rangle]}a_1(x,\theta)\\
&\quad\times\left[(2\pi)^{-n}\int e^{i\langle y,\sigma\rangle}a_2(y,\sigma)\hat{u}(\sigma)d\sigma\right]dyd\theta\\
&=(2\pi)^{-n}\int e^{iS(x,\sigma)}\\
&\quad\times\left[(2\pi)^{-n}\int e^{ig}a_1(x,\theta)a_2(y,\sigma)dyd\theta\right]\hat{u}(\sigma)d\sigma
\end{aligned}
$$

令 $\theta=\sigma+\eta$ 有

$$
\begin{aligned}
a(x,\sigma)&=(2\pi)^{-n}\int e^{ig}a_1(x,\theta)a_2(y,\sigma)\,dyd\theta\\
&=(2\pi)^{-n}\int e^{-i\langle y,\eta\rangle}e^{i(S(x,\sigma+\eta)-S(x,\sigma))}\\
&\quad\times a_1(x,\sigma+\eta)a_2(y,\sigma)dyd\eta
\end{aligned}
\tag{2.35}
$$

令 $\phi(\omega)\in C_c^\infty(\mathbf{R}^n)$, 当 $|\omega|\leqslant\frac{1}{2}$ 时 $\phi=1$, $|\omega|\geqslant 1$ 时 $\phi=0$, 利用 $\phi(|\sigma|^{-\frac{1}{2}}\eta)$ 将 (2.35) 进行分解,先考虑

$$
(2\pi)^{-n}\int e^{ig}[1-\phi(|\sigma|^{-\frac{1}{2}}\eta)]a_1(x,\sigma+\eta)a_2(y,\sigma)dyd\eta
$$

由于此积分中 $|\sigma|^{-\frac{1}{2}}|\eta|\geqslant\frac{1}{2}$, 借助于算子

$$L = \frac{t}{|\eta|^2} \sum_{j=1}^{n} \eta_i \frac{\partial}{\partial y_j}$$

利用分部积分技巧可知此积分 $\in S_\rho^{-\infty}(\Omega_x \times R_n)$，于是只要考察如下积分

$$I = (2\pi)^{-n}\int e^{ig}\psi(|\sigma|^{-\frac{1}{2}}\eta)a_1(x,\sigma+\eta)a_2(y,\sigma)dyd\eta \quad (2.36)$$

注意 $g = -\langle y - S_\sigma(x,\sigma),\eta\rangle + h(x,\sigma,\eta)$，记

$$b(x,y,\sigma,\eta) = e^{ih(x,\sigma,\eta)}\psi(|\sigma|^{-\frac{1}{2}}\eta)a_1(x,\sigma+\eta)a_2(y,\sigma)$$

则有

$$I = (2\pi)^{-n}t^n\int e^{-i\langle y-S_\sigma(x,\sigma),t\eta\rangle}b(x,y,t\sigma,t\eta)dyd\eta$$

对此积分使用稳定位相法，此时位相函数是 $\Phi = -\langle y - S_\sigma(x,\sigma),\eta\rangle$，其关于 y,η 的临界点是 $y = S_\sigma(x,\sigma)$，$\eta = 0$．Φ的二阶导数所构成的矩阵Q为 $\begin{pmatrix} 0 & -1 \\ -1 & 0\end{pmatrix}$．故 $|\det Q| = 1$，$\operatorname{sgn} Q = 1$，由 $\frac{i}{2}\langle Q^{-1}\partial_{y,\eta},\partial_{y,\eta}\rangle$ 所决定的微分算子为 $\sum_k D_{y_k}\partial_{\eta_k}$，今估计 $\partial^\alpha_{y,\eta}b(x,y,t\sigma,t\eta)$关于 t 的增长阶，注意到

$$|\partial_\eta e^{ih(x,t\sigma,t\eta)}| = |e^{ih(x,t\sigma,t\eta)}th\eta| \leqslant Ct|\eta|$$

由于在ψ的支集中 $|t\sigma|^{-\frac{1}{2}}|t\eta| \leqslant 1$，故 $t|\eta| \leqslant t^{\frac{1}{2}}|\sigma|^{\frac{1}{2}}$，从而知 $|\partial_\eta e^{ih(x,t\sigma,t\eta)}| \leqslant Ct^{\frac{1}{2}}|\sigma|^{\frac{1}{2}}$，再应用定理 2.3 末尾一段同样分析可知，对任意 α，有

$$|\partial^\alpha_\eta e^{ih(x,t\sigma,t\eta)}| \leqslant C_\alpha t^{\frac{|\alpha|}{2}}|\sigma|^{\frac{|\alpha|}{2}}$$

从而可知对任意 α 有

$$|\partial^\alpha_{y,\eta}b(x,y,t\sigma,t\eta)| \leqslant C'_\alpha t^{\mu_1+\mu_2+|\alpha|(1-\rho)}$$

所以第一章中的条件 (5.3) 满足，注意到当 x,σ 在一有界集中变化时，由 a_2 为恰当支的以及 ψ 的作法积分 I 实际上仅在有界域内进行，所以由第一章的定理 5.3 得

$$I \sim \sum_{j=0}^{\infty}\frac{t^{-j}}{j!}\left(\sum_k D_{y_k}\partial_{\eta_k}\right)^j b(x,y,t\sigma,t\eta)\Big|_{\substack{y=S_\sigma(x,\sigma)\\ \eta=0}} \quad (2.37)$$

或

$$I \sim \sum_{\alpha} \frac{1}{\alpha!} \partial_\eta^\alpha (a_1(x,\sigma+\eta)e^{ih})|_{\eta=0} D_y^\alpha a_2(y,\sigma)|_{y=S_\sigma(x,\sigma)}$$

这就是所需要证明的. 定理证毕.

下面讨论一个 Fourier 积分算子与另一个共轭 Fourier 积分算子的复合公式,我们还是限定所考虑的 Fourier 积分算子是第一章 § 4 例 2 中所讨论的那种形式，并假设它们都是恰当支的. 设

$$A_1u(x) = (2\pi)^{-n}\int e^{iS(x,\theta)}a_1(x,\theta)\hat{u}(\theta)d\theta \tag{2.38}$$

$$A_2u(x) = (2\pi)^{-n}\int e^{iS(x,\theta)}a_2(x,\theta)\hat{u}(\theta)d\theta \tag{2.39}$$

其中 $a_1 \in S_\rho^{\mu_1}(\Omega_x \times \mathbf{R}_n)$, $a_2 \in S_\rho^{\mu_2}(\Omega_x \times \mathbf{R}_n)$, $\rho > \dfrac{1}{2}$,矩阵 $S_{x\theta}$ 满秩,于是

$$A_1^*u(x) = (2\pi)^{-n}\int e^{i[\langle x,\theta\rangle - S(z,\theta)]}\overline{a_1(z,\theta)}u(z)dzd\theta \tag{2.40}$$

$$A_2^*u(x) = (2\pi)^{-n}\int e^{i[\langle x,\theta\rangle - S(z,\theta)]}\overline{a_2(z,\theta)}u(z)dzd\theta \tag{2.41}$$

定理 2.5 设 A_1, A_2 为如上的算子,对于 Ω_x 中任意一点 x_0,取它的适当小的开邻域 $\Omega_1 \subset \Omega_x$, 有如下两个结论

(1) $A_1 \circ A_2^*$ 在 Ω_1 内是如下形式的拟微分算子:

$$(A_1\circ A_2^*)u(x) = (2\pi)^{-n}\iint e^{i\langle x-z,\eta\rangle}a(x,z,\eta)u(z)dzd\eta$$

$$\forall u \in C_c^\infty(\Omega_1) \tag{2.42}$$

其中振幅 $a(x,z,\eta) \in S_\rho^{\mu_1+\mu_2}$ 且

$$a(x,z,\eta) = a_1(x,\theta(x,z,\eta))\overline{a_2(z,\theta(x,z,\eta))}\left|\frac{\partial\theta(x,z,\eta)}{\partial\eta}\right| \tag{2.43}$$

$\theta(x,z,\eta)$ 是 $\eta = \int_0^1 S_x(z+t(x-z),\theta)dt$ 的反函数.

从而根据第一章 § 5 第二段的结果, a 对应的主象征

$$a_0(x,\eta) = a_1(x,\tilde{\theta}(x,\eta))\overline{a_2(x,\tilde{\theta}(x,\eta))}|S_{x\theta}|^{-1}$$

其中 $\tilde{\theta}(x,\eta) = \theta(x,z,\eta)|_{x=z}$, $|S_{x\theta}| = \det(S_{x\theta})$.

(2) $A_1^*\circ A_2$ 在 Ω_1 内的如下形式的拟微分算子

$$(A_1^* \circ A_2)u(x) = (2\pi)^{-n}\int e^{i\langle x,\sigma\rangle} b(x,\sigma)\hat{u}(\sigma)d\sigma$$

$$\forall u(x) \in C_c^\infty(\Omega_1) \qquad (2.44)$$

其中象征 $b(x,\sigma) \in S_\rho^{\mu_1+\mu_2}$，且

$$b(x,\sigma) = (2\pi)^{-n}\iint e^{i[\langle x,\eta\rangle - (S(y,\sigma+\eta) - S(y,\sigma))]}$$

$$\times \overline{a_1(y,\sigma+\eta)}a_2(y,\sigma)d\eta dy \qquad (2.45)$$

它的主象征 $b_0(x,\sigma) = [\overline{a_1(y,\sigma)}\,a_2(y,\sigma)|S_{y\sigma}(y,\sigma)|^{-1}]_{y=y(x,\sigma)}$，其中 $y = y(x,\sigma)$ 是 $x = S_\sigma(y,\sigma)$ 的反函数.

证. 本定理的证明的基本技巧与定理 2.3，2.4 相似，所以我们仅给出证明的梗概如下:

(1) 由 (2.41)，

$$\widehat{(A_2^*u)}(\theta) = \int e^{-iS(z,\theta)}\overline{a_2(z,\theta)}u(z)dz,$$

代入 (2.38)，有

$$(A_1 \circ A_2^*)u(x) = (2\pi)^{-n}\int e^{i[S(x,\theta)-S(z,\theta)]}a_1(x,\theta)$$

$$\times \overline{a_2(z,\theta)}u(z)dzd\theta$$

把

$$S(x,\theta) - S(z,\theta) \leqslant \langle x - z, \int_0^1 S_x(z + t(x-z),\theta)\rangle dt$$

代入上式，注意到 $|S_{x\theta}(x,\theta)| \neq 0$，从而由第一章定理 5.3 可得 (2.42) 与 (2.43).

(2) 考察 $A_1^* \circ A_2$，此时

$$(A_1^* \circ A_2)u(x) = (2\pi)^{-n}\int e^{i(\langle x,\theta\rangle - S(y,\theta))}\overline{a_1(y,\theta)}$$

$$\times \left[(2\pi)^{-n}\int e^{iS(y,\sigma)}a_2(y,\sigma)\hat{u}(\sigma)d\sigma\right]$$

$$\times dyd\sigma \qquad \forall u(x) \in C_c^\infty(\Omega_1)$$

令 $\theta = \sigma + \eta$，有

$$(A_1^*\circ A_2)u(x)=(2\pi)^{-n}\int e^{i\langle x,\sigma\rangle}b(x,\sigma)\hat{u}(\sigma)d\sigma \tag{2.46}$$

其中

$$b(x,\sigma)=(2\pi)^{-n}\int e^{i[\langle x,\eta\rangle-(S(y,\sigma+\eta)-S(y,\sigma))]}$$

$$\times\overline{a_1(y,\sigma+\eta)}a_2(y,\sigma)dyd\eta \tag{2.47}$$

记

$$g=\langle x,\eta\rangle-(S(y,\sigma+\eta)-S(y,\sigma))$$

$$g_y=-\left[\int_0^1 S_{x\theta}(y,\sigma+t\eta)dt\right]\cdot\eta$$

由在 Ω_x 上 $|S_{x\theta}(x,\theta)|\neq 0$，故再由 S 关于 θ 的正齐一次性，只要 Ω_1 取得适当小，定存在 $C>0$，使在 $\Omega_1\times(\mathbf{R}_n\backslash\{0\})\times(\mathbf{R}_n\backslash\{0\})$ 上有

$$C^{-1}|\eta|\leqslant|g_y|\leqslant C|\eta|$$

于是用 $\psi(|\sigma|^{-\frac{1}{2}}\eta)$ 对上述积分 (2.47) 进行分解后，类似于上面定理中的处理可知，只要考察如下积分

$$I=(2\pi)^{-n}\int e^{ig}\psi(|\sigma|^{-\frac{1}{2}}\eta)\overline{a_1(y,\sigma+\eta)}a_2(y,\sigma)dyd\eta$$

改写 $g=g_1+h$，其中 $g_1=\langle x-S_\sigma(y,\sigma),\eta\rangle$，$h=\langle S_\theta(y,\sigma),\eta\rangle-[S(y,\sigma+\eta)-S(y,\sigma)]$，并令 $b=e^{ih}\psi\bar{a}_1a_2$，则有

$$I=(2\pi)^{-n}\int e^{ig_1}bdyd\eta$$

注意到 g_1 关于 y，η 的临界点有 $\eta=0$，$x=S_\sigma(y,\sigma)$，而矩阵 $\partial_{y\eta}g_1=-S_{y\sigma}$ 满秩，就可用第一章定理 5.3 得到 I 的渐近展开式，以及得到 $A_1^*\circ A_2$ 的主象征为 b_0. 定理证毕.

§3. Fourier 积分算子的 H^s 连续性

一、Fourier 积分算子的阶

定义 3.1 对于 Fourier 积分算子 $A:C_c^\infty(\Omega_y)\to\mathscr{D}'(\Omega_x)$，设它的振幅 $a(x,y,\theta)\in S^\mu_{\rho,\delta}$，$\Omega_x$，$\Omega_y$ 分别是 $\mathbf{R}^{n_x}$，$\mathbf{R}^{n_y}$ 中开集. 又

设位相变量个数为 N，则定义 A 的**阶** m 为

$$m = \mu + \frac{N}{2} - \frac{n_x + n_y}{4} \tag{3.1}$$

定理 3.1 对于 Fourier 积分算子 A

$$Au(x) = \int e^{i\phi(x,y,\theta)} a(x,y,\theta) u(y) dy d\theta$$

设 m 是它的阶数，则

(1) 当 A 用不同振幅及位相表示时，阶数 m 不变。

(2) 两个 Fourier 积分算子 A_1，A_2 的复合 $A_1 \circ A_2$ 的阶等于 A_1，A_2 两者阶数之和.

证. (1) 由 定理 1.1，当位相变量个数由 N 变为 $\tilde{N}$ 时，相应的振幅的次数由 μ 变为 $\tilde{\mu}$，

$$\tilde{\mu} = \mu + \frac{1}{2}(N - \tilde{N})$$

即

$$\tilde{\mu} + \frac{1}{2}\tilde{N} = \mu + \frac{1}{2}N$$

而且在这些变换中，n_x，n_y 保持不变，故阶数也保持不变。

(2) 由定理 2.1 知，若

$$a_1(x,y,\theta) \in S_\rho^{\mu_1}(\Omega_x \times \Omega_y \times \mathbf{R}_{N_1})$$
$$a_2(y,z,\sigma) \in S_\rho^{\mu_2}(\Omega_y \times \Omega_z \times \mathbf{R}_{N_2})$$
$$\Omega_x \subset \mathbf{R}^{n_x}, \quad \Omega_y \subset \mathbf{R}^{n_y}, \quad \Omega_z \subset \mathbf{R}^{n_z}$$

则 $A_1 \circ A_2$ 的振幅 $a(x, z, \omega) \in S_\rho^{\mu_1+\mu_2-n_y}(\Omega_x \times \Omega_z \times \mathbf{R}_N)$，$N = N_1 + N_2 + n_y$，于是，对 $A_1 \circ A_2$ 的阶数 m 有

$$\begin{aligned} m &= (\mu_1 + \mu_2 - n_y) - \frac{1}{2}(N_1 + N_2 + n_y) \\ &\quad - \frac{1}{4}(n_x + n_z) \\ &= \left[\mu_1 + \frac{1}{2}N_1 - \frac{1}{4}(n_x + n_z)\right] \\ &\quad + \left[\mu_2 + \frac{1}{2}N_2 - \frac{1}{4}(n_y + n_z)\right] \end{aligned}$$

$$= m_1 + m_2$$

定理证毕.

注. 当 A 是拟微分算子时，$n_x = n_y = N$. 由 (3.1)，有 $m = \mu$. 由此可见，由 (3.1) 所定义的 Fourier 积分算子的阶数是拟微分算子阶的概念的推广. 并且由(3.1)及上述定理 3.1，在 Fourier 积分算子理论中，阶数的概念不仅与振幅的次数有关，而且还与位相变量的个数及所考虑区域的维数有关. 这种现象在限于对拟微分算子的讨论中不会遇到.

二、Fourier 积分算子的 H^s 连续性

在第一章中，我们已经证明了在一定条件下 Fourier 积分算子是 $C_c^j(\Omega_y) \to (\mathscr{D}^k(\Omega_x))'$ 的线性连续映射. 现在我们来讨论它按 H^s 意义下的连续性.

大家知道，利用拟微分算子 Λ^s 有

$$\Lambda^s u(x) = (2\pi)^{-n} \int e^{i\langle x,\xi\rangle}(1 + |\xi|^2)^{\frac{s}{2}} \hat{u}(\xi) d\xi$$

可以把证明 H^s 连续性化为证明 L^2 连续性，因此本节仅证明 L^2 连续性.

记

$L^2_{\text{loc}}(\Omega_x) = \{u; u \in \mathscr{D}'(\Omega_x), \|\varphi u\| < \infty, \forall \varphi \in C_c^\infty(\Omega_x)\}$

$L^2_{\text{comp}}(\Omega_x) = \{u; u \in L^2(\Omega_x)$ 且 $\operatorname{supp} u$ 为含于 Ω_x 中的紧集$\}$

引理 3.1 设 A 是 Ω_x 上零阶 $(1,0)$ 型的恰当支的拟微分算子，则对 Ω_x 中任一紧集 K，存在常数 $C_K > 0$，使对任意 $u \in C_c^\infty(K)$，

$$\|Au\| \leqslant C_K \|u\| \tag{3.2}$$

其中 $\|\cdot\|$ 表示 $L^2(\Omega_x)$ 范数.

证. 由于 A 是零阶恰当支拟微分算子，故存在象征

$$a(x,\xi) \in S^0(\Omega_x \times \mathbf{R}_n),$$

使 A 表示为

$$(Au)(x) = (2\pi)^{-n} \int e^{i\langle x,\xi\rangle} a(x,\xi) \hat{u}(\xi) d\xi \tag{3.3}$$

由于 A 是恰当支的，对紧集 K，存在紧集 $K_1 \subset \Omega_x$，使对任一

$u\in C_c^\infty(K)$，有 $\operatorname{supp}(Au)\subset K_1$，取 $f(x)\in C_c^\infty(\Omega_x)$，且在 K_1 上 $f\equiv 1$，于是有

$$Au(x)=(2\pi)^{-n}\int e^{i\langle x,\xi\rangle}f(x)a(x,\xi)\hat{u}(\xi)d\xi$$

因为 $f(x)a(x,\xi)$ 关于 x 有紧支集，所以

$$\begin{aligned}\left|\eta^\alpha\int f(x)a(x,\xi)e^{i\langle x,\eta\rangle}dx\right|&=\left|\int f(x)a(x,\xi)D_x^\alpha(e^{i\langle x,\eta\rangle})dx\right|\\&=\left|\int e^{i\langle x,\eta\rangle}D_x^\alpha[f(x)a(x,\xi)]\,dx\right|\\&\leqslant C_\alpha\end{aligned}$$

对所有满足 $|\alpha|\leqslant N$ 的指标 α 均作出上述估计，然后加起来，就可知对任意 N，存在 C_N 使

$$\left|\int f(x)a(x,\xi)e^{i\langle x,\eta\rangle}dx\right|\leqslant C_N(1+|\eta|)^{-N}\tag{3.4}$$

于是，对任意 $u\in C_c^\infty(K)$，$v\in C_c^\infty(K_1)$，有

$$\begin{aligned}|\langle Au,v\rangle|&=\left|(2\pi)^{-n}\iint v(x)a(x,\xi)e^{i\langle x,\xi\rangle}\hat{u}(\xi)d\xi dx\right|\\&=\left|(2\pi)^{-n}\int\left[\int v(x)f(x)a(x,\xi)e^{i\langle x,\xi\rangle}d\xi\right]\hat{u}(\xi)d\xi\right|\\&\leqslant\left|(2\pi)^{-n}\int\left[\int\hat{v}(\eta)\widehat{fa}(\eta-\xi,\xi)d\eta\right]\hat{u}(\xi)d\xi\right|\end{aligned}$$

其中 $\widehat{fa}(\eta-\xi,\xi)$ 表示将 $f(x)a(x,\xi)$ 关于 x 作 Fourier 变换，并把对偶变量取 $\eta-\xi$ 时的值，把 (3.4) 代入上式右面，有

$$\begin{aligned}|\langle Au,v\rangle|&\leqslant C_N\left[\iint|\hat{v}(\eta)\hat{u}(\xi)(1+|\eta-\xi|)^{-N}|d\xi d\eta\right]\\&\leqslant C_N\left\{\left[\iint|\hat{v}(\eta)|^2(1+|\eta-\xi|)^{-N}d\xi d\eta\right]\right.\\&\quad\left.\cdot\left[\iint|\hat{u}(\xi)|^2(1+|\eta-\xi|)^{-N}d\xi d\eta\right]\right\}^{\frac{1}{2}}\end{aligned}$$

故当 N 充分大时有

$$|\langle Au,v\rangle|\leqslant C_N'\|\hat{u}\|\cdot\|\hat{v}\|$$

再由 Parseval 等式，即得

$$|\langle Au,v\rangle| \leqslant C'_K\|u\| \cdot \|v\|$$

这就表示

$$\left[\int_{K_1} |Au|^2 dx\right]^{\frac{1}{2}} \leqslant C_K\|u\|$$

引理证毕.

注. 这个引理实际上证明了恰当支拟微分算子 A 是 $L^2_{comp} \to L^2_{comp}$ 的线性连续算子，若 A 不是恰当支时，上述证明恰说明了拟微分算子 A 是 $L^2_{comp} \to L^2_{loc}$ 的线性连续算子，这就是通常所说的 L^2 连续性，由此就可以立即得到 H^s 连续性，但是，这里仅证明了 A 是 $(1,0)$ 类型的零阶拟微分算子时的 L^2 连续性，当 A 是 (ρ,δ) 类型算子 $(\rho \geqslant \delta > 0)$ 时，也有同样的结论，其证明见 [20]，[26].

利用上面引理，可以证明 Fourier 积分算子的 L^2 连续性.

定理 3.2 设 A 是零阶恰当支的 Fourier 积分算子，又映射 $\Lambda_\phi \to T^*(\Omega_x)$ 是局部微分同胚，则 A 是 $L^2_{comp}(\Omega_y) \to L^2_{comp}(\Omega_x)$ 的连续映射，也是 $L^2_{loc}(\Omega_y) \to L^2_{loc}(\Omega_x)$ 的连续映射.

证. 由定理 2.2 知，$A^*\circ A$ 存在，且由定理 2.1 知它为零阶拟微分算子，故由拟微分算子的连续性知

$$\|(A^*\circ A)u\| \leqslant C^2_K\|u\| \qquad u \in C^\infty_c(K)$$

从而

$$\begin{aligned}\|Au\|^2 &= (Au,Au) = ((A^*\circ A)u,u) \\ &\leqslant \|(A^*\circ A)u\| \cdot \|u\| \leqslant C^2_K\|u\|^2\end{aligned}$$

又由于 A 是恰当支的，当 $\operatorname{supp} u$ 为紧集时，$\operatorname{supp} Au$ 也是紧集，故上式表示 A 是 $L^2_{comp} \to L^2_{comp}$ 的连续算子，同样可知，A 是 $L^2_{loc} \to L^2_{loc}$ 的连续算子. 定理证毕.

推论 3.1 若 A 为 m 阶恰当支的 Fourier 积分算子，它还满足定理 3.2 中所有其它条件，则 A 是 $H^{s+m}_{comp}(\Omega_y) \to H^s_{comp}(\Omega_x)$ 及 $H^{s+m}_{loc}(\Omega_y) \to H^s_{loc}(\Omega_x)$ 的线性连续算子.

证. 不失一般性可认为 $s = 0$，取 Q 为 $-m$ 阶恰当支的椭圆

型拟微分算子，则 $A\circ Q$ 存在，且为恰当支的零阶 Fourier 积分算子，$A\circ Q$ 还满足定理 3.2 的条件，记 Q^{-1} 为 Q 的拟基本解且也取它为恰当支的，则有 $Q^{-1}Q = I + R$，这里 R 为光滑算子，它也是恰当支的，由此即可导出

$$\begin{aligned}\|Au\| &\leqslant \|AQQ^{-1}u\| + \|ARu\| \leqslant C_1(\|Q^{-1}u\| + \|u\|)\\ &\leqslant C\|u\|_m\end{aligned}$$

推论证毕．

注． 象对拟微分算子那样，若 A 不是恰当支的，但仍保持定理 3.2中其它条件，则可以类似地证明 A 是 $H^{s+m}_{\text{comp}}(\Omega_y)\to H^s_{\text{loc}}(\Omega_x)$ 的线性连续算子．

另外，若把定理 3.2 中 $\Lambda_\phi\to T^*(\Omega_x)$ 为局部微分同胚的条件去掉，则还可以得到下面更为一般的结论．

记 $k_x = \operatorname{rank}(DP_x) - \dim\Omega_x$，$k_y = \operatorname{rank}(DP_y) - \dim\Omega_y$，其中 P_x，P_y 分别是投影映射 $\Lambda_\phi\to T^*(\Omega_x)$ 和 $\Lambda_\phi\to T^*(\Omega_y)$，而 DP_x，DP_y 就是 P_x 和 P_y 所导出的切映射，设 k_x，k_y 都大于某一数 k，则有如下定理成立．

定理 3.3 若 A 为 m 阶恰当支的 Fourier 积分算子，则当

$$m \leqslant \frac{1}{4}(2k - n_x - n_y)$$

时，A 为 $L^2_{\text{comp}}(\Omega_y)\to L^2_{\text{comp}}(\Omega_x)$ 以及 $L^2_{\text{loc}}(\Omega_y)\to L^2_{\text{loc}}(\Omega_x)$ 的线性连续算子．

定理 3.3 的证明可参见 [8]，注意到当 $\Lambda_\phi\to T^*(\Omega_x)$ 为同胚时，$n_x = n_y = n$，取 $k = 2n$，则定理 3.2 即为定理 3.3 的特殊情形．

第四章 Fourier 积分算子的应用

本章介绍 Fourier 积分算子理论的应用. 第一节介绍拟微分算子的微局部化简及作为其基础的典则变换. 第二节介绍 Cauchy 问题的拟基本解及其近似解,其中也介绍了几何光学方法,这个方法实际上包含了引入 Fourier 积分算子的一些原始想法, 且至今在 Fourier 积分算子的应用中还常被用到. 第三节讨论偏微分方程解的奇性分析问题. 以上这些讨论主要都是对具实主象征的主型算子进行的.

有关 Fourier 积分算子理论应用的内容十分丰富,即使仅限于在偏微分方程方面的应用也是如此. 由于本书篇幅所限, 我们不准备涉及更多. 在此特别值得一提的是在偏微分方程可解性理论方面的应用,例如,读者可参阅 [3], [9], [18] 以了解这方面的进展.

§1. 拟微分算子的微局部化简

在偏微分方程经典理论中, 往往通过自变量的变换对方程进行化简. 通过化简、可以把待研究的偏微分方程分成若干种类型, 然后各取其典型进行研究. 这种做法,对于二阶线性偏微分方程, 特别对于两个自变量的情形, 最为有效. 但是, 当自变量个数增多,尤其是当考虑一般的高阶方程时,这种化简方法的作用就十分有限. Fourier 积分算子理论可提供我们一种新的化简方法, 这就是在余切丛上进行微局部的化简, 根据这种化简方法我们可以从一个崭新的观点对偏微分方程进行分类并加以研究. 本节中我们将以主型拟微分算子的化简为例介绍这一方法, 为此, 先介绍与此有密切关系的典则变换.

一、典则变换

定义 1.1 设 Ω 是一个给定的微分流形，f 和 g 是在 $T^*(\Omega)$ 上给定的两个 C^∞ 函数. 则可以定义另一个在 $T^*(\Omega)$ 上的 C^∞ 函数 $\{f,g\}$，其局部坐标表示为

$$\{f,g\}(x,\xi)=\sum_{j=1}^{n}\left(\frac{\partial f}{\partial \xi_j}\frac{\partial g}{\partial x_j}-\frac{\partial f}{\partial x_j}\frac{\partial g}{\partial \xi_j}\right) \tag{1.1}$$

$\{f,g\}$ 称为函数 f 和 g 的 Poisson 括号.

在此首先需要说明的是按(1,1)定义的 Poisson 括号是与坐标无关的. 事实上，若在 Ω 的某开集上存在两组局部坐标 $(x_1,\cdots,x_n)$ 与 $(x'_1,\cdots,x'_n)$，相应地，得到 $T^*(\Omega)$ 上的局部坐标$(x_1,\cdots,x_n,\xi_1,\cdots,\xi_n)$ 与 $(x'_1,\cdots,x'_n,\xi'_1,\cdots,\xi'_n)$,则我们有([附录二])

$$x'=x'(x),\ \xi'={}^t\left[\left(\frac{\partial x'}{\partial x}\right)^{-1}\right]\xi \tag{1.2}$$

于是

$$\frac{\partial}{\partial x}={}^t\left(\frac{\partial x'}{\partial x}\right)\frac{\partial}{\partial x'},\qquad \frac{\partial}{\partial \xi}=\left(\frac{\partial x'}{\partial x}\right)^{-1}\frac{\partial}{\partial \xi'}$$

代入(1.1)的右边，即得

$$\{f,g\}=\sum_{j=1}^{n}\left(\frac{\partial f}{\partial \xi'_j}\cdot\frac{\partial g}{\partial x'_j}-\frac{\partial f}{\partial x'_j}\cdot\frac{\partial g}{\partial \xi'_j}\right)$$

这就是所需要的.

根据(1.1)，很容易得到 $\{f,f\}=0,\{f,g\}=-\{g,f\}$，并且，如果记 $\nabla_{(x,\xi)}f$ 是 f 关于 x,ξ 的梯度，$J=\begin{pmatrix}0&-I\\I&0\end{pmatrix}$,其中 I 表示 $n\times n$ 单位矩阵，则(1.1)可以写成

$$\{f,g\}={}^t(\nabla_{(x,\xi)}f)\cdot J\cdot(\nabla_{(x,\xi)}g) \tag{1.3}$$

对于 $f\in C^\infty(T^*(\Omega))$,还可以定义余切丛上的一个向量场，其局部坐标表示为

$$H_f=\sum_{j=1}^{n}\left(\frac{\partial f}{\partial \xi_j}\frac{\partial}{\partial x_j}-\frac{\partial f}{\partial x_j}\frac{\partial}{\partial \xi_j}\right) \tag{1.4}$$

与前相仿，容易证明 H_f 与坐标无关. 我们称它为由函数 f 所产生的 Hamilton 向量场，简称为 Hamilton 场.

显然，利用 Hamilton 场可以得到 Poisson 括号另一表示：$\{f, g\} = H_f g$.

定义 1.2 设 τ 是从余切丛 $T^*(\Omega_x)$ 到余切丛 $T^*(\Omega_y)$ 上的微分同胚. 在局部坐标下，τ 表示为

$$y = y(x,\xi), \quad \eta = \eta(x,\xi) \tag{1.5}$$

若对 $T^*(\Omega_y)$ 上任意 $f, g \in C^\infty(T^*(\Omega_y))$，恒有

$$\{f,g\}(y,\eta) = \{f(y(x,\xi),\eta(x,\xi)), g(y(x,\xi),\eta(x,\xi))\}(x,\xi) \tag{1.6}$$

则称 τ 是 $T^*(\Omega_x)$ 到 $T^*(\Omega_y)$ 的一个典则变换.

简言之，典则变换是余切丛上保持 Poisson 括号不变的微分同胚.

(1.6) 又可以写成形式

$$\{f,g\}(y,\eta) = \{\tau^*f, \tau^*g\}(x,\xi) \tag{1.7}$$

或

$${}^t(\nabla_{(y,\eta)}f)J(\nabla_{(y,\eta)}g) = {}^t(\nabla_{(x,\xi)}\tau^*f)J(\nabla_{(x,\xi)}\tau^*g) \tag{1.8}$$

由于 (1.1) 与 (1.4) 实际上并不依赖于局部坐标的选取，所以下面我们在证明有关典则变换的性质时，只需要对一个局部坐标表示讨论就够了，并且为方便起见，不妨认为，涉及的余切丛局部地也已经是局部坐标化了的.

定理 1.1 变换 (1.5) 为典则变换的充要条件是

$$\begin{cases} \{y_i(x,\xi), y_j(x,\xi)\} = 0 \\ \{\eta_i(x,\xi), \eta_j(x,\xi)\} = 0 \\ \{\eta_i(x,\xi), y_j(x,\xi)\} = \delta_{ij} \end{cases} \tag{1.9}$$

此处 δ_{ij} 为 Kronecker 符号.

证. 对任意 $f(y,\eta) \in C^\infty(T^*(\Omega_y))$，有

$$\nabla_{(x,\xi)}(\tau^*f) = {}^t\left(\frac{\partial(y, \eta)}{\partial(x, \xi)}\right) \cdot \nabla_{(y,\eta)}f$$

再由 (1.8)，τ 是典则变换等价于下式成立：

$$
{}^t(\nabla_{(y,\eta)}f)\cdot J\cdot(\nabla_{(y,\eta)}g)
$$
$$
={}^t(\nabla_{(y,\eta)}f)\cdot\left(\frac{\partial(y,\eta)}{\partial(x,\xi)}\right)\cdot J\cdot{}^t\left(\frac{\partial(y,\eta)}{\partial(x,\xi)}\right)\cdot(\nabla_{(y,\eta)}g)
$$

由于 f, g 的任意性,上式等价于

$$
\left(\frac{\partial(y,\eta)}{\partial(x,\xi)}\right)\cdot J\cdot{}^t\left(\frac{\partial(y,\eta)}{\partial(x,\xi)}\right)=J
$$

此式就是 (1.9) 的矩阵形式. 定理证毕.

定理 1.2 从余切丛 $T^*(\Omega_x)$ 到 $T^*(\Omega_y)$ 的变换 τ 是典则变换的充要条件是对任意 $f\in C^\infty(T^*(\Omega_y))$, 有

$$
H_f=\tau_* H_{\tau^* f} \tag{1.10}
$$

也就是,典则变换是保持 Hamilton 场不变的微分同胚.

证. 按定义,映射 τ 的切映射 τ_* 为

$$
\tau_* V(g)=V(\tau^* g)
$$

其中 V 为 $T^*(\Omega_x)$ 的任意向量场, g 是 $T^*(\Omega_y)$ 上的任意 C^∞ 函数. 于是,若取 $V=H_{\tau^* f}$, 有

$$
\tau_* H_{\tau^* f}(g)=H_{\tau^* f}(\tau^* g)=\{\tau^* f,\tau^* g\}
$$

根据 (1.7) 可知,映射 τ 是典则变换的充要条件是 $\tau_* H_{\tau^* f}(g)=H_f g$, 即 $\tau_* H_{\tau^* f}=H_f$. 定理证毕.

(1.10) 表明, 按下列图式中两种路线由 f 所得到的 Hamilton 向量场是相同的,也就是下图是可交换的.

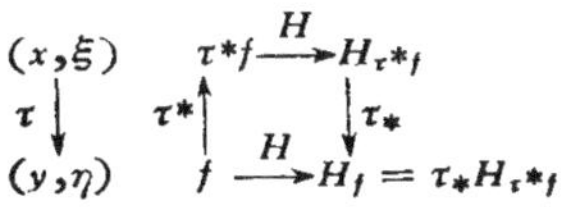

图 1.1

定理 1.3 从余切丛 $T^*(\Omega_x)$ 到 $T^*(\Omega_y)$ 的变换 τ 是典则变换的充要条件是

$$
\tau^*\left(\sum_{j=1}^n d\eta_j\wedge dy_j\right)=\sum_{j=1}^n d\xi_j\wedge dx_j \tag{1.11}
$$

此处 τ^* 是 $T^*(\Omega_y)$ 上二次形式的后拉.

证. 按定义, 对于 $T^*(\Omega_y)$ 上任一个二次形式 ω 及 $T^*(\Omega_x)$

上任意两个向量场 U,V，有

$$(\tau^*\omega)(U,V)=\omega(\tau_*U,\tau_*V)$$

而 τ_*V 有如下坐标表示

$$\tau_*V=\left(\frac{\partial(y,\eta)}{\partial(x,\xi)}\right)V$$

于是，若取 ω 为 $T^*(\Omega_y)$ 上自然辛形式 $\sum_{j=1}^{n}d\eta_j\wedge dy_j$，则对于 $T^*(\Omega_x)$ 上任意两个向量场 U, V 有

$$\begin{aligned}&\left(\tau^*\left(\sum_{j=1}^{n}d\eta_j\wedge dy_j\right)\right)(U,\ V)\\&\quad=\left(\sum_{j=1}^{n}d\eta_j\wedge dy_j\right)(\tau_*U,\ \tau_*V)\\&\quad={}^t(\tau_*U)\cdot J\cdot(\tau_*V)\\&\quad={}^tU\cdot{}^t\left(\frac{\partial(y,\eta)}{\partial(x,\xi)}\right)\cdot J\cdot\left(\frac{\partial(y,\eta)}{\partial(x,\xi)}\right)\cdot V\end{aligned}$$

另一方面，

$$\left(\sum_{j=1}^{n}d\xi_j\wedge dx_j\right)(U,V)={}^tU\cdot J\cdot V$$

由于 U, V 是任意的，则 (1.11) 等价于

$${}^t\left(\frac{\partial(y,\eta)}{\partial(x,\xi)}\right)\cdot J\cdot\left(\frac{\partial(y,\eta)}{\partial(x,\xi)}\right)=J$$

注意到 $J=\begin{pmatrix}0&-I\\I&0\end{pmatrix}$，此式自然与

$$\left(\frac{\partial(y,\eta)}{\partial(x,\xi)}\right)\cdot J\cdot{}^t\left(\frac{\partial(y,\eta)}{\partial(x,\xi)}\right)=J$$

等价．而定理 1.1 已指出它就是 τ 为典则变换的充要条件． 定理证毕．

注 由于

$$\tau^*\left(\sum_{j=1}^{n}d\eta_j\wedge dy_j\right)=\sum_{j=1}^{n}\tau^*(d\eta_j)\wedge\tau^*(dy_j)$$

这里等式右边的 τ^* 表示 $T^*(\Omega_y)$ 上的一次微分形式的后拉，也

就是由 τ 所诱导出的余切映射. 因此. (1.11) 表示,典则变换是保持余切丛上自然辛形式不变的微分同胚.

[例 1] 设 τ 是 $T^*(\Omega_x)$ 上一组对偶坐标间的"对换", 即若 $\tau(x,\xi)=(y,\eta)$, 则对某个 j, 有 $y_j=\xi_j$, $\eta_j=-x_j$,而其它坐标变量不变:

$$y_k=\begin{cases} x_k & k\neq j \\ \xi_j & k=j \end{cases},\quad \eta_k=\begin{cases} \xi_k & k\neq j \\ -x_j & k=j \end{cases} \tag{1.12}$$

这是一个典则变换. 事实上,由 (1.12) 知

$$\sum_{k=1}^{n} d\xi_k\wedge dx_k=\sum_{k\neq j} d\xi_k\wedge dx_k+d\xi_j\wedge dx_j$$

$$=\sum_{k\neq j} d\eta_k\wedge dy_k-dy_j\wedge d\eta_j=\sum_{k=1}^{n} d\eta_k\wedge dy_k$$

故根据定理 1.3 知 τ 是典则变换.

显然,若在不止一组的对偶坐标间进行"对换",仍旧得到典则变换. 为方便起见, 我们称这种变换为 *T* 型变换.

[例 2] 设 τ 是 Ω_x 上的 C^∞ 坐标变换 $x\to y(x)$ 所诱导的余切映射: $T^*(\Omega_x)\to T^*(\Omega_y)$, 即

$$\tau(x,\xi)=(y,\eta)\Longleftrightarrow$$

$$y=y(x),\quad \eta={}^t\left(\frac{\partial y}{\partial x}\right)^{-1}\cdot\xi$$

则 τ 也是典则变换.

事实上

$$\frac{\partial(y,\eta)}{\partial(x,\xi)}=\begin{pmatrix} \dfrac{\partial y}{\partial x} & 0 \\ A & {}^t\left(\dfrac{\partial y}{\partial x}\right)^{-1} \end{pmatrix}$$

此处 A 是 n 阶矩阵,其元素为 $a_{ij}=\sum_{k,l=1}^{n}\frac{\partial^2 x_k}{\partial y_i\partial y_l}\frac{\partial y_l}{\partial x_j}\xi_k$. 于是

$$\det\left(\frac{\partial(y,\eta)}{\partial(x,\xi)}\right)\neq 0,$$ 即 τ 是微分同胚. 并且

$$\left(\frac{\partial(y,\eta)}{\partial(x,\xi)}\right)\cdot J\cdot {}^t\left(\frac{\partial(y,\eta)}{\partial(x,\xi)}\right)$$

$$=\begin{pmatrix}\dfrac{\partial y}{\partial x} & 0\\ A & {}^t\left(\dfrac{\partial y}{\partial x}\right)^{-1}\end{pmatrix}\begin{pmatrix}0 & -I\\ I & 0\end{pmatrix}\begin{pmatrix}{}^t\left(\dfrac{\partial y}{\partial x}\right) & {}^tA\\ 0 & \left(\dfrac{\partial y}{\partial x}\right)^{-1}\end{pmatrix}$$

$$=\begin{pmatrix}0 & -\dfrac{\partial y}{\partial x}\\ {}^t\left(\dfrac{\partial y}{\partial x}\right)^{-1} & -A\end{pmatrix}\begin{pmatrix}{}^t\left(\dfrac{\partial y}{\partial x}\right) & {}^tA\\ 0 & \left(\dfrac{\partial y}{\partial x}\right)^{-1}\end{pmatrix}$$

$$=\begin{pmatrix}0 & -I\\ I & {}^t\left(\dfrac{\partial y}{\partial x}\right)^{-1}\cdot {}^tA-A\left(\dfrac{\partial y}{\partial x}\right)^{-1}\end{pmatrix}$$

把 a_{ij} 的表示式代入 A 中，易知 ${}^tA\left(\dfrac{\partial y}{\partial x}\right)$ 是一个对称阵，从而

$${}^t\left(\frac{\partial y}{\partial x}\right)^{-1}{}^tA-A\left(\frac{\partial y}{\partial x}\right)^{-1}=0$$

故由定理 1.1 知，τ 是典则变换.

为了进一步了解典则变换的构造，我们引入生成函数的概念，以下我们仍在余切丛上一点的邻域中讨论问题，并且认为该邻域已被局部坐标化了.

设 $S(x,\eta)$ 是在 (x_0,η_0) 邻域中的 C^∞ 函数，这里 x 与 η 分别代表 n 个变量，$\det(S_{x\eta}(x_0,\eta_0))\neq 0$，则可以在 (x_0,η_0) 的邻域中按下列方式确定一个变换 $\tau,(x,\xi)\longmapsto(y,\eta)$，

$$y_j=\frac{\partial S(x,\eta)}{\partial\eta_j},\quad \xi_j=\frac{\partial S(x,\eta)}{\partial x_j}\quad j=1,\cdots,n \tag{1.13}$$

事实上，由于矩阵 $S_{x\eta}$ 在 (x_0,η_0) 点非异，利用隐函数存在定理，可以从 (1.13) 中后面的 n 个方程确定反函数 $\eta=\eta(x,\xi)$，再把它代入前面 n 个方程就可得到 $y=y(x,\xi)$. 对于这样得到的 y,η，由

$$\frac{\partial(y,\eta)}{\partial(x,\xi)}=\begin{pmatrix}S_{\eta x}+S_{\eta\eta}\eta_x & S_{\eta\eta}\eta_\xi\\ \eta_x & \eta_\xi\end{pmatrix}=\begin{pmatrix}S_{x\eta}+S_{\eta\eta}\eta_x & S_{\eta\eta}(S_{x\eta})^{-1}\\ \eta_x & (S_{x\eta})^{-1}\end{pmatrix}$$

可知

$$\det\left(\frac{\partial(y,\eta)}{\partial(x,\xi)}\right)\neq 0$$

这样，在 (x_0,η_0) 的邻域中我们就得到了一个微分同胚变换 τ.

进一步还可以证明，τ 是一个典则变换. 为此，我们来验证(1.11)成立. 注意到以 $\frac{\partial^2 S}{\partial\eta_j\partial\eta_k}$ 为元素所构成的矩阵是对称阵，所以

$$\sum_{j,k=1}^{n} d\eta_j\wedge\frac{\partial^2 S(x,\eta)}{\partial\eta_j\partial\eta_k}d\eta_k=0$$

同理，我们有

$$\sum_{j,k=1}^{n}\frac{\partial^2 S}{\partial x_j\partial x_k}dx_j\wedge dx_k=0$$

于是

$$\begin{aligned}\sum_{j=1}^{n}d\eta_j\wedge dy_j&=\sum_{j=1}^{n}d\eta_j\wedge\left(\sum_{k=1}^{n}\frac{\partial y_j}{\partial x_k}dx_k+\sum_{k=1}^{n}\frac{\partial y_j}{\partial\eta_k}d\eta_k\right)\\&=\sum_{j,k=1}^{n}d\eta_j\wedge\left(\frac{\partial^2 S}{\partial\eta_j\partial x_k}dx_k+\frac{\partial^2 S}{\partial\eta_j\partial\eta_k}d\eta_k\right)\\&=\sum_{j,k=1}^{n}d\eta_j\wedge\frac{\partial^2 S}{\partial\eta_j\partial x_k}dx_k\\&=\sum_{j,k=1}^{n}\left(\frac{\partial^2 S}{\partial\eta_j\partial x_k}d\eta_j+\frac{\partial^2 S}{\partial x_j\partial x_k}dx_j\right)\wedge dx_k\\&=\sum_{k=1}^{n}d\xi_k\wedge dx_k\end{aligned}$$

这就表示 τ 是典则变换.

定义 1.3 我们称上述 $S(x,\eta)$ 在 (x_0,η_0) 附近是由它诱导出的典则变换 τ 的一个生成函数.

由典则变换的定义看到，一个典则变换局部地由满足一定条件的 $2n$ 个坐标函数的关系式所确定. 但在这里，只要利用一个生成函数就能确定一个典则变换. 这是生成函数的一个优点. 下

面给出的定理则更进一步表明，任意一个典则变换几乎都能由相应的某个生成函数所确定。

定理 1.4 任一典则变换局部地均可由一个生成函数所确定的变换和 T 型变换复合而成。

证．设典则变换 τ 为：$(x,\xi)\longmapsto(y=y(x,\xi),\quad \eta=\eta(x,\xi))$，由于矩阵 $\dfrac{\partial(y,\eta)}{\partial(x,\xi)}$ 满秩，故利用 T 型变换可使变换后的 Jacobian 矩阵中的右下块满足 $\det\left(\dfrac{\partial\eta}{\partial\xi}\right)\neq 0$．于是，利用反函数存在定理，对于函数 $\eta=\eta(x,\xi)$，存在反函数 $\xi=\xi(x,\eta)$．再由(1.11)可得

$$
\begin{aligned}
d\left(\sum_{j=1}^{n}\xi_j dx_j+y_j d\eta_j\right)&=\sum_{j=1}^{n}(d\xi_j\wedge dx_j+dy_j\wedge d\eta_j)\\
&=\sum_{j=1}^{n}(d\xi_j\wedge dx_j-d\eta_j\wedge dy_j)\\
&=0
\end{aligned}
$$

这说明 $\sum\limits_{j=1}^{n}\xi_j dx_j+y_j d\eta_j$ 是一个闭形式，应用 Poincaré 引理，局部地存在一个函数 $S=S(x,\eta)$ 使有 $dS=\sum\limits_{j=1}^{n}\xi_j dx_j+y_j d\eta_j$，从而 $\dfrac{\partial S}{\partial x_j}=\xi_j$，$\dfrac{\partial S}{\partial \eta_j}=y_j$．

注意到 T 型变换的逆变换也是 T 型变换．于是，上述过程表明，τ 是由一个生成函数所确成的典则变换和一个 T 型变换复合而成．定理证毕．

由上述证明过程可知，对于一个给定的典则变换，相应的生成函数 $S(x,\eta)$ 可确定到相差一个任意常数．现在我们来考虑一类典则变换，即所谓齐次典则变换．对于这类变换，相应的生成函数可以完全确定．齐次典则变换与 Fourier 积分算子有着密切的联系．

定义 1.4 设典则变换 $\tau:(x,\xi)\longmapsto(y,\eta)$ 可以用 $y=y(x,\xi)$，$\eta=\eta(x,\xi)$ 表示，若对于任意的 $t>0$ 有

$$y(x,\xi)=y(x,t\xi),t\eta(x,\xi)=\eta(x,t\xi) \tag{1.14}$$

则称此典则变换为齐次典则变换.

定理 1.5 若生成函数 $S(x,\eta)$ 关于 η 是正齐一次的，则由它所确定的典则变换为齐次典则变换. 反之，一个齐次典则变换必可由一个正齐一次的生成函数所确定的变换和一个由底空间上的变换所诱导的变换复合而成.

证. 定理结论的前一半是明显的，今证后一半. 设

$$\tau:(x,\xi)\longmapsto(y,\eta)$$

是一个给定的齐次典则变换，则由 Euler 定理可知

$$\sum_{j=1}^{n}\xi_j\frac{\partial y_i}{\partial\xi_j}=0,\quad \sum_{j=1}^{n}\xi_j\frac{\partial\eta_i}{\partial\xi_j}=\eta_i$$

于是可得

$$\sum_{j=1}^{n}\xi_j\frac{\partial}{\partial\xi_j}=\sum_{j=1}^{n}\eta_j\frac{\partial}{\partial\eta_j}$$

即变换 τ 保持向量场

$$\sum_{j=1}^{n}\xi_j\frac{\partial}{\partial\xi_j}$$

形式不变. 又注意到自然辛形式

$$\sum_{j=1}^{n}d\xi_j\wedge dx_j$$

与向量场

$$\sum_{j=1}^{n}\xi_j\frac{\partial}{\partial\xi_j}$$

的内积

$$\left(\sum_{j=1}^{n}d\xi_j\wedge dx_j\right)\Big|\left(\sum_{j=1}^{n}\xi_j\frac{\partial}{\partial\xi_j}\right)=\sum_{j=1}^{n}\xi_j dx_j$$

（参见 [4],p76)，则由定理 1.3 可得

$$\begin{aligned}\sum_{j=1}^{n}\eta_j d\eta_j&=\left(\sum_{j=1}^{n}d\eta_j\wedge dy_j\right)\Big|\left(\sum_{j=1}^{n}\eta_j\frac{\partial}{\partial\eta_j}\right)\\&=\left(\sum_{j=1}^{n}d\xi_j\wedge dx_j\right)\Big|\left(\sum_{j=1}^{n}\xi_j\frac{\partial}{\partial\xi_j}\right)\end{aligned}$$

$$= \sum_{j=1}^{n} \xi_j dx_j$$

于是，我们有

$$\sum_{j=1}^{n} \xi_j dx_j + y_j d\eta_j = \sum_{j=1}^{n} \eta_j dy_j + y_j d\eta_j$$

$$= d\left(\sum_{j=1}^{n} \eta_j y_j\right)$$

如果将变换 τ 写成 $x_j = x_j(y,\eta)$，$\xi_j = \xi_j(y,\eta)$，$j = 1,\cdots,n$ 的形式，则易见，x_j，ξ_j 关于 η 分别为零次与一次正齐次函数。于是在

$$\det\left(\frac{\partial x}{\partial y}\right) \neq 0$$

的情形下，由 $x = x(y,\eta)$ 解出 y 为 x 与 η 的函数，并令

$$S = \sum_{j=1}^{n} y_j \eta_j = \sum_{j=1}^{n} y_j(x,\eta)\eta_j$$

即得所需之结论.

对于 $\det\left(\frac{\partial x}{\partial y}\right) = 0$ 的情形，再通过一个由底空间上的变换 $y = y(z)$ 所诱导的齐次典则变换 τ_1，就能化成上面已讨论过的情形。以下不妨设 $y_0 = 0$，并取 $y = y(z)$ 为

$$z_k = y_k + \frac{1}{2}\sum_{i,j=1}^{n} A_{ij}^k y_i y_j \qquad k = 1,\cdots,n \tag{1.15}$$

的反函数，式中 (A_{ij}^k)，$k = 1,\cdots,n$ 均为待定的常系数对称矩阵. 对于由 (1.15) 所诱导的余切丛上的变换，我们有

$$\eta_j = \sum_{k=1}^{n} \frac{\partial z_k}{\partial y_j} \zeta_k$$

$$= \sum_{k=1}^{n}\left(\delta_{kj} + \sum_{i=1}^{n} A_{ij}^k y_i\right)\zeta_k$$

所以

$$\frac{\partial \eta_j}{\partial z_l} = \sum_{i,k=1}^{n} A_{ij}^k \frac{\partial y_i}{\partial z_l}\zeta_k$$

在 $y=y_0=0$, $\eta=\eta_0$ 时, $z=z_0=0$, $\zeta=\zeta_0$, $\frac{\partial y_i}{\partial z_l}=\delta_{il}$, 所以

$$\frac{\partial\eta_i}{\partial z_l}=\sum_{i,k=1}^{n}A_{il}^{k}\delta_{il}\zeta_{k0}=\sum_{k=1}^{n}A_{il}^{k}\zeta_{k0}$$

由于 $x=x(y(z),\ \eta(z,\zeta))$, 所以在 $(0,\zeta_0)$ 点

$$\begin{aligned}\frac{\partial x_i}{\partial z_l}&=\sum_{j=1}^{n}\frac{\partial x_i}{\partial y_j}\cdot\frac{\partial y_j}{\partial z_l}+\sum_{j=1}^{n}\frac{\partial x_i}{\partial\eta_j}\cdot\frac{\partial\eta_j}{\partial z_l}\\&=\sum_{j=1}^{n}\frac{\partial x_i}{\partial y_j}\cdot\delta_{jl}+\sum_{j=1}^{n}\frac{\partial x_i}{\partial\eta_j}\left(\sum_{k=1}^{n}A_{lj}^{k}\zeta_{k0}\right)\\&=\frac{\partial x_i}{\partial y_l}+\sum_{j=1}^{n}\frac{\partial x_i}{\partial\eta_j}\left(\sum_{k=1}^{n}A_{lj}^{k}\zeta_{k0}\right)\end{aligned}$$

注意到 $\zeta_0\neq 0$, 所以由矩阵 $(A_{il}^{k}),k=1,\cdots,n$ 的任意性知,

$$A=\left(\sum_{k=1}^{n}A_{il}^{k}\zeta_{k0}\right)$$

可取成任意常数对称阵.此外,由 τ 为微分同胚,故矩阵$\left(\frac{\partial x}{\partial y},\frac{\partial x}{\partial\eta}\right)$的秩为 n, 从而恒可选取 A 使得在 (z_0,ζ_0) 点 $\det\left(\frac{\partial x}{\partial z}\right)\neq 0$. 这就得到了前面已讨论过的情形. 定理证毕.

注. 上面定理证明的最后一段中将 $\det\left(\frac{\partial x}{\partial y}\right)=0$ 化成 $\det\left(\frac{\partial x}{\partial z}\right)\neq 0$ 的情形进行讨论,这包含有更深刻的几何内容,读者可参见[10].

对于一个正齐一次的生成函数 $S(x,\ \eta)$, 我们可以作出如下形式的 Fourier 积分算子 A

$$\begin{aligned}Au(x)&=(2\pi)^{-n}\int e^{iS(x,\eta)}a(x,\eta)\hat{u}(\eta)d\eta\\&=(2\pi)^{-n}\int e^{i(S(x,\eta)-\langle y,\eta\rangle)}a(x,\eta)u(y)dyd\eta\end{aligned}\tag{1.16}$$

算子 A 的位相函数是 $\phi(x,\ y,\ \eta)=S(x,\ \eta)-\langle y,\ \eta\rangle$, 相应的 Lagrange 流形是 $\Lambda_\phi=\{(x,y;S_x(x,\eta),-\eta);y=S_\eta(x,\eta)\}$.

当 $S(x,\eta)$ 仅在 (x_0,η_0) 的邻域中有定义时，为作出算子 A 先得将 $S(x,\eta)$ 延拓，例如对 $S(x,y)$ 乘以一个在 (x_0,η_0) 锥邻域中恒等于 1 的齐零次截断函数，然后再零延拓至 $\Omega_x\times\mathbf{R}_n$. 不同的延拓所引起的差算子之波前集必在$(x_0,S_\eta(x_0,\eta_0);S_x(x_0,\eta_0),\eta_0)$的某锥邻域外，它将不影响我们对算子 A 的局部性质之讨论. 以后凡我们说到对局部定义的生成函数构造相应的 Fourier 积分算子 (1.16) 时，均作这样的理解.

Λ'_ϕ 在每一点的邻域均可视为 $T^*(\Omega_x)$ 到 $T^*(\Omega_y)$ 的变换 τ 的图象. 这是因为 $n_x=n_y=n$，且矩阵

$$\begin{pmatrix}\phi_{xy} & \phi_{x\eta}\\ \phi_{y\eta} & \phi_{\eta\eta}\end{pmatrix}=\begin{pmatrix}0 & S_{x\eta}\\ -I & S_{\eta\eta}\end{pmatrix}$$

是满秩阵，故由第三章引理 2.1 易得此结论. 由 Λ'_ϕ 的表示式知，τ 可写成 $(x,\ S_x(x,\eta))\longmapsto(S_\eta(x,\eta),\ \eta)$，所以它就是生成函数 $S(x,\eta)$ 所导出的典则变换. 故我们称 (1.16) 为与**典则变换 τ 相联系的 Fourier 积分算子**. 此时对振幅并无特殊要求.

这个结果可以推广到更为一般的情形，即对一 Fourier 积分算子，设它带有非退化的位相函数 $\phi(x,y,\theta)$，若相应的

$$\Lambda'_\phi=\{(x,y;\phi_x,-\phi_y);\phi_\theta=0\}$$

确定了一个 $T^*(\Omega_x)\to T^*(\Omega_y)$ 的局部微分同胚 τ，使得 τ 在 $T^*(\Omega_x)\times T^*(\Omega_y)$ 上的图象恰为 Λ'_ϕ，则 τ 必定是一个典则变换. 事实上，此时必有 $n_x=n_y$，又记位相变量的个数为 N，我们有

$$\begin{aligned}\sum_{j=1}^n d\eta_j\wedge dy_j&=-\sum_{j=1}^n d(\phi_{y_j})\wedge dy_j\\&=-\sum_{j=1}^n\Big(\sum_{k=1}^n(\phi_{y_jy_k}dy_k+\phi_{y_jx_k}dx_k)\\&\qquad+\sum_{k=1}^N\phi_{y_j\theta_k}d\theta_k\Big)\wedge dy_j\end{aligned}$$

由 $\phi_{y_jy_k}$ 的对称性，有

$$\sum_{j,k=1}^n\phi_{y_jy_k}dy_k\wedge dy_j=0$$

又在 Λ'_ϕ 上 $\phi_{\theta_k}=0$，所以

$$\sum_{j=1}^{n}(\phi_{\theta_k y_j}dy_j+\phi_{\theta_k x_j}dx_j)+\sum_{j=1}^{N}\phi_{\theta_k\theta_j}d\theta_j=0.$$

同样由 $\phi_{\theta_k\theta_j}$ 的对称性有

$$\sum_{k,j=1}^{N}\phi_{\theta_k\theta_j}d\theta_k\wedge d\theta_j=0$$

于是我们可得

$$\begin{aligned}\sum_{j=1}^{n}d\eta_j\wedge dy_j&=-\sum_{j,k=1}^{n}\phi_{y_jx_k}dx_k\wedge dy_j\\&\quad-\sum_{k=1}^{N}d\theta_k\wedge\sum_{j=1}^{n}\phi_{y_j\theta_k}dy_j\\&=-\sum_{j,k=1}^{n}\phi_{y_jx_k}dx_k\wedge dy_j\\&\quad+\sum_{k=1}^{N}d\theta_k\wedge\sum_{j=1}^{n}\phi_{\theta_kx_j}dx_j\\&=\sum_{j=1}^{n}\left(\sum_{k=1}^{n}\phi_{y_kx_j}dy_k+\sum_{k=1}^{N}\phi_{\theta_kx_j}d\theta_k\right)\wedge dx_j\end{aligned}$$

再利用 $\phi_{x_jx_k}$ 的对称性，有

$$\sum_{j,k=1}^{n}\phi_{x_kx_j}dx_k\wedge dx_j=0,$$

所以

$$\begin{aligned}\sum_{j=1}^{n}d\eta_j\wedge dy_j&=\sum_{j=1}^{n}\left(\sum_{k=1}^{n}\phi_{y_kx_j}dy_k+\sum_{k=1}^{N}\phi_{\theta_kx_j}d\theta_k\right.\\&\quad\left.+\sum_{k=1}^{n}\phi_{x_kx_j}dx_k\right)\wedge dx_j\\&=\sum_{j=1}^{n}(d\phi_{x_j})\wedge dx_j\\&=\sum_{j=1}^{n}d\xi_j\wedge dx_j\end{aligned}$$

这就表明 τ 是一个典则变换。

以上的讨论表明，对于一个给定的 Fourier 积分算子，如果由其位相函数所确定的 Lagrange 流形能诱导出 $T^*(\Omega_x) \to T^*(\Omega_y)$ 的局部微分同胚时，这个 Lagrange 流形局部地必定是某个典则变换的图象. 根据第三章的定理 1.1 知，对于 Fourier 积分算子来说，最本质的不变量是 Lagrange 流形，从而由定理 1.5 知，原先所考察的 Fourier 积分算子在忽略了底空间上那个变换后可以用 (1.16) 的形式表示. 也就是说，(1.16) 类型的 Fourier 积分算子虽然形式比较特殊，却具有相当的代表性. 这种形式的算子在处理某些问题时比较方便，我们以后还会常常用到它.

二、主型算子的微局部化简

在这一段中我们将讨论利用典则变换对主型拟微分算子进行微局部化简的问题. 为此先引入一些有关概念.

设 Ω_x 为 n 维微分流形，$T^*(\Omega_x)$ 为余切丛，(x,ξ) 为 $T^*(\Omega_x)$ 的局部坐标. 称向量 $\sum_{j=1}^{n}\xi_j\frac{\partial}{\partial\xi_j}$ 为在点 (x,ξ) 的**锥轴**，它是 $T^*_{(x,\xi)}(\Omega_x)$ 的切向量，或 $T(T^*(\Omega_x))$ 的元素.

若记 $\alpha=\sum_{j=1}^{n}\xi_j dx_j$ 为 $T^*(\Omega_x)$ 上的基本一次形式，则易见，$T^*(\Omega_x)$ 上的向量场

$$w=\sum_{j=1}^{n}a_j\frac{\partial}{\partial x_j}+b_j\frac{\partial}{\partial\xi_j}$$

在点 (x_0,ξ_0) 和锥轴

$$\lambda_0=\sum_{j=1}^{n}\xi_j^0\frac{\partial}{\partial\xi_j}$$

平行的充要条件是在点 (x_0,ξ_0) 处，一次形式

$$\sum_{j=1}^{n}a_j dx_j+b_j d\xi_j$$

与基本一次形式

$$\alpha_0=\sum_{j=1}^{n}\xi_j^0 dx_j$$

线性相关.

定义 1.5 设 $p(x, D)$ 是 Ω_x 上的 m 阶拟微分算子，它的齐次主象征是 $p_m(x, \xi)$. 若对 $(x_0, \xi_0) \in T^*(\Omega_x)\backslash\{0\}$，当 $p_m(x_0,\xi_0) = 0$ 时 Hamilton 场 H_{p_m} 和锥轴 λ_0 不平行，则称 $p(x, D)$ 在 (x_0,ξ_0) 点是主型的. 若对所有 $\xi \in \mathbb{R}_n\backslash\{0\}$，$p(x, D)$ 在 (x_0, ξ) 点均为主型，则称 $p(x, D)$ 在 x_0 点是主型的. 又若在 Ω_x 的每一点 $p(x, D)$ 为主型，则称 $p(x, D)$ 为 Ω_x 上的主型算子.

若算子 $p(x,D)$ 的齐次主象征 $p_m(x,\xi)$ 在 $(x_0,\xi_0) \in T^*(\Omega_x)\backslash\{0\}$ 点满足 $p_m(x_0, \xi_0) = 0$ 和 $\nabla_\xi p_m(x_0,\xi_0) \neq 0$，这类算子就是在 (x_0,ξ_0) 具单特征的算子，它有时候被称为狭义主型算子. 但是，我们这里所定义的主型算子的范围要比单特征算子更广泛，它包含某些不具单特征的算子. 例如，Tricomi 算子 $y\dfrac{\partial^2}{\partial x^2} + \dfrac{\partial^2}{\partial y^2}$ 在 $T^*(\Omega_x)$ 的子集 $\{(x,0;\xi,0);\xi \neq 0\}$ 上不具有单特征，但它仍是主型算子.

设 F, G 为两个给定的 Fourier 积分算子，如第一章 § 4 所定义，$WF'(F - G)$ 表示算子 $F - G$ 所对应的分布核的波前集，对于点 $(x_0, y_0; \xi_0, \eta_0) \in T^*(\Omega_x) \times T^*(\Omega_y)$，若 $(x_0, y_0; \xi_0, \eta_0) \bar{\in} WF(F - G)$，则称 F 与 G 在 $(x_0, y_0; \xi_0, \eta_0)$ 按微局部的意义相等，并记作 $F \overset{m}{\sim} G$.

定义 1.6 设 P, Q 为分别在 Ω_x 与 Ω_y 上给定的拟微分算子，F 为如上给定的 Fourier 积分算子，若在 $(x_0,y_0;\xi_0,\eta_0)$ 点 $PF \overset{m}{\sim} FQ$，则称算子 P 与 Q 在 $(x_0,y_0;\xi_0, \eta_0)$ 点 Fourier 等价.

我们以下将证明关于主型拟微分算子的微局部化简的定理，其形式为:

定理 1.6 设一阶拟微分算子 $p(x,D)$ 在 $(x_0,\xi_0) \in T^*(\Omega_x)\backslash\{0\}$ 点是主型的，$\mathrm{sym}\, p \in S^1$，且其齐次主象征 $p_1(x,\xi)$ 是实的，则在 (x_0, ξ_0) 的某锥邻域内存在一个齐次典则变换 $\tau:(x,\xi) \longmapsto (y,\eta)$，$y_0 = y(x_0,\xi_0)$，$\eta_0 = \eta(x_0,\xi_0)$，使得 $\eta_n = p_1(x, \xi)$；并且存在一个

和此典则变换相联系的 Fourier 积分算子 F，使有

$$(x_0, y_0; \xi_0, \eta_0) \bar{\in} WF'(PF - FD_n) \tag{1.17}$$

其中 $D_n = \frac{1}{i}\frac{\partial}{\partial y_n}$.

易见，按定义 1.6，上述结论就表示算子 $p(x, D)$ 与 D_n 在 $(x_0, y_0, \xi_0, \eta_0)$ 点 Fourier 等价.

定理 1.6 的证明较长，我们将它分为两步. 第一步是寻求定理中所要求的齐次典则变换. 为此，需要若干几何方面的准备，我们简称这部分是定理证明的几何部分，主要包括定理 1.7 与 1.8，第二部分是寻找所要求的 Fourier 积分算子，我们简称它是定理证明的分析部分，包括定理 1.9，1.10 以及最后的综合.

定理 1.7 对于域 $\Omega_x \subset \mathbf{R}^n$ 上的 k 个线性无关的向量场 $X_1, \cdots, X_k$，若满足

$$[X_i, X_j] = 0 \qquad i, j = 1, \cdots, k \tag{1.18}$$

则存在一个坐标变换 $\tau: x \longmapsto y$，使得

$$\tau_*(X_i) = \frac{\partial}{\partial y_i} \qquad i = 1, \cdots, k \tag{1.19}$$

证. 我们先作一个坐标变换 $x \longmapsto y$，使得在此变换下 X_1 变成 $\frac{\partial}{\partial y_1}$. 设在此变换下

$$X_i = \sum_{l=1}^{n} m_{il}(y)\frac{\partial}{\partial y_l} \quad (i = 2, \cdots, k)$$

则由 (1.18) 知

$$\sum_{l=1}^{n} \frac{\partial m_{il}}{\partial y_1}\frac{\partial}{\partial y_l} = [X_1, X_i] = 0 \quad (i = 2, \cdots, k)$$

所以对一切满足 $2 \leqslant i \leqslant k, 1 \leqslant l \leqslant n$ 的 m_{il}，均有 $\frac{\partial m_{il}}{\partial y_1} = 0$，即 m_{il} 与 y_1 无关，记 $y' = (y_2, \cdots, y_n)$，则可将 $m_{il}(y)$ 写成 $m_{il}(y')$，即

$$X_1 = \frac{\partial}{\partial y_1}$$

$$X_2 = m_{21}(y')\frac{\partial}{\partial y_1} + m_{22}(y')\frac{\partial}{\partial y_2} + \cdots + m_{2n}(y')\frac{\partial}{\partial y_n}$$

$$\cdots\cdots\cdots\cdots$$

$$X_k = m_{k1}(y')\frac{\partial}{\partial y_1} + m_{k2}(y')\frac{\partial}{\partial y_2} + \cdots + m_{kn}(y')\frac{\partial}{\partial y_n}$$

作坐标变换 $y\longmapsto z$，其中 $z_1 = y_1$，$z' = z'(y')$，且使得在此变换下

$$m_{22}(y')\frac{\partial}{\partial y_2} + \cdots + m_{2n}(y')\frac{\partial}{\partial y_n}$$

变成 $\frac{\partial}{\partial z_2}$，于是得

$$X_1 = \frac{\partial}{\partial z_1}$$

$$X_2 = \widetilde{m}_{21}(z')\frac{\partial}{\partial z_1} + \frac{\partial}{\partial z_2}$$

$$X_3 = \widetilde{m}_{31}(z')\frac{\partial}{\partial z_1} + \widetilde{m}_{32}(z')\frac{\partial}{\partial z_2} + \cdots + \widetilde{m}_{3n}(z')\frac{\partial}{\partial z_n}$$

$$\cdots\cdots\cdots\cdots$$

$$X_k = \widetilde{m}_{k1}(z')\frac{\partial}{\partial z_1} + \widetilde{m}_{k2}(z')\frac{\partial}{\partial z_2} + \cdots + \widetilde{m}_{kn}(z')\frac{\partial}{\partial z_n}$$

再作坐标变换 $z\longmapsto w$，其中

$$w_1 = z_1 - \int_{z_{2,0}}^{z_2}\widetilde{m}_{21}(z')dz_2,\quad w' = z'$$

则利用求导法则可知

$$\frac{\partial}{\partial z_1} = \frac{\partial}{\partial w_1},\quad \frac{\partial}{\partial z_2} = \frac{\partial}{\partial w_2} - \widetilde{m}_{21}\frac{\partial}{\partial w_1}$$

从而得到

$$X_1=\frac{\partial}{\partial w_1}$$

$$X_2=\frac{\partial}{\partial w_2}$$

$$X_3=\tilde{\tilde{m}}_{31}\frac{\partial}{\partial w_1}+\tilde{\tilde{m}}_{32}\frac{\partial}{\partial w_2}+\cdots+\tilde{\tilde{m}}_{3n}\frac{\partial}{\partial w_n}$$

$$\cdots\cdots\cdots\cdots\cdots$$

$$X_k=\tilde{\tilde{m}}_{k1}\frac{\partial}{\partial w_1}+\tilde{\tilde{m}}_{k2}\frac{\partial}{\partial w_2}+\cdots+\tilde{\tilde{m}}_{kn}\frac{\partial}{\partial w_n}$$

利用条件(1.18)又可知系数 $\tilde{\tilde{m}}_{31},\cdots,\tilde{\tilde{m}}_{kn}$ 实际上只依赖于 $w_3,\cdots,w_n$，依次继续做下去，最后可以将 $X_1,\cdots,X_k$ 化成关于 k 个坐标变量的导算子. 重新标记坐标变量，即得 (1.19). 定理证毕.

注. 定理 1.7 是更一般的 Frobenius 定理的特例，关于该定理的叙述与证明可参见[4].

利用定理 1.7 可以得到下面的 Darboux 定理.

定理 1.8 设 $p_1,\cdots,p_k$ 是 $(x_0,\xi_0)\in T^*(\Omega_x)\backslash\{0\}$ 点某锥邻域内的实值正齐一次 C^∞ 函数，$k\leqslant n=\dim\Omega_x$，则局部地存在一个齐次典则变换 $\tau:(x,\xi)\longmapsto(y,\eta)$，使得 $\tau(x_0,\xi_0)=(0,\eta_0)$，且 $p_j(x,\xi)=\eta_j$，$j=1,\cdots,k$ 的充分必要条件是:

i) 在 (x_0,ξ_0) 的锥邻域中

$$\{p_i,p_j\}=0\quad i,j=1,\cdots,k\tag{1.20}$$

ii) 在 (x_0,ξ_0) 处，$H_{p_1},H_{p_2},\cdots,H_{p_k}$ 与锥轴

$$\lambda=\sum_{j=1}^{n}\xi_j\frac{\partial}{\partial\xi_j}$$

线性无关.

证. 若要求的典则变换存在，则由于 Poisson 括号在典则变换下不变，故立刻可得(1.20)，又由于锥轴在典则变换下也保持不变(参见定理 1.5 的证明)，则由锥轴 $\sum_{j=1}^{n}\eta_j\frac{\partial}{\partial\eta_j}$ 与相应于 $\eta_1,\cdots,\eta_n$ 的 Hamilton 向量场线性无关，可知条件 ii)成立.

今证充分性．我们先说明，在 $k<n$ 时可以逐个地补充 $p_{k+1}(x,\xi),\cdots,p_n(x,\xi)$，使条件 i)，ii) 仍然成立．再指出可以找到函数 $q_1(x,\xi),\cdots,q_n(x,\xi)$，使令 $\eta_j=p_j(x,\xi)$，$y_j=q_j(x,\xi)$，$j=1,\cdots,n$，就是所需之典则变换．

对于 $1\leqslant i,j\leqslant k$，我们有

$$[H_{p_i},H_{p_j}]=H_{\{p_i,p_j\}}=0$$

此外，由于 $\dfrac{\partial p_i}{\partial\xi_s}$ 及 $\dfrac{\partial p_i}{\partial x_s}$ 关于 ξ 分别为正齐零次与正齐一次函数，所以由 Euler 等式知

$$\lambda\frac{\partial p_i}{\partial\xi_s}=\left(\sum_{l=1}^n\xi_l\frac{\partial}{\partial\xi_l}\right)\frac{\partial p_i}{\partial\xi_s}=0$$

$$\lambda\frac{\partial p_i}{\partial x_s}=\left(\sum_{l=1}^n\xi_l\frac{\partial}{\partial\xi_l}\right)\frac{\partial p_i}{\partial x_s}=\frac{\partial p_i}{\partial x_s}$$

从而

$$\begin{aligned}[H_{p_i},\lambda]&=\left[\sum_{s=1}^n\frac{\partial p_i}{\partial\xi_s}\frac{\partial}{\partial x_s}-\frac{\partial p_i}{\partial x_s}\frac{\partial}{\partial\xi_s},\sum_{l=1}^n\xi_l\frac{\partial}{\partial\xi_l}\right]\\&=\sum_{l,s=1}^n\left(-\frac{\partial p_i}{\partial x_s}\frac{\partial}{\partial\xi_s}\xi_l\right)\frac{\partial}{\partial\xi_l}\\&\quad-\sum_{s=1}^n\left[\left(\lambda\frac{\partial p_i}{\partial\xi_s}\right)\frac{\partial}{\partial x_s}-\left(\lambda\frac{\partial p_i}{\partial x_s}\right)\frac{\partial}{\partial\xi_s}\right]\\&=\sum_{l=1}^n\left(-\frac{\partial p_i}{\partial x_l}\frac{\partial}{\partial\xi_l}\right)+\sum_{s=1}^n\frac{\partial p_i}{\partial x_s}\frac{\partial}{\partial\xi_s}\\&=0\end{aligned}$$

这样，根据定理 1.7，在 (x_0,ξ_0) 的某维邻域内存在适当的坐标变换 $(x,\xi)\longmapsto(z_1,\cdots,z_{2n})$，使 $H_{p_1},\cdots,H_{p_k}$ 和 λ 这 $k+1$ 个线性无关的向量局部地表示为 $\dfrac{\partial}{\partial z_1},\cdots,\dfrac{\partial}{\partial z_{k+1}}$．由于待求的齐一次函数 $p_{k+1}(x,\xi)$ 应当满足方程组

$$\begin{cases}H_{p_i}p_{k+1}=0\\ \displaystyle\sum_{j=1}^n\xi_j\frac{\partial p_{k+1}}{\partial\xi_j}=p_{k+1}\end{cases}\tag{1.21}$$

在上述坐标变换下，该方程组化成

$$\begin{cases} \dfrac{\partial p_{k+1}}{\partial z_i} = 0 \quad i = 1, \cdots, k \\ \dfrac{\partial p_{k+1}}{\partial z_{k+1}} = p_{k+1} \end{cases}$$

于是可以取 $p_{k+1} = e^{z_{k+1}+f(z_{k+2},\cdots,z_{2n})}$，其中 f 为待定函数．回到原来的变量 x, ξ，即知 $p_{k+1}(x,\xi)$ 满足(1.21)．

现设法选取 f 使得 $H_{p_1}, \cdots, H_{p_k}, H_{p_{k+1}}$ 与 λ 在 (x_0,ξ_0) 线性无关，或者说，$dp_1, \cdots, dp_k, dp_{k+1}$ 与 $\alpha = \sum_{j=1}^{n} \xi_j dx_j$ 在 (x_0, ξ_0) 线性无关．为此，考察

$$dp_{k+1} = p_{k+1}(dz_{k+1} + df(z_{k+2}, \cdots, z_{2n}))$$

此式右边含 $2n-k$ 个独立的微分 $dz_{k+1}, \cdots, dz_{2n}$，而 $dp_1, \cdots, dp_k$ 及 α 为 $k+1$ 个一次微分形式．由 $k<n$ 可推知 $k+1<2n-k$，故总可选取 $f(z_{k+2}, \cdots, z_{2n})$ 使得 dp_{k+1} 与 $dp_1, \cdots, dp_k, \alpha$ 在 (x_0,ξ_0) 线性无关．这样，若将 $p_{k+1}(x,\xi)$ 加入到 $p_1(x,\xi), \cdots, p_k(x,\xi)$ 中，所得到的 $k+1$ 个函数仍满足条件 i), ii)．继续这一过程，即得 $p_1(x,\xi), \cdots, p_n(x,\xi)$．

接着再来逐个地寻求 $q_1(x,\xi), \cdots, q_n(x,\xi)$．我们不妨设已经得到了关于 ξ 为正齐零次的 $q_j(x,\xi)$，$j = 1, \cdots, l$，$0 \leqslant l < n$，使得

$$\begin{aligned} &\{p_i, q_j\} = \delta_{ij} \qquad i \leqslant n,\ j \leqslant l \\ &\{q_i, q_j\} = 0 \qquad i,\ j \leqslant l \end{aligned} \tag{1.22}$$

且 $H_{p_1}, \cdots, H_{p_n}, H_{q_1}, \cdots, H_{q_l}, \lambda$ 在 (x_0,ξ_0) 点线性无关．今来寻求 q_{l+1}．记 $H_{p_1}, \cdots, H_{p_n}, H_{q_1}, \cdots, H_{q_l}$ 在 (x_0,ξ_0) 处所张成的子空间为 B，由前面所述的线性无关性，可作一个与 B 横截且包含向量 λ 的子空间 S．令 q_{l+1} 为在 S 上为零并且满足方程组

$$\begin{cases} H_{p_i} q_{l+1} = 0 \qquad i = 1, \cdots, l, l+2, \cdots, n \\ H_{p_{l+1}} q_{l+1} = 1 \\ H_{q_i} q_{l+1} = 0 \qquad i = 1, \cdots, l \end{cases} \tag{1.23}$$

的解．由条件(1.22)可知，这样的 q_{l+1} 是存在唯一的．事实上，

由于 $[H_{p_i},H_{q_j}]=H_{\{p_i,q_j\}}=0,\ 1\leqslant i\leqslant n,\ 1\leqslant j\leqslant l$，因此，据定理 1.7 可以引入一个新的局部坐标系 $(z_1,\cdots,z_{2n})$，将方程组 (1.23) 变换成

$$\begin{cases}\dfrac{\partial}{\partial z_i}q_{l+1}=0 \quad i=1,\cdots,l,l+2,\cdots,n+l\\ \dfrac{\partial}{\partial z_{l+1}}q_{l+1}=1\end{cases}\tag{1.24}$$

显见，S 的象 S' 与 $z_1,\cdots,z_{n+l}$ 的轴向所张成的子空间横截，于是容易唯一地决定出 q_{l+1}，回到原来的 (x,ξ) 坐标，可知 $q_{l+1}(x,\xi)$ 是关于 ξ 正齐零次的. 这是因为 λ 落在 S 内，故 q_{l+1} 在 S 上满足的"初始资料"是正齐零次的. 而方程 (1.23) 以及 $p_1,\cdots,p_n$，$q_1,\cdots,q_l$ 的齐次性又告诉我们，$q_{l+1}(x,\xi)$ 与 $q_{l+1}(x,t\xi)$ 同时满足方程组(1.23). 于是由前述的解的唯一性可知 q_{l+1} 是正齐零次的.

最后说明 $H_{p_1},\cdots,H_{p_n},H_{q_1},\cdots,H_{q_{l+1}},\lambda$ 的线性无关性. 事实上，如果这组向量线性相关，作 $\tilde{q}$ 满足

$$\begin{cases}H_{p_i}\tilde{q}=0 \quad i=1,\cdots,l+1,l+3,\cdots,n\\ H_{p_{l+2}}\tilde{q}=1\\ H_{q_i}\tilde{q}=0 \quad i=1,\cdots,l\\ \tilde{q}|_S=0\end{cases}\tag{1.25}$$

易见，向量组 $H_{p_1},\cdots,H_{p_n},H_{q_1},\cdots,H_{q_l},H_{\tilde{q}}$ 线性无关，而且它与向量组 $H_{p_1},\cdots,H_{p_n},H_{q_1},\cdots,H_{q_{l+1}}$ 不能互相线性表示. 因为假若有

$$H_{q_{l+1}}=\sum_{i=1}^{n}C_iH_{p_i}+\sum_{i=1}^{l}C_{n+i}H_{q_i}+C'H_{\tilde{q}}$$

则将它作用于 p_{l+2}，得 $C'=0$，再作用于 p_{l+1}，即导致矛盾. 由此可知，若 λ 能用 $H_{p_1},\cdots,H_{p_n},H_{q_1},\cdots,H_{q_{l+1}}$ 表示，它就必不能用 $H_{p_1},\cdots,H_{p_n},H_{q_1},\cdots,H_{q_l},H_{\tilde{q}}$ 表示，故 $H_{p_1},\cdots,H_{p_n},H_{q_1},\cdots,H_{q_l},H_{\tilde{q}},\lambda$ 线性无关. 于是可将 $\{p_i\}$ 的标号更改一下，并令 $\tilde{q}$ 为 q_{l+1}，就又将所求的函数组作了一次扩充.

由于所得到函数组 $q_1(x,\xi),\cdots,q_{l+1}(x,\xi)$ 仍满足(1.22)(将

l 换成 $l+1$)，且满足相应地所要求的线性无关条件，则又可重复上述过程，直至 $l=n$. 易见 $p_j(x,\xi)=\eta_j$, $q_j(x,\xi)=y_j$, $j=1,\cdots,n$ 就是所要求的典则变换. 定理证毕

注. 定理 1.6 中几何部分的结论仅是定理 1.8 中取 $k=1$ 的特殊情形.

现在转向定理 1.6 证明的分析部分，这一部分的目的是要寻求定理 1.6 中所需的 Fourier 积分算子. 为此先引入如下的定义.

定义 1.7 对于形如 (1.16) 的 Fourier 积分算子

$$Fu(x)=(2\pi)^{-n}\int e^{iS(x,\eta)}a(x,\eta)\hat{u}(\eta)d\eta$$

$$=(2\pi)^{-n}\iint e^{i(S(x,\eta)-\langle y,\eta\rangle)}a(x,\eta)u(y)dyd\eta$$

若在 (x_0,η_0) 点 $a(x_0,\eta_0)\neq 0$, 则称 $(x_0,S_\eta(x_0,\eta_0);S_x(x_0,\eta_0),\eta_0)$ 为算子 F 的**椭圆点**.

定理 1.9 设 P, Q 分别是在域 Ω_x, Ω_y 上给定的恰当支拟微分算子；τ 是齐次典则变换：$(x,\xi)\longmapsto(y,\eta)$, $\tau(x_0,\xi_0)=(y_0,\eta_0)$, F 是和 τ 相联系的一个 Fourier 积分算子，具形式 (1.16)，且使得 (x_0,y_0,ξ_0,η_0) 为其椭圆点；又设 $a(x,\eta)$ 属于 S^m 类函数. 则若在 $(x_0,y_0;\xi_0,\eta_0)$ 点 $PF\overset{m}{\sim}FQ$, 对 P, Q 的主象征 $p_0(x,\xi)$ 和 $q_0(y,\eta)$, 在 $(x_0,y_0;\xi_0,\eta_0)$ 邻域必

$$p_0(x,\xi)=q_0(y(x,\xi),\eta(x,\xi)) \tag{1.26}$$

证. 容易验证，P, Q, F 满足第三章 §2 中作复合运算 PF 与 FQ 所要求的条件，故 PF 与 FQ 有意义，且对于任一支集在 y_0 邻域中的 C_c^∞ 函数 $\varphi(y)$, 在 mod C^∞ 的意义下有

$$(PF)\varphi(x)=(2\pi)^{-n}\int e^{iS(x,\eta)}A(x,\eta)\hat{\varphi}(\eta)d\eta$$

$$(FQ)\varphi(x)=(2\pi)^{-n}\int e^{iS(x,\eta)}B(x,\eta)\hat{\varphi}(\eta)d\eta$$

此处 A 和 B 的渐近展开式首项分别是 $p_0(x,S_x(x,\eta))a(x,\eta)$ 和 $a(x,\eta)q_0(S_\eta(x,\eta),\eta)$.

又设 $\phi(x)$ 为支集在 x_0 邻域中的 C_c^∞ 函数，则

$$\langle (PF - FQ)\varphi, \psi\rangle$$

$$= (2\pi)^{-n}\iiint e^{i(S(x,\eta)-\langle y,\eta\rangle)}(A(x,\eta) - B(x,\eta))$$

$$\times \varphi(y)\psi(x)dxdyd\eta$$

利用第二章的定理 3.9 可知

$$WF'(PF - FQ) = \{(x, S_\eta, S_x, \eta);\ (x,\eta) \in \text{ess supp } (A - B)\}$$

由于在 $(x_0, y_0, \xi_0, \eta_0)$ 点 $PF \overset{m}{\sim} FQ$，故

$$(x_0, y_0, \xi_0, \eta_0) \bar{\in} WF'(PF - FQ)$$

注意到 $\tau(x_0, \xi_0) = (y_0, \eta_0)$，即有

$$(x_0, \eta_0) \bar{\in} \text{ess supp } (A(x,\eta) - B(x,\eta))$$

故在 (x_0, η_0) 邻域中

$$p_0(x, S_x(x,\eta))a(x,\eta) = a(x,\eta)q_0(S_\eta(x,\eta), \eta)$$

但 $a(x_0, \eta_0) \neq 0$. 故知在 $(x_0, y_0; \xi_0, \eta_0)$ 邻域中成立(1.26). 定理证毕.

定理 1.10 设 F 是如定理 1.9 中所述的 Fourier 积分算子，则必可找到与 τ 的逆变换 τ^{-1} 相联系的 Fourier 积分算子 F_1 与 F_2，使

$$F_1F - I \overset{m}{\sim} 0 \quad 在\ (y_0, y_0; \eta_0, \eta_0)\ 点 \tag{1.27}$$

$$FF_2 - I \overset{m}{\sim} 0 \quad 在\ (x_0, x_0; \xi_0, \xi_0)\ 点 \tag{1.28}$$

证. 我们只证 (1.27). 为此，注意到若 τ 是齐次典则变换，则 τ^{-1} 也是齐次典则变换. 设 τ^{-1} 由生成函数 $S_1(y,\xi)$所确定，则相应于此典则变换的Fourier 积分算子应有如下形式

$$Gv(y) = (2\pi)^{-n}\int e^{i(S_1(y,\xi)-\langle x,\xi\rangle)}b(y,\xi)v(x)dxd\xi$$

其中 $b(y, \xi)$ 待定. 我们希望能适当地选取 $b(y, \xi)$，使 G 满足(1.27) 中对 F_1 的要求.

根据第三章中关于 Fourier 积分算子复合的讨论，复合算子 GF 有意义，且仍为 Fourier 积分算子，复合后的形式是

$$(GF)w(y) = (2\pi)^{-2n}\int e^{i(S_1(y,\xi)-\langle x,\xi\rangle+S(x,\eta)-\langle z,\eta\rangle)}$$

$$\times b(y,\xi)a(x,\eta)w(z)dzd\eta dxd\xi$$

GF 实际上还是个拟微分算子，这可以由第三章定理 2.1 导出，但我们在这里作稍详细的说明．令 $x=\frac{\sigma}{|(\xi,\eta)|}$，其中

$$|(\xi,\eta)|^2=\sum_{j=1}^{n}(\xi_j^2+\eta_j^2)$$

上面 $(GF)w$ 的表示式可以化成一个振荡积分，它带有位相变量 σ,ξ,η 以及位相函数

$$\phi(y,z;\sigma,\xi,\eta)=S_1(y,\xi)-\frac{\langle\sigma,\xi\rangle}{|(\xi,\eta)|}+S\left(\frac{\sigma}{|(\xi,\eta)|},\eta\right)-\langle z,\eta\rangle$$

相应的 Lagrange 流形为

$$\Lambda'_\phi=\left\{\left(z,y;-\eta,-\frac{\partial S_1(y,\xi)}{\partial y}\right);S_x-\xi=0,\right.$$

$$\left.S_{1\xi}-x=0,S_\eta-z=0\right\}$$

由于 $(y,S_{1y})\longmapsto(S_{1\xi},\xi)$ 和 $(x,S_x)\longmapsto(S_\eta,\eta)$ 互为逆变换，故当 $S_x=\xi$，$S_{1\xi}=x$，$S_\eta=z$ 时，必有 $S_{1y}=\eta$，$y=S_\eta=z$．这就表示 Λ'_ϕ 是恒等映射的图象，因此 GF 是一个拟微分算子．

不妨设 $a(x,\eta)$ 关于 η 是 m 次齐次的，并取 $b(y,\xi)$ 关于 ξ 为齐次函数，则利用稳定位相法可知 GF 具有主象征 $cb(y,\xi)a(x,\eta)$，其中 c 是非零因子，(x,ξ) 和 (y,η) 由典则变换 τ 相联系．根据 $a(x,\eta)$ 在 (x_0,η_0) 邻域中不等于零的假定，可以取 $b(y,\xi)\in S^{-m}$，且使得在 (x_0,y_0,ξ_0,η_0) 的某锥邻域中

$$cb(y,\xi)a(x,\eta)=1$$

当 G 中的振幅 $b(y,\xi)$ 选定后，易知 $GF-I$ 在 $(y_0,y_0;\eta_0,\eta_0)$ 的锥邻域中是象征为 -1 阶的拟微分算子，记为 $\tilde{R}_1$．再取一个 -1 阶恰当支拟微分算子 R_1，使在 $(y_0,y_0;\eta_0,\eta_0)$ 点 $R_1\overset{m}{\sim}\tilde{R}_1$，则 $GF\overset{m}{\sim}I+R_1$．由于 $\mathrm{sym}(R_1^j)\in S^{-j}$，故级数形式的算子

$$R=\sum_{j=0}^{\infty}(-R_1)^j$$

有意义．令 $F_1 = RG$，则

$$F_1F = \sum_{i=0}^{\infty}(-R_1)^i(I + R_1)\overset{m}{\sim} I + R_1^{-\infty}\overset{m}{\sim} I$$

定理证毕．

定理 1.6 的证明．

首先由定理 1.8 及其注可知，在 (x_0, ξ_0) 的锥邻域内存在一个齐次典则变换 $\tau:(x,\xi)\longmapsto(y,\eta)$，使有 $\eta_n = p_1(x,\xi)$．然后，取一个和变换 τ 相联系的 Fourier 积分算子 (1.16)，其振幅 $a(x,\eta)$ 满足 $a(x_0,\eta_0) \neq 0$，且属于 S^m 类．于是根据定理 1.10，存在算子 F_2 满足 (1.28)．记 $Q_1 = F_2PF$，则 Q_1 为拟微分算子，$\mathrm{sym}Q_1 \in S^1$，且

$$PF - FQ_1 = PF - F(F_2PF) = (I - FF_2)PF \overset{m}{\sim} 0 \quad (1.29)$$

根据定理 1.9，拟微分算子 Q_1 的主象征 $q_1(y,\eta)$ 在 (y_0,η_0) 的锥邻域内为 $q_0 = \eta_n$．

现说明可以找到拟微分算子 B，它的主象征 $b_0(y,\eta)$ 在 (y_0,η_0) 的锥邻域中不等于零，且成立

$$Q_1B - BD_n \overset{m}{\sim} 0 \quad (1.30)$$

事实上，作一个恰当支的拟微分算子 R_0，使在 (y_0, η_0) 点有

$$R_0 \overset{m}{\sim} Q_1 - D_n$$

于是

$$Q_1B - BD_n \overset{m}{\sim} R_0B + [D_n, B] \quad (1.31)$$

取 B 为 $B_0 + B_1 + \cdots$ 的形式，其中 B_j 为 $-j$ 阶拟微分算子，则可以逐个地确定 B_j，使得 $R_0B + [D_n, B] \overset{m}{\sim} 0$ 成立．

首先，令 (1.31) 的零阶象征为零，即

$$r_0b_0 + \frac{1}{i}\{\eta_n, b_0\} = 0$$

其中 r_0，b_0 分别为 R_0，B_0 的主象征．上式又可写成

$$\frac{\partial b_0}{\partial y_n} + ir_0b_0 = 0$$

它有解

$$b_0(y,\eta)=\exp\left(-i\int_{y_{n0}}^{y_n}r_0(y',s,\eta)ds\right)$$

其中 $y'=(y_1,\cdots,y_{n-1})$，y_{n0} 是 y_0 的第 n 个坐标．因为 $r_0\in S^0$，故 $b_0\in S^0$（见第一章 § 2 的例 5）．这样就取定了 B_0，它使得

$$R_0B_0+[D_n,B_0]=R_1$$

是 -1 阶拟微分算子．

以下用归纳法，设 $B_0,B_1,\cdots,B_j$ 已取定，使

$$R_{j+1}=R_0(B_0+\cdots+B_j)+[D_n,B_0+\cdots+B_j]$$

是 $-j-1$ 阶拟微分算子，我们要选取 B_{j+1}，使

$$R_{j+2}=R_0(B_0+\cdots+B_{j+1})+[D_n,B_0+\cdots+B_{j+1}]$$

是 $-j-2$ 阶拟微分算子．此即要求 $R_0B_{j+1}+R_{j+1}+[D_n,B_{j+1}]$ 是 $-j-2$ 阶算子．令其 $-j-1$ 阶象征为零，可得

$$\frac{1}{i}\frac{\partial b_{j+1}}{\partial y_n}+r_0b_{j+1}+r_{j+1}=0$$

其中 r_{j+1} 为 R_{j+1} 的象征．此式有解

$$b_{j+1}=b_0\int_{y_{n0}}^{y_n}(-i)r_{j+1}(y',s,\eta)b_0^{-1}(y',s,\eta)ds$$

因为 $b_0\in S^0$，$r_{j+1}\in S^{-j-1}$，故 $b_{j+1}\in S^{-j-1}$．这样就可取定算子 B_{j+1}，它使得 R_{j+2} 是 $-j-2$ 阶拟微分算子．

于是，由归纳法就确定了所有的 B_j．再利用第一章 § 2 中的方法作出 $B\sim\sum_{j=0}^{\infty}B_j$．它就满足 (1.30)．

将前面得到的 F 和 B 复合，记 $\tilde{F}=FB$，则在 $(x_0,y_0;\xi_0,\eta_0)$ 点有

$$\begin{aligned}P\tilde{F}-\tilde{F}D_n&=PFB-FBD_n\\&=(PF-FQ_1)B+F(Q_1B-BD_n)\\&\overset{m}{\sim}0\end{aligned}$$

重新记 $\tilde{F}$ 为 F，这就是 (1.17)． 定理证毕．

注． 对于定理 1.6 中所讨论的算子 P，找到了算子 F，满足 $PF-FD_n\overset{m}{\sim}0$，则利用定理 1.10 得到 F_1，使得 $F_1F-I\overset{m}{\sim}0$．

那末，(1.17) 又可被改写成

$$F_1PF - D_n \overset{m}{\sim} 0 \tag{1.32}$$

定理 1.6 表明，对于具实主象征的拟微分算子 P，若它在 (x_0, ξ_0)是主型的．则可先乘以一个适当的椭圆算子将它化成一阶算子，再按定理 1.6，微局部地化成 D_n．于是，从微局部的观点来看，算子 D_n 是主型算子的代表．这样的化简对于偏微分方程的研究当然带来很大的方便，关于主型算子的很多性质将可以由此得到．

最后，再给出典则变换的两个性质，其一是若拟微分算子 P 与 Q 成 Fourier 等价，则在相应的邻域中，P 的特征点与次特征带[1]分别按给定的典则变换变成 Q 的特征点与次特征带；其二是若 F 为与典则变换 τ 相联系的 Fourier 积分算子，且在所考察的邻域中 F 均具有非特征点，则

$$WF(Fu) = \tau^{-1}WF(u) \tag{1.33}$$

以上第一个事实是典则变换性质的直接推论．为说明第二个事实，注意到算子 F 的波前集为其 Lagrange 流形，故由第二章的 (3.6) 可知

$$\begin{aligned} WF(Fu) &\subset \{(x, S_x(x,\eta)); (S_\xi(x,\eta),\eta) \in WF(u)\} \\ &= \tau^{-1}(WF(u)) \end{aligned} \tag{1.34}$$

再根据定理 1.10 作出 F_1，使 $F_1F \sim I$，则

$$WF(u) = WF(F_1Fu) \subset \tau(WF(Fu)) \tag{1.35}$$

联合 (1.34)，即得 (1.33)．这两个事实在本章第三节中需要用到．

总结本节的讨论可知，对于一个拟微分算子进行微局部化简的关键在于找到适当的齐次典则变换．遵循这种想法，也可讨论具复主象征的主型算子以至非主型算子的微局部化简，有关这方面的研究，读者可参阅综述性文章[1]，[10]等．

§2. Cauchy 问题的拟基本解及其近似解

大家知道，基本解在研究线性微分算子的定解问题或解的性

---

1) P 过特征点的次征带是主象征 p 的 Hamilton 场 H_p 过该点的积分流形．

质中起着极重要的作用. 但是，对一般的变系数微分算子不一定能找到基本解. 这就给使用基本解讨论这类算子的定解问题或解的性质带来了困难. 为此，存在一种过渡的手法，即设法找出它们的拟基本解. 这种拟基本解与基本解仅差一个光滑算子，而光滑算子在讨论诸如解的光滑性等问题时往往可以忽略. 此外，还可由拟基本解出发研究可解性问题，有时，也可由拟基本解求得基本解. 在这一节中，我们讨论双曲算子 Cauchy 问题的拟基本解，但这与第二章中介绍的拟基本解略有不同，而两者联系密切. 在获得双曲算子 Cauchy 问题的拟基本解后，我们就可用于构造双曲算子的近似解，用它可讨论定解问题及解的性质.

设给定拟微分算子

$$P(x,t,D_x,D_t)u = (D_t - A(x,t,D_x))u$$

式中 t 表示单变量，x 表示 $(x_1,\cdots,x_n)$. $A(x,t,D_x)$ 的象征

$$a(x,t,\xi) \sim \sum_{j=0}^{\infty} a_{1-j}(x,t,\xi),\quad a_{1-j}\in C_t^1([0,T],S^{1-j})$$

且它关于 ξ 是正齐 $1-j$ 次函数，主象征 $a_1(x,t,\xi)$ 取实值. 我们称这样的算子 $D_t - A(x,t,D_x)$ 为双曲算子. 为方便起见，以下还设当 $|x|>M$ 时 $a(x,t,\xi)=0$. 现讨论 Cauchy 问题:

$$\begin{cases} (D_t - A(x,t,D_x))u = f(x,t) \\ u|_{t=0} = u_0(x) \end{cases} \tag{2.1}$$

定义2.1 设依赖于参数 t, s 的算子 $\tilde{E}(t,s)\in C_t^1([s,t],L^\infty)$ 是下列问题的解

$$\begin{cases} (D_t - A(x,t,D_x))\tilde{E}(t,s) = 0 \quad \mathrm{mod}\, C_t^1([0,T],L^{-\infty}) \\ \tilde{E}|_{t=s} = I \end{cases} \tag{2.2}$$

此处 L^m 表示关于 x 的 m 阶拟微分算子全体，I 是单位算子，t 的变化范围是 $0\leqslant s\leqslant t\leqslant T$，则称 $\tilde{E}(t,s)$ 为 **Cauchy 问题的拟基本解**.

下面我们来寻求 (2.1) 的拟基本解 $\tilde{E}(t,s)$.

任取函数 $\varphi(x,t)\in C_c^\infty(\mathbf{R}_x^n)$，则由 (2.2) 第二式可知

$$\tilde{E}(t,s)\varphi(x,t)|_{t=s} = \varphi(x,s)$$

用 $\varphi(x,s)$ 关于 x 的 Fourier 变换 $\hat{\varphi}(\xi,s)$，可把 $\varphi(x,s)$ 表示为平面波的叠加

$$\varphi(x,s)=(2\pi)^{-n}\int e^{i\langle x,\xi\rangle}\hat{\varphi}(\xi,s)d\xi \tag{2.3}$$

我们将试用形式为 $e^{iS(x,t,\xi,s)}\tilde{e}(x,t,\xi,s)\hat{\varphi}(\xi,s)$ 的函数去逼近方程 $Pu=0$ 取初值 $e^{i\langle x,\xi\rangle}\hat{\varphi}(\xi,s)$ 的解，然后关于参数 ξ 迭加. 这就是说，我们希望 (2.2) 的解算子有形式

$$\tilde{E}(t,s)\varphi(x,t)=(2\pi)^{-n}\int e^{iS(x,t,\xi,s)}\tilde{e}(x,t,\xi,s)\hat{\varphi}(\xi,s)d\xi \tag{2.4}$$

并设法定出 (2.4) 中的位相 $S(x,t,\xi,s)$ 以及振幅 $\tilde{e}(x,t,\xi,s)$，使得 (2.4) 是 Cauchy 问题 (2.2) 的解. 这里所要用的方法通常称为**几何光学方法**.

为使 (2.4) 是解，首先要求 (2.4) 中积分有意义，而且求导数运算与积分号可交换. 因此，我们要求由 (2.4) 所表示的算子 $\tilde{E}(t,s)$ 是一个 Fourier 积分算子. 其次，我们还要求这个算子为 (2.2) 的解算子. 以上这两个条件均可以表现为位相 $S(x,t,\xi,s)-\langle y,\xi\rangle$ 及振幅 $\tilde{e}(x,t,\xi,s)$ 所应满足的条件.

先考察位相 $S(x,t,\xi,s)-\langle y,\xi\rangle$.

我们要求它是一个非退化的位相函数. 这意味着 $S(x,t,\xi,s)$ 应满足如下条件:

i) S 关于 x,ξ 是 C^∞ 的实值函数，且关于 ξ 是正齐一次的.

ii) 当 $\xi\neq0$ 时，$S_x\neq0$ 及 $\det(S_{x\xi})\neq0$.

为今后讨论方便起见，我们还要求

iii) S 关于 t 是二次连续可微的.

将 (2.4) 代入 (2.2) 可知，若记 $a_1(x,t,\xi)$ 为 $A(x,t,D_x)$ 的主象征 则$S(x,t,\xi,s)$ 应满足

$$S_t-a_1(x,t,S_x)=0 \tag{2.5}$$

它称为**光程方程**. 当 $t=s$ 时，$S(x,t,\xi,s)$ 还应满足初始条件

$$S|_{t=s}=\langle x,\xi\rangle \tag{2.6}$$

在此顺便指出，相应于 (2.5) 的特征常微分方程组正是 Hamilton-Jacobian 方程

$$
\begin{cases}
\dfrac{dx(t)}{dt} = -\nabla_\xi a_1(x(t), t, \xi(t)) \\
\dfrac{d\xi(t)}{dt} = \nabla_x a_1(x(t), t, \xi(t))
\end{cases}
\tag{2.7}
$$

以及

$$
\frac{dS}{dt} = a_1(x(t), t, \xi(t)) - \langle \xi(t), \nabla_\xi a_1 \rangle \tag{2.8}
$$

引理 2.1 对于由 (2.7) 以及初始条件

$$
x(t)|_{t=s} = y, \qquad \xi(t)|_{t=s} = \eta \tag{2.9}
$$

所构成的初值问题，存在 $T > 0$，使得此初值问题在 $s \leqslant t \leqslant T$ 上存在唯一的解 $x(t;s,y,\eta)$ 和 $\xi(t;s,y,\eta)$；这两个函数关于 t 二次连续可微，关于 y，η 为 C^∞，且对 η 分别是正齐零次及正齐一次的.

证. 由于 $a_1(x, t, \xi)$ 为实值，它关于 t 属于 C^1 类且关于 x，ξ 属于 C^∞ 类，故由常微分方程理论可知，存在 $T > 0$，使得此初值问题 (2.7)，(2.9) 在 $s \leqslant t \leqslant T$ 上存在唯一的实函数解 $x(t;s,y,\eta)$ 和 $\xi(t;s,y,\eta)$，且它们关于变量 t，y，η 有引理中所需的可微性.

由于 $a_1(x, t, \xi)$ 关于 ξ 是正齐一次的，利用初值问题 (2.7)，(2.9) 解的唯一性可知，若 $x(t)$，$\xi(t)$ 为 (2.7)，(2.9) 的解，则对 $\lambda > 0$，$x(t)$ 与 $\lambda\xi(t)$ 就满足方程 (2.7) 且分别取初始值 y 与 $\lambda\eta$，即

$$
\begin{aligned}
x(t;s,y,\lambda\eta) &= x(t;s,y,\eta) \\
\xi(t;s,y,\lambda\eta) &= \lambda\xi(t;s,y,\eta)
\end{aligned}
$$

所以 $x(t;s,y,\eta)$ 和 $\xi(t;s,y,\eta)$ 关于 η 分别是正齐零次及正齐一次的. 引理证毕

引理 2.2 设 $x(t;s,y,\eta)$，$\xi(t;s,y,\eta)$ 是 (2.7)，(2.9) 的解，则当 T 适当小时，若 $0 \leqslant s \leqslant t \leqslant T$，映射

$$
y \longmapsto x(t;s,y,\eta) \tag{2.10}
$$

是一个微分同胚. 且它的逆映射 $y = y(t;s,x,\eta)$ 关于 t 为二次

连续可微,关于 x, η 属于 C^∞ 类,关于 η 也仍然是正齐零次的.

证. 由常微分方程中解对初值的可微性定理,初值问题(2.7),(2.9)的解 $x(t)$ 和 $\xi(t)$ 对初值 y, η 的导数满足:

$$\begin{cases} \dfrac{d}{dt}\begin{pmatrix} \dfrac{\partial x}{\partial y} & \dfrac{\partial x}{\partial \eta} \\ \dfrac{\partial \xi}{\partial y} & \dfrac{\partial \xi}{\partial \eta} \end{pmatrix} = \begin{pmatrix} -(a_1)_{x\xi} & -(a_1)_{\xi\xi} \\ (a_1)_{xx} & (a_1)_{\xi x} \end{pmatrix} \begin{pmatrix} \dfrac{\partial x}{\partial y} & \dfrac{\partial x}{\partial \eta} \\ \dfrac{\partial \xi}{\partial y} & \dfrac{\partial \xi}{\partial \eta} \end{pmatrix} \\ \left.\begin{pmatrix} \dfrac{\partial x}{\partial y} & \dfrac{\partial x}{\partial \eta} \\ \dfrac{\partial \xi}{\partial y} & \dfrac{\partial \xi}{\partial \eta} \end{pmatrix}\right|_{t=s} = \begin{pmatrix} I & 0 \\ 0 & I \end{pmatrix} \end{cases} \tag{2.11}$$

由此,映射(2.10)的 Jacobian $\dfrac{\partial x}{\partial y}$ 关于 η 是正齐零次的,且当 $|y| \geqslant M$ 时 $\dfrac{\partial x}{\partial y} = I$ (注意 $|x| \geqslant M$ 时 $a_1 = 0$). 故由引理 2.1 所给出的连续性知,存在常数 $C > 0$, 使当 $0 \leqslant s \leqslant t \leqslant T$ 时有

$$\left\| \frac{\partial x(t)}{\partial y} - I \right\| < C(t - s)$$

此处符号 $\|\cdot\|$ 表示 $n \times n$ 矩阵视为 $\mathbf{R}^{n^2}$ 中元素时的范数. 由此可知,只要适当减少 T 的值,对任意给定的 $r > 0$, 均有

$$\left\| \frac{\partial x(t)}{\partial y} - I \right\| \leqslant r \qquad 0 \leqslant s \leqslant t \leqslant T$$

这就表示映射(2.10)是一个具正定 Jacobian 的微分同胚. 从而存在逆映射 $y = y(t; s, x, \eta)$, 且易知它具有引理中所要求的诸性质. 引理证毕.

利用这两个引理,我们可以求得所需的位相函数.

定理 2.1 设 $y = y(t; s, x, \eta)$ 是引理 2.2 中所得的逆映射,则(2.5),(2.6)存在解

$$S(x, t, \xi, s) = \langle y(t; s, x, \xi), \xi \rangle \tag{2.12}$$

它满足前述条件 i)—iii). 特别地,在 $|x| \geqslant M$ 部分有

$$S(x, t, \xi, s) = \langle x, \xi \rangle \tag{2.13}$$

证. 首先注意,由于 a_1 对 ξ 是正齐一次函数,故由 Euler 定理

知，(2.8)的右端实际上为零．这表示(2.5)的解 S 沿(2.7)的任一条积分曲线上保持常值，即沿此积分曲线有

$$S(y,t,\eta,s)=S(y,s,\eta,s)=\langle y,\eta\rangle$$

将(2.10)所表示映射的逆映射 $y=y(t;s,x,\eta)$ 代入上式，得

$$S(x,t,\xi,s)=\langle y(t,s,x,\xi),\xi\rangle$$

此即(2.12)．特别地，当 $|x|\geqslant M$ 时 $a_1=0$，此时 $y=x$，故有(2.13)．

根据引理2.2，$S(x,t,\xi,s)$ 在 $0\leqslant s\leqslant t\leqslant T$ 上关于 t 为二次连续可微的，关于 x,ξ 属于 C^∞ 类，且关于 ξ 是正齐一次的．

又因齐次方程组 $\nabla_x S=\langle\nabla_x y,\xi\rangle=0$ 有非零解 ξ 的充要条件是系数行列式 $\det\left(\dfrac{\partial y}{\partial x}\right)=0$．而由引理2.2知此行列式不为零，所以当 $\xi\neq 0$ 时必有 $\nabla_x S\neq 0$．此外，由 $y(t;s,x,\xi)$ 关于 ξ 的正齐零次性知 $\langle\nabla_\xi y,\xi\rangle=0$．故

$$\begin{aligned}S_{\xi x}=\nabla_\xi(\langle\nabla_x y,\xi\rangle)&=\frac{\partial y}{\partial x}+\nabla_x(\langle\nabla_\xi y,\xi\rangle)\\&=\frac{\partial y}{\partial x}\end{aligned}$$

故有 $\det(S_{\xi x})\neq 0$．定理证毕．

在得到了(2.4)中的位相函数后，可以由下面的定理来确定振幅函数 $\tilde{e}(x,t,\xi,s)$．

定理 2.2 存在振幅

$$\tilde{e}(x,t,\xi,s)\sim\sum_{j=0}^{\infty}\tilde{e}_{-j}(x,t,\xi,s)$$

其中 $\tilde{e}_{-j}\in C_t^1([0,T],S^{-j})$，使得由 $\tilde{e}(x,t,\xi,s)$ 以及定理2.1中的 $S(x,t,\xi,s)$ 按(2.4)所确定的 Fourier 积分算子 $\tilde{E}(t,s)$ 是问题(2.2)之解．

证．取 $\phi(x)\in C_c^\infty(\mathbf{R}^n)$，使得它在 $|x|\leqslant M$ 的某邻域内为1．将 $A(x,t,D_x)\tilde{E}(t,s)$ 写成

$$A\tilde{E}=A\phi\tilde{E}+A(1-\phi)\tilde{E}$$

由(2.13)知，$(1-\phi)\tilde{E}$ 为拟微分算子，故 $A(1-\phi)\tilde{E}$ 是通常的

拟微分算子的复合. 而 $A\phi\tilde{E}$ 则是 Fourier 积分算子和拟微分算子的复合。为方便起见,我们仍用同一个记号 $S(x, t, \xi, s)$ 表示由 (2.12) 及 (2.13) 所给出的位相函数. 根据第三章推论 2.1 知,复合算子的位相是 $S(x,t,\xi,s)-\langle y,\xi\rangle$. 记

$$
\begin{aligned}
R(t,s)\varphi(x,t) &= (P\tilde{E})\varphi(x,t) \\
&= (D_t - A(x,t, D_x))((2\pi)^{-n}\int e^{iS(x,t,\xi,s)} \\
&\qquad \times \tilde{e}(x,t,\xi,s)\hat{\varphi}(\xi, s)d\xi)
\end{aligned}
$$

按第三章推论 2.1 中的 (2.28), (2.29), 上式可写成

$$
R(t,s)\varphi(x,t) = (2\pi)^{-n}\int e^{iS(x,t,\xi,s)}r(x,t,\xi,s)\hat{\varphi}(\xi,s)d\xi \tag{2.14}
$$

此处 $r(x, t, \xi, s)$ 有如下渐近展开式

$$
\begin{aligned}
r(x,t,\xi,s) &\sim S_t\tilde{e} + D_t\tilde{e} = a(x,t,S_x)\tilde{e}(x,t,\xi,s) \\
&\quad - \sum_{\substack{\alpha\in Z_+^n \\ |\alpha|\geqslant 1}} \frac{1}{\alpha!}\partial_\xi^\alpha a(x,t,S_x)D_y^\alpha(\tilde{e}(y,t,\xi,s)e^{ih(x,t,\xi,s,y)})|_{y=x}
\end{aligned} \tag{2.15}
$$

其中

$$
h(x,t,\xi,s,y) = S(y,t,\xi,s) - S(x,t,\xi,s) - \langle y-x,S_x\rangle \tag{2.16}
$$

将 $\tilde{e}$ 用 $\sum\limits_{j=0}^{\infty}\tilde{e}_{-j}$ 代入,则每个 $\tilde{e}_{-j}$ 在 (2.15) 右边的贡献是

$$
\begin{aligned}
r_{-j}(x,t,\xi,s) &= (S_t - a(x,t,S_x))\tilde{e}_{-j}(x,t,\xi,s) + D_t\tilde{e}_{-j} \\
&\quad - \sum_{\nu=1}^{n}(\partial_{\xi_\nu}a(x,t,S_x))D_{x_\nu}\tilde{e}_{-j}(x,t,\xi,s) \\
&\quad - \frac{1}{2}\sum_{\nu,\mu=1}^{n}\tilde{e}_{-j}(x,t,\xi,s)\partial_{\xi_\nu\xi_\mu}a(x,t,S_x) \\
&\quad \times \partial_{x_\nu x_\mu}S(x,t,\xi,s) + r'_{-j}
\end{aligned}
$$

式中 r'_{-j} 关于 x, ξ 属于 S^{-j-1}.

将 (2.15) 中关于 ξ 的同次项合并,并令它们为零,则注意到 S 满足 (2.5),我们得到了一组方程

$$
D_t\tilde{e}_{-j} - \sum_{\nu=1}^{n}(\partial_{\xi_\nu}a_1(x,t,S_x))D_{x_\nu}\tilde{e}_{-j} + B(x,t,s;S)\tilde{e}_{-j}
$$

$$= F_{-j}(x,t,s;S,\tilde{e}_0,\cdots,\tilde{e}_{-j+1}) \quad j=0,1,2,\cdots \qquad (2.17)$$

此处 $F_0=0$，$F_{-j}\in C_t^1([s,T],S^{-j})$，$B(x,t,s;S)$ 的形式也容易通过计算得到．方程组 (2.17) 称为迁移方程．

现对上述方程组配以初始条件

$$\tilde{e}_0|_{t=s}=\phi(x), \quad \tilde{e}_{-j}|_{t=s}=0 \quad j=1,2,\cdots \qquad (2.18)$$

把 (2.17) 中的实部与虚部分开，对每个 j 就可得到两个关于未知函数 $\mathrm{Re}\tilde{e}_{-j}$ 及 $\mathrm{Im}\tilde{e}_{-j}$ 的一阶线性偏微分方程．它们具有相同的一阶主部，且 $\partial_{\xi_\nu}a_1$ 及 B 均属于 $C_t^1([0,T],S^0)$．因此，由 $\partial_{\xi_\nu}a_1(x,t,S_x)$ 在 $\mathbb{R}^n\times[s,T]\times\mathbb{R}_n\backslash\{0\}$ 上的实有界性可以推知初始值问题 (2.17),(2.18) 有解．记此解为 $\tilde{e}'_{-j}(x,t,\xi,s)$，它属于 $C_t^1([s,T],S^{-j})$．作 $\tilde{e}'(x,t,\xi,s)\sim\sum\limits_{j=0}^{\infty}\tilde{e}'_{-j}(x,t,\xi,s)$，再令 $\tilde{e}=\tilde{e}'+(1-\phi(x))$，则在 $t=s$ 时 $\tilde{e}=1$．又注意到 $\tilde{e}$ 与 $\tilde{e}'$ 仅在 $|x|\geqslant M$ 时可能不相等，而在此时 (2.13) 成立，故将 $\tilde{e}$ 代入 (2.15)，即知 $r(x,t,\xi,s)\in C_t^0([s,T],S^{-\infty})$．

改写 (2.14) 中的 $R(t,s)$ 为如下形式

$$R(t,s)\varphi(x,t)=(2\pi)^{-n}\int e^{i\langle x,\xi\rangle}\left(e^{i(S(x,t,\xi,s)-\langle x,\xi\rangle)}r(x,t,\xi,s)\right)\times\hat{\varphi}(\xi,s)d\xi$$

显然，对变量 x，ξ 来说，当 $r(x,t,\xi,s)\in S^{-\infty}$ 时，也可得

$$e^{i(S(x,t,\xi,s)-\langle x,\xi\rangle)}r(x,t,\xi,s)\in S^{-\infty}$$

因此 $R(t,s)$ 可以视为一个 $-\infty$ 阶拟微分算子，即 $R(t,s)\in C_t^1([s,t],L^{-\infty})$，于是 (2.2) 中第一式成立．又因为 $\tilde{e}(x,t,\xi,s)|_{t=s}=1$ 及 $S(x,t,\xi,s)|_{t=s}=\langle x,\xi\rangle$，故(2.2)中第二式也满足．定理证毕．

至此，我们已找到了 Cauchy 问题 (2.1) 的拟基本解．利用它也可以得到 Cauchy 问题的近似解 $\tilde{u}\in C_t^1([0,t],\mathscr{D}'(\mathbb{R}^n))$，即它与准确解 $u\in C_t^1([0,t],\mathscr{D}'(\mathbb{R}^n))$之差 $\in C_t^1([0,t],C^\infty(\mathbb{R}^n))$．

可以证明，$\tilde{u}$ 为下述问题的解：

$$\begin{cases}(D_t-A(x,t,D_x))\tilde{u}=f(x,t) \bmod C_t^1([s,t],C^\infty(\mathbb{R}^n))\\ \tilde{u}|_{t=0}=u_0(x)\end{cases} \qquad (2.19)$$

这里，我们假设 $u_0(x)\in\mathscr{E}'(\mathbb{R}^n)$，$f(x,t)\in C_t^1([0,T],\mathscr{E}'(\mathbb{R}^n))$．

于是，作

$$\tilde{u}(x,t)=\tilde{E}(t,0)u_0(x)+i\int_0^t \tilde{E}(t,s)f(x,s)ds \qquad (2.20)$$

它就是所求的近似解．因为以 $t=0$ 代入 (2.20) 即和 (2.19) 中的初始条件满足．而将算子 $P=D_t-A(x,t,D_x)$ 作用于(2.20)的两边，可得

$$P\tilde{u}=f(x,t)+R(t,0)u_0(x)+i\int_0^t R(t,s)f(x,s)ds$$

根据定理 2.2 中所述的算子 $R(t,s)$ 的性质，即知它满足(2.19)中所示的方程．

通过以上的讨论，我们虽然用拟基本解构造了 Cauchy 问题 (2.1) 的近似解，但是还不能得到其准确解．获得 (2.1) 的准确解的一个方法是先设法得到(2.1)的基本解，然后由此基本解作出其准确解．这里所说的**基本解**是指下述算子方程 Cauchy 问题的解

$$\begin{cases}PE(t,s)=(D_t-A(x,t,D_x))E(t,s)=0\\ E|_{t=s}=I\end{cases} \qquad (2.21)$$

式中 $0\leqslant s\leqslant t\leqslant T$.

H. Kumano-go 已证明了这种基本解的存在性 (见 [12])．他从(2.1)的拟基本解 $\tilde{E}(t,s)$ 出发，把求基本解的问题化成求解一个核为拟微分算子的 Voltera 型的积分方程，并应用具多重象征的拟微分算子解出此积分方程．在这里，我们仅将其结果叙述如下：

定理 2.3 存在象征 $e(x,t,\xi,s)\in C_t^1([0,T],S^0)$，使得由它及 $S(x,t,\xi,s)$ 所构成的 Fourier 积分算子 $E(t,s)$ 是(2.1)的基本解．

利用这个结果可得关于 (2.1) 的准确解的表示定理：

定理 2.4 对于 Cauchy 问题 (2.1)，设 $f(x,t)\in C_t^0([0,T],H)$，$u_0(x)\in H$，此处H可取为空间 $\mathscr{D}$，$\mathscr{E}'$ 或 H^s，则存在唯一的解 $u(x,t)\in C_t^1([0,T],\tilde{H})$，$\tilde{H}$ 对应地取为 $\mathscr{E}$，$\mathscr{D}'$ 或 H^s，且有如下的表示式

$$u(x,t)=E(t,0)u_0(x)+i\int_0^t E(t,s)f(x,s)ds \qquad (2.22)$$

最后我们指出，如果在(2.1)中出现的A代表一个算子矩阵，或者是具复值主象征的拟微分算子时，相应的讨论就要复杂得多．当A表示一个拟微分算子矩阵时，对于严格双曲组的情形，H. Kumano-go 进行了研究([13])，而对于非严格双曲组的情形，将涉及到重特征问题，尚有很多问题有待解决．又对于A的主象征取复值的情况，(2.1)型的 Cauchy 问题在复位相的 Fourier 积分算子理论中有讨论(见[14]，[26])．

§3. 偏微分方程解的奇性分析

本节中我们将讨论偏微分方程解的光滑性问题，也就是对解的奇性进行分析．这里所说的奇性点是指解为非C^∞的点，或者从微局部的观点来说，是指解的波前集．因此，在前两节中讨论过的微局部化简、拟基本解等都是研究解的奇性的合适的工具，因为在应用这些工具时所带来的微局部光滑函数的相差并不影响对奇性的分析．在本节第一段我们叙述一些有关亚椭圆算子的结果，从奇性分析的角度来说，它们是性质最好的算子．

一、亚椭圆算子

定义 3.1 设P是域 $\Omega\subset\mathbf{R}^n$ 上的拟微分算子，若有

$$\text{sing supp}\, u=\text{sing supp}\, Pu \qquad \forall u\in\mathscr{D}'(\Omega) \qquad (3.1)$$

则称P是亚椭圆的．

由拟微分算子的拟局部性可知，(3.1)等价于

$$\text{sing supp}\, u\subset\text{sing supp}\, Pu \qquad \forall u\in\mathscr{D}'(\Omega) \qquad (3.2)$$

利用上述定义又可得，算子P为亚椭圆算子的充要条件是：对任意的开集 $\omega\subset\Omega$ 及 $u\in\mathscr{D}'(\omega)$，当 $Pu\in C^\infty(\omega)$ 时有 $u\in C^\infty(\omega)$．注意此处ω应是Ω中任意一个开子集，这是因为存在某些偏微分算子，它们对Ω中某些特定的ω而言有 $Pu\in C^\infty(\omega)\Longrightarrow$

$u\in C^\infty(\omega)$ 的结论，但不成立 (3.1). 例如，在

$$\Omega=\{(x,y)\in\mathbf{R}^2;1<\sqrt{x^2+y^2}<2\}$$

中的算子

$$P=x\frac{\partial}{\partial y}-y\frac{\partial}{\partial x}+1$$

当取 $\omega=\Omega$ 时，上述结论成立，但是 (3.1) 不恒成立，因而 P 不是亚椭圆算子.

定义 3.2 设 P 是开集 $\Omega\subset\mathbf{R}^n$ 上的一个拟微分算子，若对任意 $u\in\mathscr{D}'(\Omega)$，有

$$WF(u)=WF(Pu) \tag{3.3}$$

则称 P 是严格亚椭圆的.

同样，由拟微分算子的拟微局部性(第二章 (3.7))，(3.3) 等价于

$$WF(u)\subset WF(Pu) \tag{3.4}$$

显然，由 (3.3) 可以导出 (3.1)，但反之不一定正确. 因而严格亚椭圆算子必定是亚椭圆算子，而反之不然.

由经典理论知道，对 Laplace 算子 (3.1) 成立，(3.1) 也是具 C^∞ 系数的椭圆拟微分算子的共有特性. 此外如热传导算子也是亚椭圆算子. 对于常系数线性偏微分算子的亚椭圆性已有许多代数判别准则 (见[6]).

下面我们将利用算子的左拟基本解和左微局部拟基本解来讨论算子的亚椭圆性.

类似于第一章定理 4.5 的证明，可得下面的结论:

定理 3.1 设 E 为 $C_c^\infty(\Omega)\to C^\infty(\Omega)$ 及 $\mathscr{E}'(\Omega)\to\mathscr{D}'(\Omega)$ 的线性连续算子. 若它的分布核 $E(x,y)$ 在 $\Omega\times\Omega$ 的对角线外是 C^∞ 的，则对任意 $u\in\mathscr{E}'(\Omega)$ 有

$$\text{sing supp } Eu\subset\text{sing supp } u \tag{3.5}$$

推论 3.1 设 P 是开集 $\Omega\subset\mathbf{R}^n$ 上的拟微分算子，若存在满足上述定理条件的算子 E，且使得

$$R=EP-I \tag{3.6}$$

是一个光滑算子，则 P 一定是亚椭圆的.

证. 任取 Ω 中开子集 ω 及 $u\in\mathscr{E}'(\omega)'$. 对 $x\in\omega$, 若 $x\bar{\in}$ sing supp Pu, 则由定理 3.1 知 $x\bar{\in}$ sing supp EPu. 又因 R 是光滑算子，故 $x\bar{\in}$ sing supp Ru. 于是，由 $u=EPu-Ru$ 知 $x\bar{\in}$ sing supp u. 从而 (3.1) 成立. 故 P 是亚椭圆算子. 推论证毕.

推论 3.2 若对 $P\in L^m(\Omega)$, 存在左拟基本解 $E\in L^\infty(\Omega)$, 则 P 是亚椭圆的.

由此又即可知，椭圆算子必为亚椭圆算子. 事实上，将第二章的 (3.11) 在底空间上投影也可得此结论.

我们在此指出，在第二章中引入拟基本解概念时，首先要求它是拟微分算子(与本章第一节引入 Cauchy 问题拟基本解时相仿), 这一限制实际上可以放松. 这样的放松可以扩大拟基本解方法应用的范围. 例如，我们若把满足条件 (3.6) 的 E 称为算子 P 的拟基本解，则只要它满足定理 3.1 的条件，算子 P 就是亚椭圆的. F. Treves 正是利用了这种方法研究了狭义主型线性偏微分算子的亚椭圆性 (见 [24]), 得到如下结论.

定理 3.2 设 $p(x,D)$ 是在 Ω 上给定的具 C^∞ 系数的狭义主型线性偏微分算子，若它的主象征 $p_m(x,\xi)$ 满足条件:

$(\mathscr{P})$ 对满足条件 $p_m(x_0,\xi_0)=0,\nabla_\xi\mathrm{Re}(zp_m)(x_0,\xi_0)\neq 0$ 的任何点 $(x_0,\xi_0)\in T^*(\Omega)\backslash\{0\}$ 以及复数 $z\in\mathbf{C}$, 当 $\mathrm{Im}(zp_m)$ 限制在 $\mathrm{Re}(zp_m)$ 过 (x_0,ξ_0) 的次特征带上时不变号.

$(\mathscr{Q})$ 对性质 $(\mathscr{P})$ 中所述的每个 (x_0,ξ_0) 和 z, 当 $\mathrm{Im}(zp_m)$ 限制在 $\mathrm{Re}(zp_m)$ 过 (x_0,ξ_0) 的次特征带上时，它在 (x_0,ξ_0) 的任一邻域内不恒为零.

则 $p(x,D)$ 在 Ω 内为亚椭圆的. 又 $(\mathscr{Q})$ 也是 $p(x,D)$ 为亚椭圆的必要条件.

特别，当算子 $p(x,D)$ 的主象征 $p_m(x,\xi)$ 是解析时，$(\mathscr{P})$, $(\mathscr{Q})$ 均是必要条件.

由此定理可知，当非椭圆主型微分算子 $p(x,D)$ 的主象征是实值时，条件 $(\mathscr{Q})$ 不成立，从而一定不是亚椭圆算子. 严格双曲算子就属于这种情形.

关于具重特征的算子的亚椭圆性的讨论，可以参阅 A. Menikoff 的综合性文章 [16].

现在讨论拟微分算子的严格亚椭圆性. 利用第二章的定理 2.5 可得

定理 3.3 设 E 为 $C_c^\infty(\Omega)\to C^\infty(\Omega)$ 及 $\mathscr{E}'(\Omega)\to\mathscr{D}'(\Omega)$ 的线性连续算子，若它的分布核的波前集含于 $T^*(\Omega\times\Omega)$ 的子集 $\{(x,x;\xi,-\xi)\}$ 中，则对任意 $u\in\mathscr{E}'(\Omega)$ 有

$$WF(Eu)\subset WF(u) \tag{3.7}$$

推论 3.3 设 P 是开集 $\Omega\subset\mathbb{R}^n$ 上的拟微分算子，若在 (x_0,ξ_0) 点的邻域中存在左微局部拟基本解 $E\in L^\infty(\Omega)$，则对任意 $u\in\mathscr{D}'(\Omega)$，当 $(x_0,\xi_0)\bar{\in}WF(Pu)$ 时有 $(x_0,\xi_0)\bar{\in}WF(u)$.

证明可仿第二章的定理 3.3 给出. 事实上，若 E 为 P 在 (x_0,ξ_0) 邻域中的左微局部拟基本解，则 $R=EP-I$ 在 (x_0,ξ_0) 邻域中是 $L^{-\infty}$ 算子，故 $(x_0,\xi_0)\bar{\in}WF(Ru)$. 从而由

$$WF(u)\subset WF(EPu)\cup WF(Ru)\subset WF(Pu)\cup WF(Ru)$$

即知 $(x_0,\xi_0)\bar{\in}WF(u)$.

由此推论又可知，椭圆算子均为严格亚椭圆算子. 更广泛的一类严格亚椭圆算子是次椭圆算子.

定义 3.3 对于在 Ω 上的 m 阶拟微分算子 P，若存在实数 $\delta>0$ 及 s，使对任意 $u\in H^s(\Omega)\cap\mathscr{E}'(\Omega)$，当 $Pu\in H^{s+1-m}(\Omega)$ 时，$u\in H^{s+\delta}(\Omega)$，则称 P 是 m **阶次椭圆**的. 此处 S 是任一实数.

为建立次椭圆算子的严格亚椭圆性，我们又引入如下的定义.

定义 3.4 给定 $u\in\mathscr{D}'(\Omega)$ 及 $(x_0,\xi_0)\in T^*(\Omega)\backslash\{0\}$，若存在 $v\in H^s(\Omega)\cap\mathscr{E}'(\Omega)$，使得 $(x_0,\xi_0)\bar{\in}WF(u-v)$，则称 u 在 (x_0,ξ_0) 点属于 H^s. 记为 $u\in H^s_{(x_0,\xi_0)}$.

显然 $u\in H^s_{(x_0,\xi_0)}$ 等价于存在 x_0 的邻域 U 以及 ξ_0 的锥邻域 Γ，使得对任一 $\phi\in C_c^\infty(U)$，

$$\widehat{\phi u}(\xi)(1+|\xi|^2)^{\frac{s}{2}}\in L^2(\Gamma) \tag{3.8}$$

类似于第三章第三节中给出的拟微分算子的 H^s 连续性，我们

有：若A为m阶恰当支拟微分算子，$u\in H^s_{(x_0,\xi_0)}$，则$Au\in H^{s-m}_{(x_0,\xi_0)}$. 事实上，由定义3.4将$u$分解成$u_1+u_2$，其中$u_1\in H^s(\Omega)\cap\mathscr{E}'(\Omega)$，$u_2$不以$(x_0,\xi_0)$为其波前集中的点，再由第三章引理3.1立刻得上述结论.

定理 3.4 设P是Ω上的m阶次椭圆算子，t为任意实数，$u\in\mathscr{D}'(\Omega)$，若在$(x_0,\xi_0)\in T^*(\Omega)\backslash\{0\}$处有$Pu\in H^t_{(x_0,\xi_0)}$，则$u\in H^{t+m-1+\delta}_{(x_0,\xi_0)}$.

证. 因为在一点的邻域内一个给定的分布总是有限阶的，所以存在实数r使$u\in H^r_{(x_0,\xi_0)}$，取(x_0,ξ_0)在$T^*(\Omega)\backslash\{0\}$中的锥邻域$U\times\Gamma$，使对任一点$(\bar{x},\bar{\xi})\in U\times\Gamma$，均有$u\in H^r_{(\bar{x},\bar{\xi})}$以及$Pu\in H^t_{(\bar{x},\bar{\xi})}$.

以下不妨设$r\leqslant t+m-1$，否则由P为m阶次椭圆算子的定义并将u分解成$H^r(\Omega)\cap\mathscr{E}'(\Omega)$分布$u_1$与奇性不含$(x_0,\xi_0)$点的分布$u_2$之和，立刻可得定理的结论. 当$r\leqslant t+m-1$时，$t-r\geqslant 1-m$. 取$Q$为$r-s$阶拟微分算子，使得$(x_0,\xi_0)$不是$Q$的特征点，而且$Q$的象征的支集含于$U\times\Gamma$之中，则

$$Qu\in H^s(\Omega)\cap\mathscr{E}'(\Omega),QPu\in H^{t-r+s}(\Omega)\subset H^{s+1-m}(\Omega)$$

又将PQu写为

$$PQu=QPu+[P,Q]u \tag{3.9}$$

式中$[P,Q]$为$r-s+m-1$阶拟微分算子，故$[P,Q]u\in H^{s+1-m}(\Omega)$，联合$QPu\in H^{s+1-m}(\Omega)$，即知$PQu\in H^{s+1-m}(\Omega)$. 于是根据次椭圆性的定义知$Qu\in H^{s+\delta}(\Omega)$.

由Q的取法知(x_0,ξ_0)为Q的微局部椭圆点，故在该点附近存在Q的$-(r-s)$阶左微局部拟基本解，于是可得知$u\in H^{s+\delta+(r-s)}_{(x_0,\xi_0)}$，即$u\in H^{r+\delta}_{(x_0,\xi_0)}$.

这样，我们将u在(x_0,ξ_0)点的光滑性改进了δ阶，重复上述过程多次，即可得所需之结论. 定理证毕.

推论 3.4 次椭圆算子为严格亚椭圆算子.

推论 3.5 在次椭圆算子的定义中只要求对某个实数s成立

$$u\in H^s(\Omega)\cap\mathscr{E}'(\Omega),\ Pu\in H^{s+1-m}(\Omega)\Longrightarrow u\in H^{s+\delta}(\Omega) \tag{3.10}$$

由定理 3.4 易知，(3.10) 对任意实数 s 均成立.

大家知道，当 P 是 m 阶椭圆算子时，由 $Pu\in H^s(\Omega)$ 可以得知 $u\in H^{s+m}(\Omega)$. 但对这里的 m 阶次椭圆算子而言，仅能得到 $m-1+\delta$ 阶的光滑性的改进. 相对于椭圆算子而言，定义 3.3 中的次椭圆算子引起了 $1-\delta$ 阶导数的亏损.

有关次椭圆算子的讨论可见 L. Hörmander 的综述性文章 [11].

二、解的奇性传播

当拟微分算子 P 不是亚椭圆算子时，方程 $Pu=f$ 的解在 f 为 C^∞ 的区域内仍然可能有奇性. 方程的解 u 的奇性分布和算子 P 的特征有密切的关系. 例如由第二章定理 3.3 知 $WF(u)\subset WF(Pu)\cup \mathrm{char}\,P$，当 $Pu=f\in C^\infty$ 时此式即化成 $WF(u)\subset \mathrm{char}\,P$，这就可理解为在 Pu 为 C^∞ 的区域内 u 出现奇性的原因就在于 $\mathrm{char}\,P$ 的存在. 但是，一般来说 $\mathrm{char}\,P$ 是 $T^*(\Omega)$ 中一个 $2n-1$ 维子集，以它来刻划 u 的奇性分布尚嫌太粗糙，为此，必须作更进一步的讨论. 下面就 P 为具实主象征的主型算子情形进行讨论.

我们讨论问题的大致步骤为：首先对所讨论的算子进行微局部化简. 然后，再借助左微局部拟基本解分析奇性的分布情况.

设 P 是一个具实主象征的主型算子. 将它与一个椭圆型拟微分算子复合，使复合后的算子化成一个一阶的具实主象征的主型算子. 再由定理 1.6 知，它与 D_n 成 Fourier 等价. 因此，我们应首先弄清算子 D_n 的解的奇性传播情况.

为此先考察 $D_nu=0$ 的情形. 由分布理论知，它的解 u 是与 x_n 无关的分布的全体. 记 $x'=(x_1,\cdots,x_{n-1})$，$\xi'=(\xi_1,\cdots,\xi_{n-1})$，则 u 可以认为 $\mathbf{R}^{n-1}$ 空间中的分布 v 在投影映射 $\pi:(x',x_n)\longmapsto x'$ 下的后拉，即 $u=\pi^*v$. 于是由第二章定理 2.2 有

$$WF(u)\subset\{(x',x_n;\xi',0);\ (x',\xi')\in WF(v)\}$$

另外，我们也可把 v 作为 $\mathbf{R}^n$ 上分布 u 在映射 $x'\longmapsto(x',x_n)$ 下的

后拉．因而上式应取等号，即

$$WF(u)=\{(x',x_n;\xi',0);\ (x',\xi')\in WF(v)\} \tag{3.11}$$

这表示 $WF(u)$ 应是特征集 $\xi_n=0$ 上的闭集，且它在沿 x_n 轴方向平移的变换下不变．于是，若 $(x_0,\xi_0)\in WF(u)$，其中 ξ_0 的第 n 个坐标是 0，又记 e_n 是沿 x_n 轴方向的单位矢量，则 $(x_0,\xi_0)+te_n\in WF(u)$．注意到 $(x_0,\xi_0)+te_n$ 正是 D_n 过点 (x_0,ξ_0) 的次特征带上点所成的集合，因而，u 的奇性局部地沿着由 (x_0,ξ_0) 点出发的次特征带传播．

上述结果可以推广到 $D_nu=f$ 为非零 C^∞ 函数的情形．

引理 3.1 设 $D_nu=f$，$u\in\mathscr{D}'(\mathbb{R}^n)$．若 $(x_0,\xi_0)\in WF(u)\backslash WF(f)$，则对适当小的 δ，当 $|t|\leqslant\delta$ 时有 $(x_0,\xi_0)+te_n\in WF(u)\backslash WF(f)$．这就表示，在余切丛上 f 的波前集外，u 的奇性沿着过 (x_0,ξ_0) 的次特征带传播．

证．由于 D_n 是常系数微分算子，我们可以作出它的基本解，将 D_n 的支集在 $x_n\geqslant y_n$ 与 $x_n\leqslant y_n$ 中的基本解分别记为 E_n^+ 与 E_n^-，则它们的分布核应当是

$$E_n^+(x,y)=i\delta(x'-y')H(x_n-y_n) \tag{3.12}$$
$$E_n^-(x,y)=-i\delta(x'-y')H(y_n-x_n)$$

式中 $x'=(x_1,\cdots,x_{n-1})$，$y'=(y_1,\cdots,y_{n-1})$，$H(t)$ 是 Heaviside 函数．

我们先求出 $E_n^\pm$ 的波前集，由 $(E_n^+-E_n^-)(x,y)=i\delta(x'-y')$ 可知，对任意 $\phi(x,y)\in C_c^\infty(\mathbb{R}^n\times\mathbb{R}^n)$，有

$$\begin{aligned}\langle(E_n^+-E_n^-)(x,y),\phi(x,y)\rangle&\\&=i\int\delta(x'-y')\phi(x,y)dxdy\\&=i(2\pi)^{1-n}\int e^{i\langle x'-y',\theta\rangle}\phi(x,y)dxdyd\theta\end{aligned}$$

从而据第二章定理 3.1 有

$$WF'(E_n^+-E_n^-)\subset C_n=\{(x,y;\xi,\eta);x'=y',\xi'=\eta'\neq 0,\ \xi_n=\eta_n=0\} \tag{3.13}$$

由于在 $\mathbf{R}^n\times\mathbf{R}^n$ 的对角线外，$E_n^\pm$ 中至少有一个为零，此时 $WF'(E_n^\pm)$ 可以直接从 (3.13) 导出，为讨论在对角线上的点，将 E_n^+ 视为 $i\delta(x'-y')$ 与 $H(x_n-y_n)$ 的乘积. 则易知

$$WF'(\delta(x'-y'))\subset C_n$$

$$WF'(H(x_n-y_n))\subset C'=\{(x,y;\xi,\eta);\xi'=\eta'=0,\ x_n=y_n,\xi_n=\eta_n\neq 0\}$$

据第二章的定理 2.4 可得

$$WF'(E_n^+(x,y))\subset(C_n+C')\cup C_n\cup C' \tag{3.14}$$

(3.14) 右端与 $\{(x,x,\xi,\eta)\}$ 之交恰为 $T^*(\mathbf{R}^n)\backslash\{0\}\times T^*(\mathbf{R}^n)\backslash\{0\}$ 之对角线. 因此我们可得

$$\begin{aligned}WF'(E_n^+(x,y))&\subset C_n^+\cup\Delta\\&=\{(x,y;\xi,\eta);x'=y',\xi'=\eta'\neq 0,\xi_n=\eta_n=0,\\&\qquad x_n>y_n\}\cup\{(x,x,\xi,\xi);\xi\neq 0\}\end{aligned} \tag{3.15}$$

同理有

$$\begin{aligned}WF'(E_n^-(x,y))&\subset C_n^-\cup\Delta\\&=\{(x,y;\xi,\eta);x'=y',\xi'=\eta'\neq 0,\xi_n=\eta_n=0,\\&\qquad x_n<y_n\}\cup\{(x,x,\xi,\xi);\xi\neq 0\}\end{aligned} \tag{3.16}$$

现在就可以借助 $WF'(E_n^\pm)$ 导出引理的结论. 若已知 $(x_0,\xi_0)\in WF(u)\backslash WF(f)$. 则由 $(x_0,\xi_0)\in\mathrm{char}(D_n)$ 可知 $\xi_{0n}=0$，又由于 $WF(f)$ 的余集是开集. 故可取 δ 充分小，使得当 $|t|<\delta$ 时 $(x_0,\xi_0)+te_n\bar{\in}WF(f)$. 再取 $\varphi\in C_c^\infty(\mathbf{R}^n)$，使得 $\mathrm{supp}\,\varphi\subset\{x;|x-x_0|\leqslant\delta\}$，且在 x_0 的更小邻域内为 1.

令 $v=\varphi u\in\mathscr{E}'(\mathbf{R}^n)$. $g=D_nv=D_n(\varphi u)=\varphi f+uD_n\varphi$，于是

$$WF(g)\subset WF(\varphi f)\cup WF(uD_n\varphi) \tag{3.17}$$

由于 $E_n^\pm$ 为基本解，$g=D_nv\in\mathscr{E}'(\mathbf{R}^n)$，所以 $v=E_n^\pm g$. 从而按第二章的定理 2.5 有

$$\begin{aligned}WF(v)\subset&\{WF(g)\cup C_n^+\circ WF(g)\}\\&\cap\{WF(g)\cup C_n^-\circ WF(g)\}\end{aligned} \tag{3.18}$$

因为 $\varphi(x)$ 在 x_0 邻域中为 1，所以 $(x_0,\xi_0)\in WF(v)$，$(x_0,\xi_0)\bar{\in}$

$WF(g)$. 故由 (3.18) 知

$$(x_0,\xi_0)\in\{C_n^+\circ WF(g)\}\cap\{C_n^-\circ WF(g)\} \tag{3.19}$$

从而存在 $t_1>0$ 及 $t_2<0$ 使 $(x_0,\xi_0)+t_ie_n\in WF(g)$, $i=1,2$. 将此结果代入 (3.17), 并注意到 $(x_0,\xi_0)+t_ie_n\bar{\in} WF(\varphi f)$, 即得

$$(x_0,\xi_0)+t_ie_n\in WF(uD_n\varphi) \tag{3.20}$$

这就表示 $(x_0,\xi_0)+t_ie_n\in WF(u)$, 且 $(x_0,\xi_0)+t_ie_n$ 在 supp $(D_n\varphi)$ 之内. 利用收缩 φ 的支集的办法可知使 $(x_0,\xi_0)+t_ie_n\in WF(u)$的 t_i 可以任意接近于零,同样的论证指出在 $(x_0,\xi_0)+te_n$ $(|t|<\delta)$的直线上且落在 $WF(u)$中的点均为 $WF(u)$的极限点且同时为左右极限点, 然后利用简单的点集论知识易得, 对 $|t|<\delta$ 中所有的 t, $(x_0,\xi_0)+te_n\in WF(u)$. 引理证毕.

利用此引理容易导出如下的具实主象征拟微分算子的奇性传播定理.

定理 3.5 设 $P\in L^m(\Omega)$ 是恰当支的,它的主象征 $p(x,\xi)$ 是齐次实值函数. $u\in\mathscr{D}'(\Omega)$, $Pu=f$, 则有

$$WF(u)\backslash WF(f)\subset p^{-1}(0) \tag{3.21}$$

且在 Hamilton 场H_p作用下 $WF(u)\backslash WF(f)$ 不变. 也就是奇性沿着 $p^{-1}(0)$ 上的次特征带传播.

证. 取Q为 $1-m$ 阶椭圆拟微分算子,使它的主象征是实的齐次正函数. 将Q与P复合, QP和P有同样的特征与次特征带, 且由Q的椭圆性知 $WF(Qf)=WF(f)$. 由于复合后的 $QP\in L^1(\Omega)$. 因此只要对 $P\in L^1(\Omega)$ 的情形证明本定理就可以了.

设 $(x_0,\xi_0)\in WF(u)\backslash WF(f)$, 由第二章定理 3.3, $(x_0,\xi_0)\in$ char P. 若H_p在 (x_0,ξ_0) 恰取锥轴方向 $\xi_{0i}\dfrac{\partial}{\partial\xi_i}$, 则过此点的次特征带就是锥轴. 由 $WF(u)\backslash WF(f)$ 为锥子集的性质知定理成立.

因此我们只要研究H_p在 (x_0,ξ_0) 不与锥轴方向平行的情形. 此时,由定理 1.6, 在 (x_0,ξ_0) 点的锥邻域内存在一个齐次典则变

换 τ，以及与它相联系的椭圆 Fourier 积分算子 F，使有

$$(x_0, y_0; \xi_0, \eta_0) \bar{\in} WF'(PF - FD_n) \tag{3.22}$$

此处 $(y_0, \eta_0) = \tau(x_0, \xi_0)$. 另外，还存在一个与 τ^{-1} 相联系的椭圆 Fourier 积分算子 F_1，使有

$$(x_0, x_0; \xi_0, \xi_0) \bar{\in} WF'(FF_1 - I)$$
$$(y_0, y_0; \eta_0, \eta_0) \bar{\in} WF'(F_1F - I)$$

由此又易推知

$$(y_0, x_0; \eta_0, \xi_0) \bar{\in} WF'(F_1P - D_nF_1) \tag{3.23}$$

令 $v = F_1u \in \mathscr{D}'$，则由 $(x_0, \xi_0) \in WF(u)$ 可知 $(y_0, \eta_0) \in WF(v)$. 另一方面，$D_nv = D_nF_1u = F_1Pu - (F_1P - D_nF_1)u$，故由(3.23)以及 $(x_0, \xi_0) \bar{\in} WF(Pu)$ 可推知 $(y_0, \eta_0) \bar{\in} WF(D_nv)$.

这样，我们就有 $(y_0, \eta_0) \in WF(v) \backslash WF(D_nv)$. 由引理 3.1，$WF(v)$ 应包含算子 D_n 通过 (y_0, η_0) 点的次特征带上 (y_0, η_0) 点邻近的一段，由典则变换下次特征带的不变性可知，$WF(u)$ 也应包含算子 P 通过 (x_0, ξ_0) 点的次特征带上 (x_0, ξ_0) 点邻近相应的一段，这就证得了奇性沿次特征带传播的结论. 定理证毕.

[例] 设 P 是波动算子 $\Delta - \frac{\partial^2}{\partial t^2}$. 它的象征 $p(x, t, \xi, \tau) = \tau^2 - |\xi|^2$. 故 $p^{-1}(0) = \{(x, t; \xi, \pm|\xi|), \xi \neq 0\}$. 过 $(x_0, t_0; \xi_0, \pm|\xi_0|)$ 点的次特征带是下述问题的解

$$\begin{cases} \dfrac{dx_j}{ds} = -2\xi_j, \quad \dfrac{dt}{ds} = 2\tau, \quad \dfrac{d\xi_j}{ds} = 0, \quad \dfrac{d\tau}{ds} = 0 \\ (x, t, \xi, \tau)|_{s=0} = (x_0, t_0, \xi_0, \pm|\xi_0|) \end{cases} \tag{3.24}$$

因此，过 $(x_0, t_0; \xi_0, \pm|\xi_0|)$ 点的次特征带是

$$x - x_0 = -2\xi_0 s, \quad t - t_0 = \pm 2|\xi_0|s$$
$$\xi = \xi_0, \quad \eta = \pm|\xi_0| \tag{3.25}$$

由定理 3.5，若 $(x_0, t_0, \xi_0, \pm|\xi_0|) \in WF(u) \backslash WF(Pu)$，则 u 在此点的奇性按下述方式传播：它在余切丛的纤维上的投影不变，而在底空间上沿特征锥 $|x - x_0|^2 = (t - t_0)^2$ 的母线传播. 这一结论显然比第一章中关于波动方程解的奇性分析深入.

进一步的讨论还可得到更精确的结论.

定理 3.6 设 $P\in L^m(\Omega)$ 是恰当支的,且具有实的主象征. 又设 $u\in \mathscr{D}'(\Omega)$, $Pu=f$. 若在次特征带上的一段 γ 上 $Pu\in H^s$, 则只要在 γ 上有一点处 $u\in H^{s+m-1}$, 就有整个 γ 上 $u\in H^{s+m-1}$.

此定理的证明可参见 [5].

当 P 的主象征是复值时,解的奇性传播在[7],[9]中有讨论.

下面再讨论一个 Cauchy 问题中解的奇性传播问题. 以双曲型拟微分算子的 Cauchy 问题为例,讨论

$$\begin{cases}(D_t-A(x,t,D_x))u=0\\ u|_{t=0}=u_0(x)\end{cases}\tag{3.26}$$

此处 A 的主象征 $a(x,t,\xi)$ 是实值. 在 § 2 中已经知道, (3.26) 的解 $u(x,t)$ 可表为[1)]

$$u(t)=E(t)u_0\tag{3.27}$$

其中 $E(t)$ 是如下形式的 Fourier 积分算子

$$E(t)\varphi=(2\pi)^{-n}\int e^{iS(x,t,\eta)}e(x,t,\eta)\hat{\varphi}(\eta)d\eta\tag{3.28}$$

且 $S(x,t,\eta)$ 满足

$$\begin{cases}S_t-a(x,t,S_x)=0\\ S|_{t=0}=\langle x,\eta\rangle\end{cases}\tag{3.29}$$

由此可得如下的奇性传播定理.

定理 3.7 设 $u(t)$ 是 (3.26) 的解 (3.27), 则有

$$WF(u(t))=C(t)\circ WF(u(0))\tag{3.30}$$

此处 $C(t)\circ(y,\eta)$ 表示由 (y,η) 出发的次特征带在参数取 t 值时的位置, 因而 (3.30) 也表示解 u 在时刻 t 的奇性是由初始条件 $u_0(x)$ 的奇性沿次特征带传播到时刻 t 的结果.

证. 和 (3.28) 所表示的 Fourier 积分算子对应的典则变换是

$$\tau(t):(x,S_x(x,t,\eta))\longmapsto(S_\eta(x,t,\eta),\eta)\tag{3.31}$$

这个典则变换的图象就是 $E(t)$ 的 Lagrange 流形, 它包含集合

---

1) 如果我们不应用定理 2.4, 可应用 (3.26) 的近似解,但这也不影响关于奇性传播的分析.

$WF'(E(t))$. 所以有

$$WF(u(t)) = \tau^{-1}(t)\circ WF(u(0)) \tag{3.32}$$

我们指出，由依赖于参数 t 的典则变换 $\tau^{-1}(t):(y,\eta)\longmapsto(x,\xi)$ 正是由 Hamilton 向量场 H_a 过 (y,η) 点的积分曲线. 事实上，后者即下述方程组初值问题的解

$$\begin{cases} \dfrac{dx(t)}{dt} = -\nabla_\xi a(x(t),t,\xi(t)) \\ \dfrac{d\xi(t)}{dt} = \nabla_\xi a(x(t),t,\xi(t)) \\ x|_{t=0} = y, \quad \xi|_{t=0} = \eta \end{cases} \tag{3.33}$$

将 (3.29) 中的方程关于 x_j 求导，可得

$$\frac{\partial^2 S}{\partial x_j \partial t} - \frac{\partial a}{\partial x_j} - \sum_k \frac{\partial a}{\partial \xi_k}\frac{\partial^2 S}{\partial x_k \partial x_j} = 0$$

于是

$$\begin{aligned} &\frac{d}{dt}(\xi_j(t) - S_{x_j}(x(t),t,\eta)) \\ &\quad = \frac{d\xi_j}{dt} - \sum_k \frac{\partial^2 S}{\partial x_j \partial x_k}\frac{dx_k}{dt} - \frac{\partial^2 S}{\partial x_j \partial t} \\ &\quad = \frac{d\xi_j}{dt} + \sum_k \frac{\partial^2 S}{\partial x_j \partial x_k}\cdot\frac{\partial a}{\partial \xi_k} \\ &\qquad - \frac{\partial a}{\partial x_j} - \frac{\partial a}{\partial \xi_k}\frac{\partial^2 S}{\partial x_j \partial x_k} \end{aligned}$$

由 (3.33) 知它等于零，故 $\xi_j(t) - S_{x_j}(x(t), t, \eta)$ 在 H_a 的积分曲线上为常数. 当 $t=0$ 时，由 (3.33) 与 (3.29) 的初始条件知 $\xi_j(0) - S_{x_j}(x(0), 0, \eta) = 0$. 从而我们有

$$\xi_j(t) = S_{x_j}(x(t),t,\eta) \qquad j = 1,\cdots,n \tag{3.34}$$

另外，

$$\begin{aligned} \frac{d}{dt}S_{\eta_j}(x(t),t,\eta) &= \frac{\partial^2 S}{\partial \eta_j \partial t} + \sum_k \frac{\partial^2 S}{\partial \eta_j \partial x_k}\cdot\frac{dx_k}{dt} \\ &= \frac{\partial}{\partial \eta_j}a(x,t,S_x) + \sum_k \frac{\partial^2 S}{\partial \eta_j \partial x_k}\cdot\frac{dx_k}{dt} \end{aligned}$$

$$= \sum_k \frac{\partial a}{\partial \xi_k} \cdot \frac{\partial S}{\partial \eta_j \partial x_k} + \sum_k \frac{\partial^2 S}{\partial \eta_j \partial x_k} \cdot \frac{dx_k}{dt}$$

由(3.33)知它也等于零．故 $S_{\eta_j}(x(t),t,\eta)$ 在 H_a 的积分曲线上为常数，而 $S_{\eta_j}|_{t=0} = S_{\eta_j}(y,0,\eta) = y_j$，故得

$$y_j(t) = S_{\eta_j}(x(t),t,\eta) \qquad j = 1,\cdots,n \tag{3.35}$$

这样，我们就证明了 $\tau^{-1}(t)\circ(y,\eta)$ 与 $C(t)\circ(y,\eta)$ 是一致的．从而(3.30)成立．定理证毕．

最后，我们指出，奇性传播问题的内容相当广泛．它除了讨论各种类型方程的解在区域内部解的奇性传播外，还有奇性在边界上的反射、绕射等问题，奇性传播问题还往往与可解性问题有密切的联系．有关这方面的内容，读者可参阅有关的综述性文献[10]，[15]，[21]等．

附录一 Schwartz 分 布

Schwartz 分布理论在近代偏微分方程理论中已成为必不可少的工具. 在这个附录中,我们将本书所需的有关知识要目列出,以备查考,但不作详细解释与证明. 对于需要进一步了解该理论的读者,建议参阅 [2],[6],[22].

§1. 线性拓扑空间

分布可以作为局部凸线性拓扑空间上的连续性泛函来定义. 这一节,我们首先简要地叙述一下线性拓扑空间理论中有关的概念.

定义1.1 若拓扑空间 E 同时是域 $\mathbf{K}$(通常取为实数域 $\mathbf{R}$ 或复数域 $\mathbf{C}$) 上的线性空间,并且线性运算

$$E\times E\longrightarrow E,\qquad (x,y)\longmapsto x+y$$
$$\mathbf{K}\times E\longrightarrow E,\qquad (\lambda,x)\longmapsto \lambda x$$

关于 E 上的拓扑是连线的,则称 E 为域 $\mathbf{K}$ 上的线性拓扑空间,简记为 TVS.

命题 1.1 线性拓扑空间的拓扑能用原点的邻域基来描述.

定义 1.2 设 E 为线性空间,A 为其子集. 如果对 A 中任意 x, y 及 $\mathbf{R}_+$ 中任意 α, β, 只要 $\alpha+\beta=1$, 就有 $\alpha x+\beta y\in A$, 则称 A 为 E 的凸子集. 如果对 A 中任意的 x 及 $\mathbf{K}$ 中的 λ, 只要 $|\lambda|\leqslant 1$就有 $\lambda x\in A$, 则称 A 为 E 的平衡子集. 如果对 E 中任意 x, 均有 $\lambda\in\mathbf{K}$, 使得 $\lambda x\in A$, 则称 A 为 E 的吸收子集 .

定义 1.3 设 E 为线性拓扑空间,A 为 E 的子集. 如果对 E 中原点的任意邻域 V, 均有 $\varepsilon>0$, 使得只要 $|\lambda|\leqslant\varepsilon$ 就有

$$\lambda A=\{\lambda x,\ x\in A\}\subset V,$$

则称 A 为 E 的有界集.

注意有界集的概念是对给定的拓扑而言的.

定义 1.4 若线性拓扑空间 E 具有原点的凸的邻域基,则称为局部凸的线性拓扑空间. 简记为 LCS.

命题 1.2 E 为局部凸的线性拓扑空间,则 E 存在原点的平衡、吸收的凸邻域基.

定义 1.5 设 E 为线性空间,映射

$$p: E \longrightarrow \mathbf{R}_+, \quad x \longmapsto p(x)$$

满足

1) $p(x+y) \leqslant p(x) + p(y), \quad \forall x, y \in E;$

2) $p(\lambda x) = |\lambda| p(x), \quad \forall x \in E, \lambda \in \mathbf{K},$

则称 p 为 E 上半范(也称半模).

定义 1.6 设 E 为一线性空间,I 为一数集,$\{p_i\}_{(i\in I)}$ 为定义于 E 上的一族半范. 以邻域族

$$V(x_0, \varepsilon, F) = \{x; x \in E, p_i(x - x_0) < \varepsilon, \forall i \in I \text{ 的有限集 } F\}$$

定义 E 的拓扑,得到的线性拓扑空间称为半范空间. 如果 I 为一可列集,则 E 称为可列半范空间.

命题 1.3 局部凸线性拓扑空间与半范空间等价,即任一半范空间总是局部凸的线性拓扑空间;而任一局部凸的线性拓扑空间,其拓扑总可用一族半范来定义.

命题 1.4 半范空间 E 是 Hausdorff 空间的充分必要条件是对 E 中任意的 x,只要 $x \neq 0$ 就总有半范族中半范 p,使 $p(x) \neq 0$.

定义 1.7 设 E 为一线性空间. 在其上定义有平移不变距离 ρ. 如果距离函数 ρ 关于 E 上的加法运算及数乘运算是连续的,则称 E 为线性距离空间. 简记为 LMS. 线性距离空间的拓扑是用距离来定义的.

命题 1.5 局部凸的线性距离空间等价于 Hausdorff 可列半范空间.

定义 1.8 完备的局部凸的线性距离空间称为 Fréchet 空间.

由命题 1.5, Fréchet 空间的定义也可改为完备的 Hausdorff

可列半范空间.

定义 1.9 设 $\{E_i\}(i=1,2,\cdots)$ 为一列 Fréchet 空间,满足

1) $E_i \subset E_{i+1}$,

2) E_i 上的拓扑与 E_{i+1} 在 E_i 上导出的拓扑一致.

对集合 $E=\bigcup\limits_{i=1}^{\infty} E_i$,用下述方式定义它的拓扑: V 为 E 中的凸集. 如果对 $i=1,2,\cdots,V_i=V\cap E_i$ 是 E_i 中原点的邻域,则称 V 为 E 中原点的邻域,称如此得到的线性拓扑空间 E 为 E_i 的可列严格归纳极限. $\{E_i\}$ 称为 E 的定义序列.

命题 1.6

(1) 定义 1.9 中的可列严格归纳极限 E 是完备的局部凸线性拓扑空间. 其定义序列可以改为 E 中任一满足所述性质的子序列.

(2) E 在 E_i 上导出的拓扑即 E_i 原有的拓扑.

(3) $\{f_n\}$ 为 E 中有界集等价于存在 i_0, 使 $\{f_n\}$ 为 E_{i_0} 中有界集. $f_n \xrightarrow{E} 0$ 等价于存在 i_0, 使 $f_n \xrightarrow{E_{i_0}} 0$.

(4) E 到局部凸空间 F 的线性映射 u 连续的充要条件是 u 在 E_i 上的限制为连续.

定义 1.10 设 E 为局部凸线性拓扑空间. E 上的连续线性泛函全体记为 E'. 称为 E 的对偶空间. 由半范族 $\{p_x(\cdot)=|(\cdot, x)|\}_{x\in E}$ 来定义 E' 上的局部凸拓扑, 称为 E' 上的弱*拓扑. 由半范族$\{p_A(\cdot)=\sup\limits_{x\in A}|(\cdot, x)|\}$($A$ 为 E 中有界集) 来定义的 E' 上的局部凸拓扑,称为 E' 的强拓扑. 它们所对应的拓扑空间分别记为 E'_{w^*} 和 E'_b. 也经常将 E'_{w^*} 简记为 E'.

定义 11.1 由半范族 $\{p_{x'}(\cdot)=|(x', \cdot)|\}_{x'\in E'}$ 定义的 E 上的局部凸拓扑称为 E 的弱拓扑.

命题 1.7 E, F 为 Fréchet 空间, T 为 E 到 F 的线性算子, 则 T 连续的充要条件是对 F 中任意的半范 q, 存在 E 中有限个半范 $p_1,\cdots,p_m$ 及常数 C, 使得

$$q(T_x) \leqslant C\left(\sum_{i=1}^{m} p_i(x)\right)$$

对 E 中任意 x 成立.

§2. 基本函数空间

我们先引进下列符号

$x=(x_1,\cdots,x_n)$ 是 $\mathbf{R}^n$ 中的点, $|x|=\left(\sum\limits_{j=1}^{n} x_j^2\right)^{\frac{1}{2}}$. 用 $\alpha=(\alpha_1,\cdots,\alpha_n)\in \mathbf{Z}_+^n$ 表示多重 (n 重) 指标, 此处 $\mathbf{Z}_+^n$ 是所有非负整数所组成的 n 数组的全体,

$$|\alpha|=\sum_{j=1}^{n}\alpha_j. \quad \alpha!=\alpha_1!\alpha_2!\cdots\alpha_n!.$$

$$x^\alpha=x_1^{\alpha_1}\cdots x_n^{\alpha_n}. \quad \partial^\alpha=\frac{\partial^{|\alpha|}}{\partial x_1^{\alpha_1}\cdots\partial x_n^{\alpha_n}}.$$

$$\partial_j=\frac{\partial}{\partial x_j}$$

一、空间 $\mathscr{E}(\Omega)$

设 Ω 为 $\mathbf{R}^n$ 中开集. Ω 上所有 C^∞ 函数全体记为 $C^\infty(\Omega)$. 它是一个线性空间.

令 K_i 为 Ω 中一单调上升的紧集序列. 在 $C^\infty(\Omega)$ 上定义半范

$$p_{i,k}(f)=\sup_{\substack{x\in K_i\\ |\alpha|\leqslant k}}|\partial^\alpha f|$$

命题 2.1 $C^\infty(\Omega)$ 用半范 $p_{i,k}(f)$ 定义拓扑后成为一 Fréchet 空间. f_m 趋于零等价于对 Ω 中任意紧集 K 及指标 α, 成立

$$\sup_K|\partial^\alpha f_m|\to 0.$$

通常将此空间记为 $\mathscr{E}(\Omega)$. 但有时也仍记为 $C^\infty(\Omega)$.

类似地, 对非负整数 m, 可对线性空间 $C^m(\Omega)$ 定义拓扑而使之成为 Fréchet 空间. 记为 $\mathscr{E}^m(\Omega)$ 或仍记为 $C^m(\Omega)$,

命题 2.2 $\mathscr{E}(\Omega)$中子集A为相对紧的充要条件是A为$\mathscr{E}(\Omega)$中的有界集.

注意此命题对 $\mathscr{E}^m(\Omega)$ 不成立.

二、 空间 $\mathscr{S}(\mathbf{R}^n)$

定义 2.1 如 $f\in C^\infty(\mathbf{R}^n)$，对任意指标$\alpha$及非负整数$N$,

$$\lim_{|x|\to\infty}(1+|x|^2)^{\frac{N}{2}}|\partial^\alpha f|=0$$

则称f为速降函数. 速降函数全体组成的线性空间称为速降函数空间. 记为$\mathscr{S}(\mathbf{R}^n)$.

命题 2.3 下列条件等价

(1) $f\in\mathscr{S}(\mathbf{R}^n)$,

(2) $\forall\alpha,\beta,\lim\limits_{|x|\to\infty}|x^\alpha\partial^\beta f|=0$,

(3) $\forall\alpha,\beta,\sup\limits_{x\in\mathbf{R}^n}|x^\alpha\partial^\beta f|<+\infty$,

(4) $\forall N,\alpha,\sup\limits_{x\in\mathbf{R}^n}(1+|x|^2)^{\frac{N}{2}}|\partial^\alpha f|<+\infty$,

(5) 设$P(x)$是一个常系数多项式，$Q(\partial)$是一个常系数线性偏微分算子,那么 $P(x)Q(\partial)f\in\mathscr{S}(\mathbf{R}^n)$,

(6) 对于(5)中的$P(x)$,$Q(\partial)$,有 $Q(\partial)(P(x)f(x))\in\mathscr{S}(\mathbf{R}^n)$.

命题 2.4 $\mathscr{S}(\mathbf{R}^n)$用半范族

$$p_{N,\alpha}(f)=\sup_{x\in\mathbf{R}^n}(1+|x|^2)^{\frac{N}{2}}|\partial^\alpha f|$$

定义拓扑后成为一 Fréchet 空间. 仍记为 $\mathscr{S}(\mathbf{R}^n)$. $f_m\xrightarrow{\mathscr{S}}0$ 等价于对任意N, α,

$$\sup_{x\in\mathbf{R}^n}(1+|x|^2)^{\frac{N}{2}}|\partial^\alpha f_m|\to 0$$

命题2.5 $\mathscr{S}(\mathbf{R}^n)$的子集$A$相对紧的充要条件为$A$是$\mathscr{S}(\mathbf{R}^n)$中的有界集.

三、 空间 $\mathscr{D}(\Omega)$

设Ω为$\mathbf{R}^n$中的开集

定义 2.2 设 f 为定义于 Ω 上的函数. 称点集 $\{x;\ x\in\Omega,\ f(x)\neq 0\}$ 在 Ω 中的闭包为函数 f 在 Ω 中的**支集**，记为 $\operatorname{supp} f$.

易见下式成立:

$\operatorname{supp} f=\Omega\backslash\{x;\ x\in\Omega,\ f$ 于 x 的某邻域中为零$\}$

记

$C_c^\infty(\Omega)=\{f;f\in C^\infty(\Omega),\ \operatorname{supp} f$ 为 Ω 中的紧集$\}$

设 K_i 为 Ω 中单调上升紧集序列,且 $\Omega=\bigcup K_i$.

记

$$C_c^\infty(K_i)=\{f;\ f\in C^\infty(\Omega),\ \operatorname{supp} f\subset K_i\}$$

$$C_c^m(K_i)=\{f;\ f\in C^m(\Omega),\ \operatorname{supp} f\subset K_i\}$$

命题 2.6 $C_c^m(K_i)$ 定义范数

$$\|\cdot\|_{C_c^m(K_i)}=\sup_{\substack{x\in K_i\\ |\alpha|\leqslant m}}|\partial^\alpha f|$$

后成为一 Banach 空间.

Banach 空间 $C_c^m(K_i)$ 也记为 $\mathscr{D}^m(K_i)$.

命题 2.7 $C_c^\infty(K_i)$ 用可列范数 $\{\|\cdot\|_{C_c^m(K_i)}\}$, $m=0,1,2,\cdots$ 定义拓扑后成为一 Fréchet 空间.

此空间也常记为 $\mathscr{D}(K_i)$.

命题 2.8 $C_c^\infty(\Omega)$ 作为 $\{\mathscr{D}(K_i)\}$ 的可列严格归纳极限，是一完备的局部凸线性拓扑空间. f_n 趋于零等价于存在在一紧集 K，使 $\{f_n\}\subset\mathscr{D}(K)$，且对任意整数 $m\geqslant 0$,

$$\sup_{\substack{x\in K\\ |\alpha|\leqslant m}}|\partial^\alpha f_m|\to 0$$

此空间也记为 $\mathscr{D}(\Omega)$.

类似地，作为 $\{\mathscr{D}^m(K_i)\}$ $i=1,2,\cdots$ 的可列严格归纳极限，可以定义完备的局部凸线性拓扑空间 $\mathscr{D}^m(\Omega)$.

命题 2.9 $\mathscr{D}(\Omega)$ 中的有界集必为相对紧.

注意此命题对 $\mathscr{D}^m(\Omega)$ 不成立.

命题 2.10

(1) $\mathscr{E}(\Omega)\subset\mathscr{E}^m(\Omega)$

$$\mathscr{D}(\Omega)\subset\mathscr{D}^m(\Omega)$$

$$\mathscr{D}(\mathbf{R}^n)\subset\mathscr{S}(\mathbf{R}^n)\subset\mathscr{E}(\Omega)$$

此处包含关系 $A\subset B$ 是在拓扑意义下成立，即 A 是 B 的子空间且 A 的拓扑不比 B 的拓扑弱.

(2) $\mathscr{E}(\Omega)$ 在 $\mathscr{E}^m(\Omega)$ 中稠密. $\mathscr{D}(\Omega)$ 在 $\mathscr{D}^m(\Omega)$ 中稠密，$\mathscr{D}(\mathbf{R}^n)$ 在 $\mathscr{S}(\mathbf{R}^n)$ 中稠密，$\mathscr{D}(\Omega)$ 在 $\mathscr{E}(\Omega)$ 中稠密.

四、 正则化算子

设函数 $\varphi(x)\in C_c^\infty(\mathbf{R}^n)$,其支集包含在单位球内,且

$$\varphi(x)\geqslant 0,\ \int_{\mathbf{R}^n}\varphi(x)dx=1.$$

由下式定义的算子 J_ε 称为**正则化算子**

$$(J_\varepsilon u)(x)=\int_{\mathbf{R}^n}\varphi_\varepsilon(x-y)u(y)dy$$

$$=\int_{\mathbf{R}^n}\frac{1}{\varepsilon^n}\varphi\left(\frac{x-y}{\varepsilon}\right)u(y)dy$$

不难见到,只需 $u\in L_{\text{loc}}(\mathbf{R}^n)$，$J_\varepsilon u$ 就是有意义的,并且 $J_\varepsilon u\in C^\infty(\mathbf{R}^n)$.

命题 2.11

(1) 如 $u\in L^p(\mathbf{R}^n)$，$1\leqslant p<\infty$，则 $J_\varepsilon u\xrightarrow{L^p(\mathbf{R}^n)}u$.

(2) 如 $u\in\mathscr{E}^m(\mathbf{R}^n)$，则 $J_\varepsilon u\xrightarrow{\mathscr{E}^m(\mathbf{R}^n)}u$.

(3) 如 $u\in\mathscr{E}(\mathbf{R}^n)$，则 $J_\varepsilon u\xrightarrow{\mathscr{E}(\mathbf{R}^n)}u$.

(4) 如 $u\in\mathscr{D}^m(\mathbf{R}^n)$，则 $J_\varepsilon u\in C_c^\infty(\mathbf{R}^n)$ 且 $J_\varepsilon u\xrightarrow{\mathscr{D}^m(\mathbf{R}^n)}u$.

(5) 如 $u\in\mathscr{D}(\mathbf{R}^n)$，则 $J_\varepsilon u\in C_c^\infty(\mathbf{R}^n)$ 且 $J_\varepsilon u\xrightarrow{\mathscr{D}(\mathbf{R}^n)}u$.

利用正则化算子，不难证明下面的命题.

命题 1.12 设 K 为 Ω 中紧集,则存在函数 $\varphi\in\mathscr{D}(\Omega)$,$\varphi$ 于 K 的某邻域内恒等于 1，且 $0\leqslant\varphi\leqslant 1$.

命题 2.13 设紧集 K 有有限开覆盖 $\bigcup\limits_1^n\Omega_i\supset K$，则有 $\varphi_i\in$

$C_c^\infty(\Omega_i)$，$\varphi_i \geqslant 0$，$\sum_{i=1}^{n}\varphi_i \leqslant 1$ 而于K的某邻域内等号成立.

命题 2.13 给出的将 1 分解为支集在 Ω_i 内的 φ_i 之和的方法称为**单位分解**.

§3. 分布的基本概念

一、 空间 $\mathscr{D}'(\Omega)$

定义 3.1 局部凸空间 $\mathscr{D}(\Omega)$ 的对偶空间 $\mathscr{D}'(\Omega)$ 称为分布空间,其中元素称为Ω上的**分布**. $(\mathscr{D}^m(\Omega))'$ 称为**m阶分布空间**,其中元素称为Ω上的**m阶分布**.

类似地可定义 $\mathscr{D}'(K)$，$(\mathscr{D}^m(K))'$.

命题 3.1 $\mathscr{D}(\Omega)$ 上的线性泛函u是一分布的充要条件是对$\mathscr{D}(\Omega)$ 中任一收敛于 0 的函数列 $\{f_n\}$，$u(f_n)\to 0$.

类似的结论对 $(\mathscr{D}^m(\Omega))'$ 分布也是成立的.

命题 3.2 $\mathscr{D}'(K)=\sum\limits_{m=0}^{\infty}(\mathscr{D}^m(K))'$

命题意为K上所有有限阶分布在 $\mathscr{D}(K)$ 上的限制即为 $\mathscr{D}'(K)$.

推论 3.3 $u=\mathscr{D}'(\Omega)$ 等价于对Ω中任意紧集K，存在常数$C(K)$ 和 $k(K)$，使

$$|u(\varphi)| \leqslant C(K)\sum_{|\alpha|\leqslant k(K)}\sup|\partial^\alpha\varphi|$$

对任意 $\varphi\in\mathscr{D}(K)$ 成立[1].

定义 3.2 对于 $u\in\mathscr{D}'(\Omega)$，如果存在k，使对Ω中任意紧集K，

$$|u(\varphi)| \leqslant C(K)\sum_{|\alpha|\leqslant k}\sup|\partial^\alpha\varphi|$$

对任意 $\varphi\in\mathscr{D}(K)$ 成立,则称u为**k阶 $\mathscr{D}'(\Omega)$ 分布**.

---

1) 对于 $u\in\mathscr{D}'(\Omega)$，$\varphi\in\mathscr{D}(\Omega)$，$u$在$\varphi$上的作用所得之对偶积在本书中常记为$u(\varphi)$或$\langle u,\varphi\rangle$. 其他空间也类似.

易见下面命题成立.

命题 3.4 m 阶 $\mathscr{D}'(\Omega)$ 分布全体即为 $(\mathscr{D}^m(\Omega))'$.

命题 3.5 $u_j\in\mathscr{D}'(\Omega), j=1,2,\cdots$, 对任意 $\varphi\in\mathscr{D}(\Omega)$, 极限 $\lim\limits_{j\to\infty}u_j(\varphi)$ 存在,则

$$u(\varphi)=\lim_{j\to\infty}u_j(\varphi)\in\mathscr{D}'(\Omega)$$

命题表明 $\mathscr{D}'(\Omega)$ 按弱*拓扑是序列式完备的.

定义 3.3 设开集 $\Omega'\subset\Omega$, u_1, $u_2\in\mathscr{D}'(\Omega)$. 如果 u_1, u_2 作为 $\mathscr{D}'(\Omega')$ 中元素相等,则称在 Ω' 上 $u_1=u_2$.

定义 3.4 $u_1, u_2\in\mathscr{D}'(\Omega)$, $x\in\Omega$. 如果存在 x 点的邻域 Ω', 使在 Ω' 上 $u_1=u_2$, 则称 u_1, u_2 在 x 点附近相等.

定义 3.5 $u\in\mathscr{D}'(\Omega)$, $\operatorname{supp}u=\Omega\backslash\{x;x\in\Omega$, u 在 x 附近为 $0\}$称为 u 的支集.

命题 3.6 $u_1, u_2\in\mathscr{D}'(\Omega)$, 在 Ω 中每点附近 $u_1=u_2$, 则在 Ω 上 $u_1=u_2$.

定义 3.6 $u\in\mathscr{D}'(\Omega)$, $\operatorname{sing\,supp}u=\Omega\backslash\{x;x\in\Omega$, u 在 x 附近等于一个 C^∞ 函数$\}$ 称为 u 的奇性支集.

二、空间 $\mathscr{E}'(\Omega)$

定义 3.7 Fréchet 空间 $\mathscr{E}(\Omega)$ 的对偶空间 $\mathscr{E}'(\Omega)$ 称为紧支分布空间,其中元素称为 Ω 上的紧支分布.

同样可定义 $(\mathscr{E}^m(\Omega))'$, $\mathscr{E}'(K)$, $(\mathscr{E}^m(K))'$.

命题 3.7 $u\in\mathscr{E}'(\Omega)$, 则存在紧集 $K\subset\Omega$, 常数 C 及非负整数 k, 使对任意 $\varphi\in\mathscr{E}(\Omega)$, 有

$$|u(\varphi)|\leqslant C\sum_{|\alpha|\leqslant k}\sup_K|\partial^\alpha\varphi|$$

命题 3.8 $\mathscr{E}'(\Omega)$ 在 $\mathscr{D}(\Omega)$ 上的限制即为紧支的 $\mathscr{D}'(\Omega)$ 分布的全体. 注意到 $\mathscr{D}(\Omega)$ 在 $\mathscr{E}(\Omega)$ 上稠密, 这也就是说紧支分布全体即为紧支的分布的全体.

这也就是称 $\mathscr{E}'(\Omega)$ 为紧支分布空间的原因.

推论 3.9 $u\in\mathscr{D}'(\Omega)$ 且具紧支集,则必为有限阶的.

三、 空间 $\mathscr{S}'(\mathbf{R}^n)$

定义 3.8 Fréchet 空间 $\mathscr{S}(\mathbf{R}^n)$ 的对偶空间 $\mathscr{S}'(\mathbf{R}^n)$ 称为缓增分布空间,其中元素称为缓增分布.

命题 3.10 关系式

$$\mathscr{E}'(\mathbf{R}^n)\subset\mathscr{S}(\mathbf{R}^n)\subset\mathscr{D}'(\mathbf{R}^n)$$

依弱* 拓扑或依强拓扑均成立,即是说集合的包含关系成立,而且前面一个空间的拓扑不比后面一个弱.

§4. 分布的运算

一、 分布的导数

定义 4.1 $u\in\mathscr{D}'(\Omega)$, 由

$$(\partial u)(\varphi)=-u(\partial\varphi)\qquad\forall\varphi\in\mathscr{D}(\Omega)$$

决定的分布称为 u 的导数.

反复利用上面的定义,即得

$$(\partial^\alpha u)(\varphi)=(-1)^{|\alpha|}(\partial^\alpha\varphi)\qquad\forall\varphi\in\mathscr{D}(\Omega)$$

由此可知,任意分布均是任意阶可导的.

命题 4.1 $\partial u=f$ 在 Ω 上按分布意义相等. u, f 均连续且 u 可微,则等式依古典意义成立.

命题 4.2 $u\in\mathscr{D}'(\Omega)$, ω 为 Ω 中任意有界开集,则存在 m 及 $f\in C(\omega)$, 使 $u=\partial_{x_1}^m\cdots\partial_{x_n}^m f$ 在 ω 上成立.

命题表明,局部地看,任一分布恒是一连续函数在分布意义下的导数,当然若分布 u 还属于 $\mathscr{S}'$ 或 $\mathscr{E}'$, 则它还有更精细的局部结构.

定义 4.2 设 $x_0\in\mathbf{R}^n$, 由

$$\delta_{x_0}(\varphi)=\varphi(x_0)\qquad\forall\varphi\in\mathscr{D}(\mathbf{R}^n)$$

所决定的分布称为 Dirac 分布.

显然 $\delta\in\mathscr{E}'(\mathbf{R}^n)$ 且 $\operatorname{supp}\delta=\{x_0\}$.

命题 4.3 设 $u\in\mathscr{E}'(\Omega)$, $x_0\in\Omega$, $\operatorname{supp}u=\{x_0\}$, 则存在有

限个数 C_i 及复指标 $\alpha_i =(i=1,\cdots,N)$，使得

$$u=\sum_{i=1}^{N} C_i\partial^{\alpha_i}\delta_{x_0}$$

此处等式右边 u 当然按自然延拓被理解为 $\mathscr{E}'(\mathbf{R}^n)$ 中元素.

二、 函数和分布相乘

定义 4.3 $a\in\mathscr{E}(\Omega)$，$u\in\mathscr{D}'(\Omega)$，由

$$(au)(\varphi)=u(a\varphi)\qquad \forall\varphi\in\mathscr{D}(\Omega)$$

决定的分布称为 a 与 u 的乘积，记为 au.

命题 4.4 对上述乘法，Leibniz 公式仍然成立，即假如 $P(\xi)$ 为复常系数多项式，则

$$P(\partial)(au)=\sum\partial^\alpha(a)\frac{P^{(\alpha)}(\partial)}{\alpha!}u$$

其中 $P^{(\alpha)}(\xi)=\partial^\alpha P(\xi)$.

三、 分布的卷积

定义 4.4 $u\in\mathscr{D}'(\mathbf{R}^n)$，$\varphi\in\mathscr{D}(\mathbf{R}^n)$，它们的卷积为由下式给出的函数

$$\varphi*u=u*\varphi=\langle u,\varphi(x-y)\rangle_y$$

其中 $\langle\cdot,\cdot\rangle_y$ 表示以 y 为变量的函数 $\varphi(x-y)$ 被分布 u 作用的结果.

当 u 为通常函数时，上面的定义即通常的卷积.

同样可定义 $u\in\mathscr{E}'(\mathbf{R}^n)$，$\varphi\in\mathscr{E}(\mathbf{R}^n)$ 和 $u\in\mathscr{S}'(\mathbf{R}^n)$，$\varphi\in\mathscr{S}(\mathbf{R}^n)$ 时 u 与 φ 的卷积.

命题 4.5

(1) $u*\varphi\in\mathscr{E}(\mathbf{R}^n)$ 且 $\partial^\alpha(u*\varphi)=(\partial^\alpha u)*\varphi=u*\partial^\alpha\varphi$.

(2) $\mathrm{supp}(u*\varphi)\subset\mathrm{supp}\,u+\mathrm{supp}\,\varphi$

其中点集 $A+B=\{x+y;x\in A,y\in B\}$.

命题 4.6

(1) 双线性卷积映射

$$*: \mathscr{D}'_b(\mathbf{R}^n) \times \mathscr{D}(\mathbf{R}^n) \to \mathscr{E}(\mathbf{R}^n)$$

$$\text{或}\quad \mathscr{E}'_b(\mathbf{R}^n) \times \mathscr{E}(\mathbf{R}^n) \to \mathscr{E}(\mathbf{R}^n)$$

$$\text{或}\quad \mathscr{S}'_b(\mathbf{R}^n) \times \mathscr{S}(\mathbf{R}^n) \to \mathscr{E}(\mathbf{R}^n)$$

对每个变元连续.

(2) 双线性卷积映射

$$*: \mathscr{E}'_b(\mathbf{R}^n) \times \mathscr{D}(\mathbf{R}^n) \to \mathscr{D}(\mathbf{R}^n)$$

$$\mathscr{E}'_b(\mathbf{R}^n) \times \mathscr{S}(\mathbf{R}^n) \to \mathscr{S}(\mathbf{R}^n)$$

$$\mathscr{E}'_b(\mathbf{R}^n) \times \mathscr{E}(\mathbf{R}^n) \to \mathscr{E}(\mathbf{R}^n)$$

对每个变元连续.

命题 4.7 算子 $T: \mathscr{D}(\mathbf{R}^n) \to \mathscr{E}(\mathbf{R}^n)$, $\varphi \longmapsto T_\varphi$ 为与平移算子可交换的线性连续算子的充要条件是存在 $u \in \mathscr{D}'(\mathbf{R}^n)$, 使 $T_\varphi = u * \varphi$.

命题 4.8 $\varphi, \psi \in \mathscr{D}(\mathbf{R}^n)$, 则 $(u*\varphi)*\psi = u*(\varphi*\psi)$.

定义 4.5 $u_1, u_2 \in \mathscr{D}'(\mathbf{R}^n)$, $\operatorname{supp} u_1$ 或 $\operatorname{supp} u_2$ 紧,由

$$(u_1 * u_2)(f) = \langle u_1, \langle u_2, f(x+y)\rangle_x\rangle_y \qquad \forall f \in \mathscr{D}(\mathbf{R}^n)$$

决定的分布称为 u_1 与 u_2 的**卷积**.

命题 4.9 $u_1 * u_2 = u_2 * u_1$.

命题 4.10

(1) 当 u_1 和 u_2 有一个为 C^∞ 函数时, 定义 4.5 与定义 4.4一致.

(2) $\partial^\alpha(u_1 * u_2) = \partial^\alpha u_1 * u_2 = u_1 * \partial^\alpha u_2$.

(3) $\operatorname{supp}(u_1 * u_2) \subset \operatorname{supp} u_1 + \operatorname{supp} u_2$.

命题 4.11 双线性卷积映射

$$*: \mathscr{E}'_b(\mathbf{R}^n) \times \mathscr{D}'_b(\mathbf{R}^n) \to \mathscr{D}'_b(\mathbf{R}^n)$$

$$\mathscr{E}'_b(\mathbf{R}^n) \times \mathscr{S}'_b(\mathbf{R}^n) \to \mathscr{S}'_b(\mathbf{R}^n)$$

$$\mathscr{E}'_b(\mathbf{R}^n) \times \mathscr{E}'_b(\mathbf{R}^n) \to \mathscr{E}'_b(\mathbf{R}^n)$$

对每个变元都是连续的.

命题 4.12 $u \in \mathscr{D}'(\mathbf{R}^n)(\mathscr{E}'(\mathbf{R}^n))$, 则极限关系式:

$$J_\varepsilon u \xrightarrow{\mathscr{D}'_b(\mathscr{E}'_b)} u$$

成立

命题 4.13 $\mathscr{D}(\Omega)$ 在 $\mathscr{D}'_{w^*}(\Omega)$ 或 $\mathscr{D}'_b(\Omega)$ 上稠密.

命题 4.14 $\mathscr{E}'(\mathbf{R}^n)$ 关于卷积运算构成一个有单位元 δ 的可交换,可结合代数.

四、 分布的张量积

定义 4.6 设 Ω_x 为 $\mathbf{R}_x^n$ 中开集, Ω_y 为 $\mathbf{R}_y^n$ 中开集, $u\in\mathscr{D}'(\Omega_x)$, $v\in\mathscr{D}'(\Omega_y)$, 则由

$$\langle u\otimes v, f(x,y)\rangle = \langle u, \langle v, f(x,y)\rangle_y\rangle_x \quad \forall f(x,y)\in\mathscr{D}(\Omega_x\times\Omega_y)$$

决定的 $\Omega_x\times\Omega_y$ 上的分布称为 u 与 v 的张量积, 也称为直积, 记为 $u\otimes v$.

命题 4.15 $u\otimes v = v\otimes u$

命题 4.16 (Schwartz 核定理) 算子 K 是 $\mathscr{D}(\Omega_y)\to\mathscr{D}'(\Omega_x)$ 的连续线性算子的充要条件是存在唯一的分布 $k\in\mathscr{D}'(\Omega_x\times\Omega_y)$, 使得

$$(Ku)(\varphi) = k(u(y)\varphi(x)) \quad \forall u(y)\in\mathscr{D}(\Omega_y), \varphi(x)\in\mathscr{D}(\Omega_x)$$

五、 变量替换

定义 4.7 设 $y=\Phi(x)$ 为 Ω_x 与 Ω_y 之间的 C^∞ 微分同胚. 记 $\Psi(y)=\Phi^{-1}(y)$, $u\in\mathscr{D}'(y)$ 由

$$\langle u\circ\Phi, g(x)\rangle_x = \left\langle u,\ g\left(\Psi(y)\right)\left|\frac{\partial x}{\partial y}\right|\right\rangle_y \qquad \forall g\in\mathscr{D}(\Omega_x)$$

决定的 Ω_x 上的分布称为分布 u 于变量替换 $y=\Phi(x)$ 后所得的分布.

§5. $\mathscr{S}(\mathbf{R}^n)$ 及 $\mathscr{S}'(\mathbf{R}^n)$ 上的 Fourier 变换

一、 $\mathscr{S}(\mathbf{R}^n)$ 上函数的 Fourier 变换

记 $D_j=\frac{1}{i}\partial x_j$, $D^\alpha = D_1^{\alpha_1}\cdots D_n^{\alpha_n}$

定义 5.1 $f\in\mathscr{S}(\mathbf{R}^n)$, $\xi\in\mathbf{R}_n$ 称函数

$$F(f)(\xi)=\int_{\mathbf{R}^n} f(x)e^{-i\langle x,\xi\rangle}dx$$

为 f 的 Fourier 变换. 函数

$$F^{-1}(f)(\xi)=\frac{1}{(2\pi)^n}\int f(x)e^{i\langle x,\xi\rangle}dx$$

为 f 的 Fourier 逆变换,其中

$$\langle x,\xi\rangle=\sum_{j=1}^{n}x_j\xi_j$$

为 n 维空间的向量内积. f 的 Fourier 变换有时也记为 $\hat{f}$.

命题 5.1 F 及 F^{-1} 都是 $\mathscr{S}(\mathbf{R}^n)$ 到 $\mathscr{S}(\mathbf{R}^n)$ 的连续映射,且对任意 $f\in\mathscr{S}(\mathbf{R}^n)$, 有

$$f=F^{-1}(F(f)),\qquad f=F(F^{-1}(f))$$

成立.

命题 5.2 设 $f\in\mathscr{S}(\mathbf{R}^n)$, 则

$$F(x^\alpha f)=(-1)^{|\alpha|}D^\alpha F(f)$$

$$F(D^\alpha f)=\xi^\alpha F(f)$$

命题 5.3 设 $f,g\in\mathscr{S}(\mathbf{R}^n)$,则

$$\int_{\mathbf{R}^n}f\hat{g}dx=\int_{\mathbf{R}^n}\hat{f}gdx$$

$$\int_{\mathbf{R}^n}f\cdot\bar{g}dx=(2\pi)^{-n}\int_{\mathbf{R}^n}\hat{f}\bar{\hat{g}}dx$$

$$\widehat{f*g}=\hat{f}\cdot\hat{g}$$

$$\widehat{f\cdot g}=(2\pi)^{-n}\hat{f}*\hat{g}$$

成立,其中第二个等式称作 Parsveal 等式.

二、 缓增分布的 Fourier 变换

定义 5.2 由

$$\left.\begin{aligned}\langle F(u),f\rangle&=\langle u,F(f)\rangle\\ \langle F^{-1}(u),f\rangle&=\langle u,F^{-1}(f)\rangle\end{aligned}\right.\qquad\forall f\in\mathscr{S}(\mathbf{R}^n)$$

两式定义的缓增分布分别称为缓增分布 u 的 Fourier 变换与 Fourier 逆变换. 缓增分布 u 的 Fourier 变换也记为 $\hat{u}$.

命题 5.4 F 及 F^{-1} 都是 $\mathscr{S}'_b(\mathbf{R}^n)$ 到自身的连续映照,且对任

意 $u\in\mathscr{S}'(\mathbf{R}^n)$,

$$u=F^{-1}(F(u))=F(F^{-1}(u))$$

命题 5.5 $u\in\mathscr{S}'(\mathbf{R}^n)$，则

$$F(x^\alpha u)=(-1)^{|\alpha|}D^\alpha F(u)$$

$$F(D^\alpha u)=\xi^\alpha F(u)$$

其中依 C^∞ 函数和 $\mathscr{D}'$ 分布相乘规则定义的 $x^\alpha u$ 显然 $\in\mathscr{S}'(\mathbf{R}^n)$.

命题 5.6 设 F 及 F^{-1} 是 $L^2(\mathbf{R}^n)$ 到其自身的连续映射，且对 $u\in L^2(\mathbf{R}^n)$ 有

$$\|\hat{u}\|^2_{L^2(\mathbf{R}^n)}=(2\pi)^n\|u\|_{L^2(\mathbf{R}^n)}$$

命题5.7 F 及 F^{-1} 均为 $L^1(\mathbf{R}^n)\to C(\mathbf{R}^n)$ 的连续映射.

命题 5.8 $u\in\mathscr{S}'$，$v\in\mathscr{E}'$，则

$$\widehat{u*v}=\hat{u}\cdot\hat{v}$$

三、 Paley-Wiener-Schwartz 定理

命题 5.9 $u\in\mathscr{E}'(\mathbf{R}^n)$，则

$$\hat{u}(\xi)=\langle u,e^{-i\langle x,\xi\rangle}\rangle_x\in C^\infty(\mathbf{R}_n)$$

定义 5.3 $u\in\mathscr{E}'(\mathbf{R}^n)$，$\zeta\in\mathbf{C}_n$，则称

$$\hat{u}(\zeta)=\langle u,e^{-i\langle x,\zeta\rangle}\rangle_x$$

为分布 u 的 Fourier-Laplace 变换.

命题 5.10 复变量 $\zeta\in\mathbf{C}_n$ 的全纯函数 $F(\zeta)$ 为 $u\in\mathscr{D}(\mathbf{R}^n)$，$\operatorname{supp}u\subset B_R$ 的 Fourier-Laplace 变换的充要条件是对任意正数 N，存在常数 C_N，使得

$$|F(\zeta)|\leqslant C_N(1+|\zeta|)^{-N}e^{|\operatorname{Im}(\zeta)|R}$$

通常称此为 Paley-Wiener 定理. 将它推广到分布的情形就是下面的 Paley-Wiener-Schwartz 定理.

命题 5.11 复变量 $\zeta\in\mathbf{C}_n$ 的全纯函数 $F(\zeta)$ 为 $u\in\mathscr{E}'(\mathbf{R}^n)$，$\operatorname{supp}u\subset B_R$ 的 Fourier-Laplace 变换的充要条件是存在正数 N 及 C，使得

$$|F(\zeta)|\leqslant C(1+|\zeta|)^Ne^{|\operatorname{Im}(\zeta)|R}$$

§6. Соболев 空间

一、空间 $H^s(\mathbf{R}^n)$

定义 6.1 设 s 为实数,集合

$$\{u; u\in \mathscr{S}'(\mathbf{R}^n), (1+|\xi|^2)^{\frac{s}{2}}\hat{u}(\xi)\in L^2(\mathbf{R}_n)\}$$

赋以内积

$$(u, v)_s = \int_{\mathbf{R}_n} \bar{\hat{v}}(\xi)\hat{u}(\xi)(1+|\xi|^2)^s d\xi$$

后得到的 Hilbert 空间称为 $\mathbf{R}^n$ 上的 s 阶 Соболев 空间,记为 $H^s(\mathbf{R}^n)$,也常简记为 H^s.

命题 6.1 于拓扑意义下,下面的关系式成立:

$$\mathscr{S}(\mathbf{R}^n)\subset H^s(\mathbf{R}^n)\subset \mathscr{S}'(\mathbf{R}^n) \qquad \forall s\in \mathbf{R}^1$$

且 $\mathscr{D}(\mathbf{R}^n)$ 于 H^s 中稠密.

命题 6.2 当 m 为非负整数时,在范数等价的意义下,H^m 可视为集合

$$\{u; u\in \mathscr{S}'(\mathbf{R}^n),\ \partial^\alpha u\in L^2(\mathbf{R}^n), |\alpha|\leqslant m\}$$

赋以内积

$$\sum_{|\alpha|\leqslant m}(\partial^\alpha u, \partial^\alpha v)_{L^2(\mathbf{R}^n)}$$

后所得的 Hilbert 空间.

命题 6.3 实数 s, t 满足 $s>t$,则在拓扑意义下有

$$H^s\subset H^t$$

命题 6.4 实数 $s>0$,则

$$H^{-s}=(H^s)'_b$$

此处等式右边的 $(H^s)'_b$ 即为 H^s 上的连续线性泛函全体依算子范数所形成的空间.

命题 6.5 记 Δ 为 n 维欧氏空间的 Laplace 算子,则算子 $1-\Delta$ 为 $H^s\to H^{s-2}$ 的双射线性算子,且

$$\|(1-\Delta)u\|_{H^{s-2}}=\|u\|_{H^s}$$

命题 6.6 (**Соболев 嵌入定理**) 设实数 s 和非负整数 k 满

足 $s > \frac{n}{2} + k$，则有

$$H^s \subset C^k$$

且

$$\sup_{\substack{\mathbf{R}^n \\ |\alpha| \leqslant k}} |\partial^\alpha u| \leqslant \text{const} \cdot \|u\|_{H^s} \quad \forall u \in H^s$$

二、空间 $H^{m,p}(\Omega)$ 和 $H_0^{m,p}(\Omega)$

定义 6.2 设 m 为非负整数，实数 $p \geqslant 1$，Ω 为 $\mathbf{R}^n$ 中的开集，集合

$$\{u; u \in \mathscr{D}'(\Omega), \partial^\alpha u \in L^p(\Omega), |\alpha| \leqslant m\}$$

赋以范数

$$\|u\|_{H^{m,p}(\Omega)} = \Big(\sum_{|\alpha| \leqslant m} \|\partial^\alpha u\|_{L^p(\Omega)}^2\Big)^{\frac{1}{2}}$$

后得到的 Banach 空间称为 Соболев 空间 $H^{m,p}(\Omega)$.

当 $p = 2$ 时，常将 $H^{m,2}(\Omega)$ 简记为 $H^m(\Omega)$.

定义 6.3 $\mathscr{D}(\Omega)$ 于 $H^{m,p}(\Omega)$ 中的闭包记为 $H_0^{m,p}(\Omega)$.

命题 6.7 $H^{m,p}(\mathbf{R}^n) = H_0^{m,p}(\mathbf{R}^n)$,

$$H^{0,p}(\Omega) = H_0^{0,p}(\Omega) = L^p(\Omega).$$

但对一般情况，$H_0^{m,p}(\Omega)$ 是 $H^{m,p}(\Omega)$ 的真子空间.

命题 6.8 设 m 为正整数，q 满足 $\frac{1}{p} + \frac{1}{q} = 1$，则有

$$(H_0^{m,p}(\Omega))' = \Big\{\sum_{|\alpha| \leqslant m} \partial^\alpha f_\alpha,\ f_\alpha \in L^q(\Omega)\Big\}$$

命题 6.9 设 $u = H^m(\Omega)$，$v \in H_0^m(\Omega)$，则

$$(\partial^\alpha u, v)_{L^2(\Omega)} = (-1)^{|\alpha|}(u, \partial^\alpha v)_{L^2(\Omega)} \qquad |\alpha| \leqslant m$$

命题 6.10 设 Ω 的边界为 C^∞ 光滑，则

$$\mathscr{D}(\bar{\Omega}) = \{u;\ u = v|_\Omega,\ v \in \mathscr{D}(\mathbf{R}^n)\}$$

在 $H^{m,p}(\Omega)$ 上稠密.

命题 6.11 设 Ω 为 $\mathbf{R}^n$ 中的有界开集，正整数 $\mu \leqslant m$，则当

$\mu > \frac{n}{p}$ 时，

$$H^{m,p}(\Omega) \subset C^{m-\mu}(\bar{\Omega})$$

为紧嵌入，当 $\mu \leqslant \frac{n}{p}$ 时

$$H^{m,p}(\Omega) \subset H^{m-\mu,r}(\Omega)$$

为紧嵌入.

命题 6.12（迹定理） 取 $\Omega = \mathbf{R}_+^n = \{(x_1, \cdots, x_n);\ x_n > 0\}$，设 m 为正整数，则存在线性算子

$$\gamma : H^m(\mathbf{R}_+^n) \to \prod_{j=0}^{m-1} H^{m-\frac{1}{2}-j}(\mathbf{R}^{n-1})$$

$u \longmapsto (\gamma_0 u, \gamma_1 u, \cdots, \gamma_{m-1} u)$，满足

i) 当 $u \in \mathscr{D}(\overline{\mathbf{R}_+^n})$ 时，

$$\gamma u = \left(u\Big|_{x_n=0}, \frac{\partial u}{\partial x_n}\Big|_{x_n=0}, \cdots, \frac{\partial^{m-1} u}{\partial x_n^{m-1}}\Big|_{x_n=0} \right)$$

ii) $\sum_{j=0}^{m-1} \|\gamma_j u\|^2_{H^{m-\frac{1}{2}-j}(\mathbf{R}^{n-1})} \leqslant \text{const} \cdot \|u\|^2_{H^m(\mathbf{R}_+^n)} \quad \forall u \in H^m(\mathbf{R}_+^n)$

命题 6.13（逆迹定理） 存在线性连续算子

$$\gamma^{-1} : \prod_{j=0}^{m-1} H^{m-\frac{1}{2}-j}(\mathbf{R}^{n-1}) \to H^m(\mathbf{R}_+^n)$$

使得

$$\gamma \cdot \gamma^{-1} = I$$

此处 I 为恒等算子.

与上面的叙述相类似，可以定义并讨论微分流形(见附录二)上的分布，也有相应的一系列结果. 特别地，可以得到一般区域 Ω 上的 $H^m(\Omega)$ 到边界流形 Γ 上的空间 $\prod_{j=0}^{m-1} H^{m-\frac{1}{2}-j}(\Gamma)$ 的迹定理和相对应的逆迹定理，关于这些内容，此处从略，请参阅 [23].

附录二 微分流形

§1. 微分流形的概念

流形概念是通常三维空间 $\mathbf{R}^3$ 里曲线和曲面概念的推广. 大家知道曲线和曲面能局部地分别与开区间 $(0,1)$ 或开圆 $\{(x,y); x^2+y^2<1\}$ 同胚. 推广这一事实，我们就可以得到如下的流形定义.

定义 1.1 一个具可列基的 Hausdorff 拓扑空间 M，如果每一点 $p\in M$，都存在一个开邻域 U，使得 U 与 $\mathbf{R}^n$ 的某一开集 U' 同胚，则称 M 为一个 n 维流形.

由此可知，一个 n 维流形局部地是 n 维欧氏空间. 设 φ 是 $U\subset M$ 映到 $U'\subset\mathbf{R}^n$ 上的同胚映射，则对任何 $q\in U$ 都有唯一的点 $\varphi(q)=(x^1(q),\cdots,x^n(q))\in U'$ 与之对应. 我们称 (U,φ) 是一个坐标邻域或区图，$(x^1(q),\cdots,x^n(q))$ 便称为 q 的局部坐标. 如果 q 还在另一个坐标邻域 (V,ψ) 里，$q\in V$，那么它就有另一个局部坐标 $(y^1(q),\cdots,y^n(q))$. 因为 φ 和 ψ 都是同胚映射，所以 $\psi\circ\varphi^{-1}$ 和 $\varphi\circ\psi^{-1}$ 分别是 $\varphi(U\cap V)\to\psi(U\cap V)$ 和 $\psi(U\cap V)\to\varphi(U\cap V)$ 的互逆的同胚映射，因而坐标变换

$$(x^1(q),\cdots,x^n(q))\underset{\varphi\circ\psi^{-1}}{\overset{\psi\circ\varphi^{-1}}{\rightleftarrows}}(y^1(q),\cdots,y^n(q)) \tag{1.1}$$

是连续的，即

$$\begin{aligned} y^i&=f^i(x^1,\cdots,x^n)\quad(i=1,\cdots,n)\\ x^i&=g^i(y^1,\cdots,y^n)\quad(i=1,\cdots,n)\end{aligned} \tag{1.2}$$

都是连续函数，且

$$\begin{aligned} y^i&\equiv f^i(g^1(y^1,\cdots,y^n),\cdots,g^n(y^1,\cdots,y^n))(i=1,\cdots,n)\\ x^i&\equiv g^i(f^1(x^1,\cdots,y^n),\cdots,f^n(x^1,\cdots,y^n))(i=1,\cdots,n)\end{aligned} \tag{1.3}$$

为了在流形上建立分析，我们进一步要求上述坐标变换是 C^∞ 光滑的，其相应的 Jacobian 是 C^∞ 可逆矩阵.

定义 1.2 两个坐标邻域 (U,φ) 和 (V,ϕ) 称为是 C^∞ 相容的，如果在 $U\cap V\neq\phi$ 时，$\phi\circ\varphi^{-1}$ 和 $\varphi\circ\phi^{-1}$ 是 $\varphi(U\cap V)$ 和 $\phi(U\cap V)$ 间的无穷可微映射.

定义 1.3 对于 n 维流形 M 上的一族坐标邻域 $\mathfrak{U}=\{(U_\alpha,\varphi_\alpha);\ \alpha\in A\}$，若它们满足下述条件，则称为 M 的一个微分结构：

(1) $\bigcup\limits_{\alpha\in A} U_\alpha=M$；

(2) 对任意的 $\alpha\in A$ 和 $\beta\in A$，$(U_\alpha,\varphi_\alpha)$ 与 (U_β,φ_β) 是 C^∞ 相容的；

(3) 如果有一坐标邻域 (V,ϕ) 与 $\mathfrak{U}$ 中一切坐标邻域都 C^∞ 相容，则 $(V,\phi)\in\mathfrak{U}$.

具微分结构的 n 维流形称为 n 维微分流形.

通常称 $\mathfrak{U}$ 为微分流形的一个图册，就象地球可以通过地图册里一张张地图去看一样，微分流形 M 也可以通过图册里一个个区图拼起来.

设 $\{(U_\alpha,\varphi_\alpha);\ \alpha\in A\}$ 是 n 维流形 M 的一族 C^∞ 相容的坐标邻域，且 $\bigcup\limits_{\alpha\in A} U_\alpha=M$，则存在 M 上唯一的一个微分结构 $\mathfrak{U}$，使得 $\{(U_\alpha,\varphi_\alpha);\ \alpha\in A\}\subset\mathfrak{U}$.

事实上，这一微分结构就是

$$\mathfrak{U}=\{(V,\phi);(V,\phi)\text{ 与一切的 }(U_\alpha,\varphi_\alpha)(\alpha\in A)C^\infty\text{ 相容}\}\tag{1.4}$$

[例 1] 欧氏空间 $\mathbf{R}^n$ 是 n 维微分流形.

全体 $m\times n$ 矩阵组成的线性空间 $M_{m\times n}(\mathbf{R})$ 可以看成是欧氏空间 $\mathbf{R}^{mn}$，所以它是一个 mn 维微分流形.

[例 2] n 维微分流形 M 的开集 U 也是 n 维微分流形.

[例 3] n 维单位球面 S^n 是 n 维微分流形.

利用“乘积”可以产生新的微分流形：

引理 1.1 设 M 和 N 分别是 m 维和 n 维的微分流形，对应的微分结构是 $\mathfrak{U}_M$ 和 $\mathfrak{U}_N$，则拓扑积 $M\times N$ 是 $m+n$ 维微分流形，其微分

结构可由

$$\mathfrak{U}=\{(U\times V,\varphi\times\psi);\ (U,\varphi)\in\mathfrak{U}_M,\ (V,\psi)\in\mathfrak{U}_N\}\qquad(1.5)$$

确定，其中

$$(\varphi\times\psi)(p,q)=(\varphi(p),\psi(q))\in\mathbf{R}^m\times\mathbf{R}^n\quad p\in M,q\in N\ (1.6)$$

［例 4］ 设 $\mathbf{R}^3$ 中圆 $\begin{cases}x=0\\(y-1)^2+z^2=r^2\ \ (r<1)\end{cases}$ 为 $\mathbf{R}^3$ 中的 y, z 平面上的一个圆，它绕 X 轴旋转得到一环面，记为 T^2. 那么环面 T^2 是一个 2 维微分流形. 这是因为 $T^2\cong S^1\times S^1$.

［例 5］ 光滑的锥面并不是微分流形，除非此锥面为过原点的平面.

但如 Γ 为光滑锥面，则 $\Gamma\backslash\{0\}$ 是微分流形.

定义 1.4 设 $\{U_\alpha;\alpha\in I\}$ 是拓扑空间M的一个开覆盖，如果对任何点 $p\in M$ 都存在一个 p 的邻域 U，使得 $\{\alpha;\ \alpha\in I,\ U\cap U_\alpha\neq\phi\}$ 是有限集，则称这个开覆盖是局部有限的.

定义 1.5 设 $\{U_\alpha;\alpha\in I\}$ 和 $\{V_\beta;\ \beta\in I\}$ 是拓扑空间M的两个开覆盖，如果对任何 $\beta\in J$ 都有 $\alpha\in I$ 使得

$$V_\beta\subset U_\alpha\qquad(1.7)$$

则称 $\{V_\beta;\beta\in J\}$ 是 $\{U_\alpha;\alpha\in I\}$ 的一个细分.

定义 1.6 如果拓扑空间 M 的任意一个开覆盖都有一个局部有限的细分，则称M是仿紧空间.

定理 1.1 微分流形M是仿紧的.

§2. C^∞ 函数、C^∞ 映射和微分同胚

定义 2.1 设 M 是 n 维微分流形，f: $M\to\mathbf{R}$ 是一个映射. 如果对任何点 $p\in M$，存在 p 的坐标邻域 (U,φ)，使得函数 $f\circ\varphi^{-1}$ 在点 $\varphi(p)$ 是无穷次可微的，那么就称 f 是流形M上的 C^∞ 函数.

我们称 $f\circ\varphi^{-1}$ 为 f 在坐标邻域 (U,φ) 上的局部表示.

这样定义的 C^∞ 函数 f 并不依赖于各点坐标邻域的选取. 即

若 f 是 C^∞ 的，则它的任何局部表示都是 C^∞ 的．事实上，若 (V,ψ) 是另一个 p 点的坐标邻域，则在 $\psi(U\cap V)$ 上

$$f\circ\psi^{-1}=(f\circ\varphi^{-1})\circ(\varphi\circ\psi^{-1}) \tag{2.1}$$

显然它在 $\psi(p)$ 也是无穷次可微的．

C^∞ 函数的代数和与乘积也是 C^∞ 函数，所以它们组成了一个可交换的代数，记作 $C^\infty(M)$．有时我们也考虑只在一开集中定义的 C^∞ 函数，在这些 C^∞ 函数中，除去值为常数这一平凡情形外，有 n 个是最简单的，它们就是所谓坐标函数 $x^i(i=1,\cdots,n)$．对任何点 $p\in M$ 的坐标邻域 (U,φ)，它的局部表示是

$$x^i\circ\varphi^{-1}:\varphi(U)\to\mathbf{R}\qquad(x^i\circ\varphi^{-1})(\varphi(p))=x^i(p) \tag{2.2}$$

类似于拓扑空间那样，我们有微分流形上的函数分离性定理．

定理 2.1 设 M 是 n 维微分流形，F 是 M 的开集，K 是 M 的紧集且 $F\cap K=\phi$，则存在 C^∞ 函数 f: $M\to\mathbf{R}$，使得 $f|_K=1$ 而 $f|_F=0$．

推论 2.1 设 U 是微分流形 M 的开集，$f\in C^\infty(U)$，则对 U 中任意给定的点 p，都存在 p 的邻域 $V\subset U$ 和 $f_1\in C^\infty(M)$ 使得

$$f_1=\begin{cases}f & 在V上\\ 0 & 在U外\end{cases} \tag{2.3}$$

定义 2.2 一族定义在微分流形 M 上的 C^∞ 函数 $\{f_\nu\}$ 如果满足下列三条件

(1) $f_\nu(p)\geqslant 0$ $(p\in M)$，

(2) $\{\mathrm{supp}\ f_\nu\}$ 是 M 的一个局部有限开覆盖，

(3) $\sum\limits_\nu f_\nu(p)=1$ $(p\in M)$，

则称 $\{f_\nu\}$ 为 M 上的一个单位分解．

定义 2.3 设 $\{U_\alpha;\alpha\in I\}$ 是 M 的开覆盖．如果存在 M 的一个单位分解 $\{f_\nu\}$，使得对任何 ν，都有 α 使

$$\mathrm{supp}\,f_\nu\subset U_\alpha \tag{2.4}$$

则称 $\{f_\nu\}$ 是隶属于开覆盖 $\{U_\alpha;\alpha\in I\}$ 的一个单位分解．

定理 2.2（单位分解定理） 对微分流形 M 的任一开覆盖 $\{U_\alpha;$

$\alpha\in I\}$，都存在一个隶属于它的单位分解.

定义 2.4 设M和N都是微分流形. 我们说 $F:M\to N$ 是 C^∞ 映射，如果对任何点 $p\in M$，存在 p 的坐标邻域 (U,φ) 和 $F(p)$ 的坐标邻域 (V,ψ)，使得

$$F(U)\subset V \text{ 且 } \psi\circ F\circ\varphi^{-1}:\ \varphi(U)\to\psi(V) \tag{2.5}$$

是 C^∞ 的. 通常称 $\psi\circ F\circ\varphi^{-1}$ 为F的局部表示. 如果 $\varphi(U)$ 的坐标是 $x^1,\cdots,x^n$, $\psi(V)$ 的坐标是 $y^1,\cdots,y^m$，则

$$(\psi\circ F\circ\varphi^{-1})(x^1,\cdots,x^n)=(y^1,\cdots,y^m) \tag{2.6}$$

其中

$$y^i=f^i(x^1,\cdots,x^n)\quad(i=1,\cdots,m) \tag{2.7}$$

是m个无穷可微的函数.

定义 2.5 如果F是微分流形M, N之间的同胚映射，F与F^{-1}都是C^∞的，则称F为微分流形M到N的C^∞同胚. 如果M和N之间存在微分同胚映射，则称M和N微分同胚.

§3. 切空间与余切空间

一、 切空间与切映射

设M是一个n维微分流形，$p\in M$. U为p点的一个开邻域. $C^\infty(U)$ 为在U上定义的所有C^∞函数全体. 在 $C^\infty(U)$ 中，引入如下的等价关系：设 φ_1, $\varphi_2\in C^\infty(U)$，如果存在开邻域 V, $p\in V\subset U$，使在V上，$\varphi_1\equiv\varphi_2$，则称 φ_1 与 φ_2 是等价的，记为 $\varphi_1\sim\varphi_2$，将 $C^\infty(U)$ 按等价关系“$\backsim$”作商得到的集合记作 $C^\infty(p)$，则它是一个可交换代数. $\mathbf{R}$ 可以看成是它的一个子代数.

定义 3.1 设M为给定的微分流形，$p\in M$，X_p: $C^\infty(p)\to\mathbf{R}$ 为满足下列条件的映射：

(1) 线性 对任何 $\alpha,\beta\in\mathbf{R}$ 和 $f,g\in C^\infty(p)$ 都有

$$X_p(\alpha f+\beta g)=\alpha X_pf+\beta X_pg, \tag{3.1}$$

(2) Leibnitz 法则 对任何 $f,g\in C^\infty(p)$ 都有

$$X_p(fg)=g(p)X_pf+f(p)X_pg, \tag{3.2}$$

则称 X_p 为 M 在 p 点的一个切向量. 在 M 点的所有切向量集合 $T_p(M)$ 上定义运算

$$(X_p + Y_p)f = X_pf + Y_pf \qquad f\in C^\infty(p) \tag{3.3}$$

$$(\alpha X_p)f = \alpha X_pf \qquad \alpha\in \mathbb{R},\ f\in C^\infty(p) \tag{3.4}$$

可得一个向量空间,称为 M 在 p 点的切空间.

设 $F: M\to N$ 是 C^∞ 映射, $p\in M$, 则我们可以用下式定义一个 $C^\infty(F(p))$ 到 $C^\infty(p)$ 的映射 $F^*: C^\infty(F(p))\to C^\infty(p)$,

$$F^*f = f\circ F \quad f\in C^\infty(F(p)) \tag{3.5}$$

称它为映射的后拉.

易知 $f\circ F\in C^\infty(p)$, 且 F^* 是 $C^\infty(F(p))$ 到 $C^\infty(p)$ 的一个同态.

由 F 还可以引出一个从切空间 $T_p(M)$ 到 $T_{F(p)}(N)$ 的映射 DF (或记 F_*): $T_p(M)\to T_{F(p)}(N)$, 其定义为

$$DF(X_p)f = X_p(F^*f) \quad X_p\in T_p(M),\ f\in C^\infty(F(p)) \tag{3.6}$$

我们称它为映射 F 的切映射或前推.

可以验证如此定义的 $DF(X_p)$ 确实是 $F(p)$ 点的切矢量. 且切映射 DF 是 $T_p(M)$ 到 $T_{F(p)}(N)$ 的同态.

定理 3.1 (链式法则) 设 $F: L\to M$, $G: M\to N$ 都是 C^∞ 映射, 则

$$D(G\circ F) = DG\circ DF \tag{3.7}$$

推论 3.1 如果 $F: M\to N$ 是微分同胚映射,则切映射 DF 是 $T_p(M)$ 到 $T_{F(p)}(N)$ 的同构映射.

所以,若 (U,φ) 是 n 维微分流形 M 的一个坐标邻域, $p\in U$, 则 φ 是微分流形 U 到 $\varphi(U)$ 的微分同胚映射. 再由推论 3.1 可知 $T_p(M) = T_p(U)$ 与 $T_{\varphi(p)}(\varphi(U)) = T_{\varphi(p)}(\mathbf{R}^n)$ 同构.

定理 3.2 设 $p\in \mathbf{R}^n$, 则 $T_p(\mathbf{R}^n)$ 与 $\mathbf{R}^n$ 同构.

事实上, $\dfrac{\partial}{\partial x^1},\cdots,\dfrac{\partial}{\partial x^n}$ 组成了 $\mathbf{R}^n$ 的切空间 $T_p(\mathbf{R}^n)$ 的基.

推论 3.2 $\dim T_p(M) = \dim M$.

设 M 是 n 维微分流形, $p\in M$, (U,φ) 是 p 点的坐标邻域,

$X_p\in T_p(M)$，则由 $D\varphi^{-1}$：$T_{\varphi(p)}(\mathbf{R}^n)\to T_p(M)$ 是同构映射，必存在 $X'_{\varphi(p)}=\sum_{i=1}^{n}a^i\frac{\partial}{\partial x^i}\Big|_{\varphi(p)}\in T_{\varphi(p)}(\mathbf{R}^n)$ 使得

$$D\varphi^{-1}(X'_{\varphi(p)})=X_p.$$

于是对 $f\in C^\infty(p)$ 有

$$\begin{aligned}X_pf&=D\varphi^{-1}(X'_{\varphi(p)})f\\&=X'_{\varphi(p)}(\varphi^{-1*}f)\\&=X'_{\varphi(p)}(f\circ\varphi^{-1})\\&=\sum_{i=1}^{n}a^i\frac{\partial}{\partial x^i}(f\circ\varphi^{-1})|_{\varphi(p)}\end{aligned}\tag{3.8}$$

显然

$$a^i=X_px^i\qquad(i=1,\cdots,n)\tag{3.9}$$

我们称 $X'_{\varphi(p)}$ 为切向量 X_p 在坐标邻域 (U,φ) 下的局部表示，并称 $(a^1,\cdots,a^n)$ 为 X_p 在坐标邻域 (U,φ) 下的局部坐标. 由此可见切向量就是 $\mathbf{R}^n$ 上的方向导数在流形上的推广.

利用 $T_{\varphi(p)}(\mathbf{R}^n)$ 上的基 $\frac{\partial}{\partial x^1},\cdots,\frac{\partial}{\partial x^n}$ 可以取出 $T_p(M)$ 上的基：

$$E_{ip}=D\varphi^{-1}\left(\frac{\partial}{\partial x^i}\right)\qquad(i=1,\cdots,n)\tag{3.10}$$

设 $X_p=\sum_{i=1}^{n}\alpha^iE_{ip}$，则对坐标函数 $x^j\in C^\infty(p)$ 将有

$$\begin{aligned}X_px^j&=\sum_{i=1}^{n}\alpha^iE_{ip}(x^j)\\&=\sum_{i=1}^{n}\alpha^iD\varphi^{-1}\left(\frac{\partial}{\partial x^i}\right)(x^j)\\&=\sum_{i=1}^{n}\alpha^i\frac{\partial}{\partial x^i}(x^j\circ\varphi^{-1})|_{\varphi(p)}=\alpha^j\end{aligned}$$

所以

$$X_p=\sum_{i=1}^{n}(X_px^i)E_{ip}\tag{3.11}$$

因此 $T_p(M)$ 中切矢量 X_p 在上述基下的坐标是

$$\alpha^i = X_p x^i (i = 1, \cdots, n)$$

定理 3.3 设 $F: M \to N$ 是 C^∞ 映射，(U, φ) 和 (V, ψ) 分别是M和N在点 p 和 $F(p)$ 的坐标邻域. 若 $F(U) \subset V$ 且 $\psi \circ F \circ \varphi^{-1}$: $\varphi(U) \to \psi(V)$ 是 C^∞ 的，记其局部坐标为 $(x^1, \cdots, x^n)$ 和 $(y^1, \cdots, y^m)$，则切映射 DF 可表为 $m \times n$ 矩阵

$$\left(\frac{\partial y^i}{\partial x^j}\right)_{1 \leqslant i \leqslant m, 1 \leqslant j \leqslant n} \tag{3.12}$$

称此矩阵为 DF 在坐标邻域 (U, φ)，(V, ψ) 下的局部表示.

二、 余切空间

定义 3.2 设M为给定的微分流形，称M在 p 点的切空间 $T_p(M)$ 的对偶空间为M在 p 点的余切空间，记为 $T_p^*(M)$，即 $T_p^*(M)$ 由 $T_p(M)$ 上全体线性泛函 σ_p，

$$\sigma_p: T_p(M) \to \mathbb{R} \text{ 组成}$$

我们称 σ_p 为微分流形M在 p 点的余切向量.

因为 $\dim T_p(M) = \dim M$，故 $\dim T_p^*(M) = \dim M$. 又如果 $T_p(M)$ 有一组基 $E_{ip}(i = 1, \cdots, n)$，取 $\omega_p^j \in T_p^*(M)$，使得

$$\omega_p^j(E_{ip}) = \delta_i^j \qquad (j = 1, \cdots, n) \tag{3.13}$$

则 $\omega_p^1, \cdots, \omega_p^n$ 组成了 $T_p^*(M)$ 的基，称之为与 $T_p(M)$ 的基 $\{E_{ip}; i = 1, \cdots, n\}$ 相对应的 $T_p^*(M)$ 的对偶基，于是任一 $\sigma_p \in T^*(M)$ 便可表成

$$\sigma_p = \sum_{i=1}^n b^i \omega_p^i \tag{3.14}$$

将它作用到 E_{jp} 上可得

$$b^j = \sigma_p(E_{jp}) \qquad (j = 1, \cdots, n) \tag{3.15}$$

设 $f: M \to \mathbb{R}$ 是 C^∞ 函数，$p \in M$. 定义 $df: T_p(M) \to \mathbf{R}$ 为

$$df(X_p) = X_p f \qquad (X_p \in T_p(M)) \tag{3.16}$$

特别地，如果M为 $\mathbb{R}^n$ 中的开集 U，$p \in U$，显然坐标函数 x^i:

$\mathbf{R}^n \to \mathbf{R}$ 是 C^∞ 函数,因此 $dx^i \in T_p^*(\mathbf{R}^n)$, 而

$$dx^i\left(\frac{\partial}{\partial x^j}\right) = \frac{\partial x^i}{\partial x^j} = \delta^i_j \tag{3.17}$$

这就是说 $dx^1, \cdots, dx^n$ 是对应于基 $\frac{\partial}{\partial x^1}, \cdots, \frac{\partial}{\partial x^n}$ 的对偶基. 且对任何 $f \in C^\infty(U)$ 有

$$df = \sum_{i=1}^n \frac{\partial f}{\partial x^i} dx^i \tag{3.18}$$

它与古典分析中的形式完全一样.

对于一般的微分流形M,若 $p \in M$, (U,φ) 为 p 点的坐标邻域,利用切向量 $X_p \in T_p(M)$ 的局部表示

$$X'_{\varphi(p)} = \sum_{i=1}^n a^i \frac{\partial}{\partial x^i}\bigg|_{\varphi(p)}, \quad D\varphi^{-1}X'_{\varphi(p)} = X_p$$

可以导出余切向量 σ_p 的局部表示. 事实上,借助于

$$D\varphi^{-1}: \ T_{\varphi(p)}(\mathbf{R}^n) \to T_p(M)$$

的对偶映射

$$(D\varphi^{-1})': \ T_p^*(M) \to T^*_{\varphi(p)}(\mathbf{R}^n)$$

$$\begin{aligned}\sigma_p(X_p) &= \langle \sigma_p, X_p \rangle = \langle \sigma_p, D\varphi^{-1}X'_{\varphi(p)} \rangle \\ &= \langle (D\varphi^{-1})'\sigma_p, X'_{\varphi(p)} \rangle = \sigma'_{\varphi(p)}(X'_{\varphi(p)})\end{aligned}$$

其中 $\sigma'_{\varphi(p)} = (D\varphi^{-1})'\sigma_p \in T^*_{\varphi(p)}(\mathbf{R}^n)$, 它可以表成

$$\sigma'_{\varphi(p)} = \sum_{i=1}^n b^i dx^i \tag{3.19}$$

而

$$b^i = \sigma'_{\varphi(p)}\left(\frac{\partial}{\partial x^i}\right) = \sigma_p(E_{ip}) \quad (i = 1, \cdots, n) \tag{3.20}$$

我们称 $\sigma'_{\varphi(p)}$ 为 σ_p **在坐标邻域** (U,φ) **下的局部表示**,并称$(b^1,\cdots b^n)$为 σ_p 在坐标邻域 (U,φ) 下的**局部坐标**.

设 $(U,\varphi),(V,\psi)$ 为 $p \in M$ 的两个坐标邻域,我们考虑切向量 X_p 和余切向量 σ_p 的两种局部表示的关系.

将坐标变换 $\psi \circ \varphi^{-1}$: $\varphi(U \cap V) \to \psi(U \cap V)$ 和 $\varphi \circ \psi^{-1}$: $\psi(U \cap V) \to \varphi(U \cap V)$ 分别表成

$$y^i = y^i(x^1, \cdots, x^n) \qquad (i = 1, \cdots, n)$$

和

$$x^j = x^j(y^1, \cdots, y^n) \qquad (j = 1, \cdots, n)$$

则易得

$$\sum_{k=1}^{n} \frac{\partial x^j}{\partial y^k} \frac{\partial y^k}{\partial x^i} = \frac{\partial x^j}{\partial x^i} = \delta_i^j$$

记

$$A = \left(\frac{\partial y}{\partial x}\right) = \begin{pmatrix} \frac{\partial y^1}{\partial x^1} \cdots \frac{\partial y^1}{\partial x^n} \\ \cdots\cdots\cdots \\ \frac{\partial y^n}{\partial x^1} \cdots \frac{\partial y^n}{\partial x^n} \end{pmatrix}$$

设切向量 X_p 在两个坐标邻域中的局部表示分别是

$$\sum_{i=1}^{n} a^i \frac{\partial}{\partial x^i} \quad 和 \quad \sum_{i=1}^{n} b^i \frac{\partial}{\partial y^i}$$

则由

$$\frac{\partial}{\partial x^i} = \sum_{k=1}^{n} \frac{\partial y^k}{\partial x^i} \frac{\partial}{\partial y^k} \quad (i = 1, \cdots, n)$$

可得

$$\sum_{i=1}^{n} a^i \frac{\partial}{\partial x^i} = \sum_{i=1}^{n} a^i \left(\sum_{j=1}^{n} \frac{\partial y^j}{\partial x^i} \frac{\partial}{\partial y^j}\right)$$

$$= \sum_{j=1}^{n} \left(\sum_{i=1}^{n} a^i \frac{\partial y^j}{\partial x^i}\right) \frac{\partial}{\partial y^j}$$

于是

$$b^j = \sum_{i=1}^{n} a^i \frac{\partial y^j}{\partial x^i} \qquad (i = 1, \cdots, n) \tag{3.21}$$

或记为

$$b = Aa \tag{3.22}$$

我们称切向量局部坐标的这种变化规律为**反变**关系.

另外,若设余切向量 σ_p 在两个坐标邻域中的局部表示分别是 $\sum_{i=1}^{n} \alpha_i dx^i$ 和 $\sum_{i=1}^{n} \beta_i dy^i$, 用类似的方法可得

$$\alpha_j = \sum_{i=1}^{n} \frac{\partial y^i}{\partial x_j} \beta_i \tag{3.23}$$

或记为

$$\beta = {}^t A^{-1} \alpha \tag{3.24}$$

我们称余切向量局部坐标的这种变化规律为**共变**关系.

三、 反函数定理与隐函数定理

引理 3.1(古典的反函数定理) 设W是$\mathbf{R}^n$的开集, F是$W \to \mathbf{R}^n$的C^∞映射. $a \in W$, $DF(a)$是非退化的矩阵, 则存在a的开邻域U使得

i) $V = F(U)$是开集;

ii) F是$U \to V$的微分同胚;

iii) 若$x \in U$, $y = F(x) \in V$, 则$DF^{-1}(y) = (DF(x))^{-1}$.

将它推广到流形上, 有

定理 3.4(反函数定理) 设M和N是n维微分流形. F是$M \to N$的C^∞映射, $p \in M$, 且切映射$DF(p)$是$T_p(M)$到$T_{F(p)}(N)$的同构,则存在p的开邻域U_0使得

i) $V_0 = F(U_0)$是N的开集;

ii) F是$U_0 \to V_0$的微分同胚.

定义 3.3 设M和N分别是n维和m维微分流形, $F: M \to N$是C^∞映射, $p \in M$. 如果存在p的开邻域U使得$F(U) \subset V$是N的开集,且F是$U \to V$的微分同胚,则称F是p点的一个**局部微分同胚**.

推论 3.3 设F是$M \to N$的C^∞映射,则F是p点的一个局部微分同胚的必要条件是$DF: T_p(M) \to T_{F(p)}(N)$为同构映射(即$n = m = DF$局部表示的秩).

由于反函数定理只是一个局部的结果, 所以尽管F在每一点都可以是局部微分同胚, 但它也可能不是一个整体的微分同胚. 如$F: \mathbf{R}^1 \to S^1$, $F(x) = (\cos x, \sin x)$, 只是一个局部微分同胚, 并不是一个整体微分同胚, 因为它不是一对一的.

定理 3.5（隐函数定理） 设M和N分别是m维和n维微分流形，$m>n$，$F: M\to N$ 是 C^∞ 映射，$q_0\in F(M)$，记

$$M_0=\{p\in M; F(p)=q_0\} \tag{3.25}$$

又设对M_0中每一点 p，$DF(p): T_p(M)\to T_{F(p)}(N)$ 是满射，则 M_0 有一个微分结构，其拓扑是 M 在 M_0 上导出的相对拓扑，$\dim M_0=m-n$，并且 M_0 嵌进M的映射 id_{M_0} 是 C^∞ 的。

§4. 流形上的向量场

一、 向量丛的概念

定义 4.1 设E和B是两个Hausdorff拓扑空间，π是E到B上的一个连续映射. 我们称(E, B, π)或E是一个向量丛，其中E称为全空间，B称为底空间，π称为投影映射，E_x称为x处的纤维，g_{ij}则称为迁移函数，$\{(U, h)\}$称为局部乘积结构，如果满足下列三个条件：

(1) 对任何 $x\in B$，$\pi^{-1}(x)=E_x$ 是n维向量空间；

(2) 对任何 $x\in B$，存在x的一个邻域U和同胚映射 h

$$h: \pi^{-1}(U)\to U\times \mathbf{R}^n \tag{4.1}$$

使得 $h(E_x)=\{x\}\times\mathbf{R}^n$ 而且映射

$$h^x: E_x\xrightarrow{h}\{x\}\times\mathbf{R}^n\xrightarrow{\text{proj}}\mathbf{R}^n$$

是n维向量空间之间的同构. 从而

$$h(v)=(x,h^x(v))=(\pi(v),h^x(v))\quad v\in E_x; \tag{4.2}$$

(3) 如果 $U_i\cap U_j\neq\varnothing$，则可由下述方式定义映射 g_{ij}

$$h_i: \pi^{-1}(U_i\cap U_j)\to(U_i\cap U_j)\times\mathbf{R}^n$$

$$h_j: \pi^{-1}(U_i\cap U_j)\to(U_i\cap U_j)\times\mathbf{R}^n$$

$$h_i^x: E_x\to\mathbf{R}^n$$

$$h_j^x: E_x\to\mathbf{R}^n$$

所以 $g_{ij}(x)=h_i^x\circ h_j^{x^{-1}}: \mathbf{R}^n\to\mathbf{R}^n$ 属于 $GL(n, \mathbf{R})$，由此得到的

映射

$$U_i \cap U_j \to GL(n,\mathbf{R}) \tag{4.3}$$

记为 g_{ij}，我们要求它是连续的.

显然迁移函数 $\{g_{ij}\}$ 具有下述性质：当 $x \in U_i \cap U_j \cap U_k$ 时，有 $g_{ij}(x) \circ g_{jk}(x) = g_{ik}(x)$，这表示粘接时不会发生矛盾. 由此可得

$$g_{ii}(x) = I, \quad g_{ij}(x) = g_{ji}(x)^{-1} \tag{4.4}$$

二、 切丛

设M是n维微分流形，记

$$T(M) = \bigcup_{p \in M} T_p(M) \tag{4.5}$$

我们定义一个 $T(M)$ 到M的映射 π：

$$\pi(X_p) = p, \quad X_p \in T_p(M) \tag{4.6}$$

称为投影映射. 在 $T(M)$ 上引进微分结构. 它的坐标邻域可以这样考虑：设 (U, φ) 是M上微分结构里的一个坐标邻域，记 $\widetilde{U} = \pi^{-1}(U)$. 对 $X_p \in \widetilde{U}$，有 $p \in U$，$X_p \in T_p(M)$. 设p点的局部坐标是 $(x^1, \cdots, x^n)$，X_p 的局部坐标是 $(a^1, \cdots, a^n)$，作映射

$$\tilde{\varphi}: \widetilde{U} \to \varphi(U) \times \mathbf{R}^n \subset \mathbf{R}^n \times \mathbf{R}^n \tag{4.7}$$

$$\tilde{\varphi}(X_p) = (x^1, \cdots, x^n, a^1, \cdots, a^n)$$

显然它是一对一的，$\tilde{\varphi}^{-1}$ 存在. 另外

$$\pi_1 \circ \tilde{\varphi} = \varphi \circ \pi \tag{4.8}$$

$$\pi_2 \circ \tilde{\varphi}|_{T_p(M)} = T_p(M) \text{ 到 } \mathbf{R}^n \text{ 的一个同构}$$

注意到对任何 $\mathbf{R}^n$ 的开集W

$$(\pi_2 \circ \tilde{\varphi})^{-1}(W) = \bigcup_{p \in U} \{X_p; (\pi_2 \circ \tilde{\varphi})|_{T_p(M)} X_p \in W\}$$

我们可以在 $T(M)$ 上给出一个拓扑使得 $\widetilde{U}$ 和 $(\pi_2 \circ \tilde{\varphi})^{-1}(W)$ 都是开集，则 $\tilde{\varphi}$ 和 $\tilde{\varphi}^{-1}$ 都连续，因而 $\tilde{\varphi}$ 是 $\widetilde{U}$ 到 $\varphi(U) \times \mathbf{R}^n$ 的同胚，$(\widetilde{U}, \tilde{\varphi})$ 成为 $T(M)$ 上的一个坐标邻域. 显然 $T(M)$ 是

Hausdorff 的，而且由于M和 $\mathbf{R}^n$ 都具可列基，$T(M)$ 也有可列基．又如果 (U, φ) 和 (V, ψ) 是M的坐标邻域，$U\cap V\neq\varnothing$，则 $(\widetilde{U}, \tilde{\varphi})$ 与 $(\widetilde{V}, \tilde{\psi})$ 是 C^∞ 相容的．当 $\widetilde{U}\cap\widetilde{V}=\pi^{-1}(U\cap V)$，$X_p\in\widetilde{U}\cap\widetilde{V}$ 时

$$\tilde{\varphi}(X_p)=(x^1,\cdots,x^n,a^1,\cdots,a^n)$$
$$\tilde{\psi}(X_p)=(y^1,\cdots,y^n,b^1,\cdots,b^n)$$

而

$$\tilde{\psi}\circ\tilde{\varphi}^{-1}:\ \varphi(U\cap V)\times\mathbf{R}^n\to\psi(U\cap V)\times\mathbf{R}^n$$

即

$$\tilde{\psi}\circ\tilde{\varphi}^{-1}(x^1,\cdots,x^n,a^1,\cdots,a^n)=(y^1,\cdots,y^n,b^1,\cdots,b^n)$$

因为 $(y^1,\cdots,y^n)=\psi\circ\varphi^{-1}(x^1,\cdots,x^n)$ 是 C^∞ 的．另外由

$$\begin{pmatrix} b^1\\ \vdots\\ b^n\end{pmatrix}=\begin{pmatrix}\dfrac{\partial y^1}{\partial x^1}\cdots\dfrac{\partial y^1}{\partial x^n}\\ \cdots\cdots\cdots\\ \dfrac{\partial y^n}{\partial x^1}\cdots\dfrac{\partial y^n}{\partial x^n}\end{pmatrix}\begin{pmatrix} a^1\\ \vdots\\ a^n\end{pmatrix}$$

$b^i=b^i(x^1,\cdots,x^n,a^1,\cdots,a^n)$ 也是 C^∞ 的，所以$(\widetilde{U},\tilde{\varphi})$与$(\widetilde{V},\tilde{\psi})$是 C^∞ 相容的．根据引理 1.1，$\{(\widetilde{U}, \tilde{\varphi})$；$(U, \varphi)$ 是 M 的坐标邻域$\}$定义了 $T(M)$ 上一个微分结构，使 $T(M)$ 为一个 $2n$ 维微分流形．

现在在 $T(M)$ 上给出局部乘积结构，使它成一向量丛．取 $T(M)$ 为全空间，M为底空间，投影映射 π：$T(M)\to M$ 定义为

$$\pi(X_p)=p\qquad X_p\in T_p(M)\tag{4.9}$$

于是 $\pi^{-1}(p)=T_p(M)$ 都是 n 维向量空间．对任何 $p\in M$，有M的坐标邻域 (U, φ) 及对应的 $T(M)$ 的坐标邻域 $(\widetilde{U}, \tilde{\varphi})$，取 $\psi=(\varphi^{-1},id)\circ\tilde{\varphi}$，则

$$\psi(T_p(M))\subset\{p\}\times\mathbf{R}^n\qquad p\in U\tag{4.10}$$

且由关系

$$\pi^{-1}(U)=\widetilde{U}\xrightarrow{\tilde{\varphi}}\tilde{\varphi}(\widetilde{U})(\subset\mathbf{R}^{2n})\xrightarrow{(\varphi^{-1},id)}U\times\mathbf{R}^n$$

可见ψ是 $\pi^{-1}(U)$ 到 $U\times\mathbf{R}^n$ 上的同胚映射．最后当两个坐标邻

域 (U_1,φ_1)、(U_2,φ_2) 有 $U_1\cap U_2\neq\varnothing$ 时，对应的

$$\psi_2^p\circ\psi_1^{p^{-1}}=\begin{pmatrix}\frac{\partial y^1}{\partial x^1}\cdots\frac{\partial y^1}{\partial x^n}\\ \cdots\cdots\cdots\\ \frac{\partial y^n}{\partial x^1}\cdots\frac{\partial y^n}{\partial x^n}\end{pmatrix}\in GL(n,\mathbf{R})$$

显然

$$g_{21}(p)=\psi_2^p\circ\psi_1^{p^{-1}} \tag{4.11}$$

是 $U_1\cap U_2\to GL(n,\mathbf{R})$ 的连续映射，它就是 $T(M)$ 上的迁移函数.

向量丛 $T(M)$ 称为微分流形M的**切丛**.

三、 余切丛

设M是 n 维微分流形，$p\in M$，$T_p^*(M)$ 是 p 点的余切空间，作

$$T^*(M)=\bigcup_{p\in M}T_p^*(M) \tag{4.12}$$

与切丛类似，我们也可以在它上面给出一个微分结构，使之成一 $2n$ 维微分流形，且对它可赋予一个向量丛结构，我们称此向量丛 $T^*(M)$ 为**余切丛**.

四、 向量场

定义 4.2 n 维微分流形M到它的切丛 $T(M)$ 的一个 C^∞ 映射 $X: M\to T(M)$，如果满足

$$\pi\circ X=id_M \tag{4.13}$$

则称X为M上的一个 C^∞ **向量场**或切丛 $T(M)$ 的一个 C^∞ **截面**.

定理 4.1 设X是M上的 C^∞ 向量场，U是M的开集，$f\in C^\infty(U)$，则函数

$$(Xf)(p)=X_pf\quad p\in U \tag{4.14}$$

属于 $C^\infty(U)$.

§5. 流形上的微分形式

一、 外代数

定义 5.1 设 E 是 n 维实向量空间. 函数

$$T: E^r = \underbrace{E \times \cdots \times E}_{r\text{次}} \to \mathbb{R}$$

如果满足

$$T(x_1, \cdots, \alpha x_i + \beta y_i, \cdots, x_r)$$
$$= \alpha T(x_1, \cdots, x_i, \cdots, x_r) + \beta T(x_1, \cdots, y_i, \cdots, x_r)$$
$$(i = 1, \cdots, r) \tag{5.1}$$

则称 T 为 r **线性函数**.

r 线性函数按照通常函数的加法和数与函数的乘积组成一个向量空间，记作 $\mathscr{L}_r(E^*)$.

定义 5.2 设 T 是 r 线性函数，S 是 s 线性函数，称 $r+s$ 线性函数

$$T\otimes S(x_1, \cdots, x_r, x_{r+1}, \cdots, x_{r+s})$$
$$= T(x_1, \cdots, x_r)S(x_{r+1}, \cdots, x_{r+s}) \tag{5.2}$$

为 T 与 S 的**张量积**.

按此定义我们有

$$T\otimes(S\otimes R) = (T\otimes S)\otimes R = T\otimes S\otimes R \tag{5.3}$$

$$T\otimes(S + R) = T\otimes S + T\otimes R \tag{5.4}$$

$$(T + S)\otimes R = T\otimes R + S\otimes R \tag{5.5}$$

注意，一般来说，$T\otimes S \neq S\otimes T$.

引理 5.1 设 $\sigma_1, \cdots, \sigma_n$ 是 E 的对偶空间 E^* 的基，则 r 线性函数的集合

$$\{\sigma_{i_1}\otimes\cdots\otimes\sigma_{i_r};\ 1 \leqslant i_1, \cdots, i_r \leqslant n\} \tag{5.6}$$

组成了 $\mathscr{L}_r(E^*)$ 的基，所以 $\dim \mathscr{L}_r(E^*) = n^r$.

定义 5.3 r 线性函数 T 如果对任意 $1 \leqslant i, j \leqslant r$ 满足

$$T(x_1, \cdots, x_i, \cdots x_j, \cdots, x_r)$$

$$= -T(x_1,\cdots,x_j,\cdots,x_i,\cdots,x_r) \tag{5.7}$$

则称为**反对称的**.

典型的反对称线性函数就是 n 阶行列式. 对任何一个 r 线性函数都可以用下面方法构造一个反对称的 r 线性函数与之对应.

我们记 S_r 为 r 个元素 $1,\cdots,r$ 的置换群. 对 $\pi\in S_r$ 记

$$\operatorname{sgn} = \begin{cases} 1 & \pi \text{ 为偶置换} \\ -1 & \pi \text{ 为奇置换} \end{cases} \tag{5.8}$$

设 $\pi\in S_r$; T 是 r-线性函数,令

$$T^\pi(x_1,\cdots,x_r) = T(x_{\pi(1)},\cdots,x_{\pi(r)}) \tag{5.9}$$

这也是一个 r 线性函数, 它具有下述简单性质: T 为反对称的充要条件是

$$T^\pi = (\operatorname{sgn}\pi)T \tag{5.10}$$

对于通常的函数加法有

$$(T+S)^\pi = T^\pi + S^\pi \tag{5.11}$$

另外,对 $\rho\in S_r$ 有

$$\begin{aligned}(T^\pi)^\rho(x_1,\cdots,x_r) &= T^\pi(x_{\rho(1)},\cdots,x_{\rho(r)}) \\ &= T(x_{\pi(\rho(1))},\cdots,x_{\pi(\rho(r))})\end{aligned} \tag{5.12}$$

所以有 $(T^\pi)^\rho = T^{\pi\circ\rho}$.

定义 5.4 设 $T\in\mathscr{L}_r(E^*)$, 按下式定义 $\operatorname{Alt}(T)$:

$$\operatorname{Alt}(T) = \frac{1}{r!}\sum_{\pi\in S_r}(\operatorname{sgn}\pi)T^\pi \tag{5.13}$$

$\operatorname{Alt}(T)$ 是反对称 r 线性函数,这是因为

$$\begin{aligned}[\operatorname{Alt}(T)]^\rho &= \frac{1}{r!}\sum_{\pi\in S_r}\operatorname{sgn}\pi(T^\pi)^\rho \\ &= \frac{1}{r!}\operatorname{sgn}\rho\sum_{\pi\in S_r}\operatorname{sgn}\pi\cdot\operatorname{sgn}\rho\cdot T^{\pi\circ\rho} \\ &= \frac{1}{r!}\operatorname{sgn}\rho\sum_{\pi\in S_r}\operatorname{sgn}(\pi\circ\rho)T^{\pi\circ\rho} \\ &= \frac{1}{r!}\operatorname{sgn}\rho\sum_{\tau\in S_r}\operatorname{sgn}\tau T^\tau \\ &= \operatorname{sgn}\rho\operatorname{Alt}(T)\end{aligned}$$

反对称 r-线性函数全体组成了 $\mathscr{L}_r(E^*)$ 的一个子空间，记作 $\Lambda^r(E^*)$.

定义 5.5 如果 $T\in\Lambda^r(E^*)$, $S\in\Lambda^s(E^*)$, 令

$$T\wedge S=\mathrm{Alt}(T\otimes S)\in\Lambda^{r+s}(E^*) \tag{5.14}$$

称为 T 与 S 的外积.

对于外积，容易证明以下的性质:

若 $\mathrm{Alt}(T)=0$, 则 $T\wedge S=S\wedge T=0$ (5.15)

$$(T\wedge S)\wedge R=T\wedge(S\wedge R) \tag{5.16}$$

$$T_1\wedge T_2\wedge\cdots\wedge T_s=\mathrm{Alt}(T_1\otimes T_2\otimes\cdots\otimes T_s) \tag{5.17}$$

引理 5.2 $\dim\Lambda^r(E^*)=\binom{n}{r}$, $\{\hat{\sigma}_I=\sigma_{i_1}\wedge\cdots\wedge\sigma_{i_r};\ 1\leqslant i_1<\cdots<i_r\leqslant n\}$ 是 $\Lambda^r(E^*)$ 的基.

推论 5.1 若 $T\in\Lambda^r(E^*)$, $S\in\Lambda^s(E^*)$, 则

$$T\wedge S=(-1)^{rs}S\wedge T \tag{5.18}$$

推论 5.2 $\Lambda^n(\mathbf{R}^{n*})$ 是一维的，任何 $\mathbf{R}^n$ 上反对称 n 线性函数都与 n 个 n 维向量组成的 n 阶行列式只差一个因子. 而当 $r>n$ 时，r 重指标 I 中至少有一个要重复，故 $\hat{\sigma}_I=0$, 于是

$$\Lambda^r(E^*)=\{0\}$$

我们把定义在 E 上取常实数值的函数记作 $\Lambda^0(E^*)$, 则 $\Lambda^0(E^*)=\mathbf{R}$, 它是一维的. 将外积推广到 $\Lambda^0(E^*)$ 与 $\Lambda^r(E^*)$:

$$c\wedge\sigma=c\sigma\quad c\in\Lambda^0(E^*),\ \sigma\in\Lambda^r(E^*) \tag{5.19}$$

则推论 5.1 仍成立.

考虑直接和

$$\Lambda(E^*)=\Lambda^0(E^*)\oplus\Lambda^1(E^*)\oplus\cdots\oplus\Lambda^n(E^*) \tag{5.20}$$

在它上面取外积作为乘法，则 $\Lambda(E^*)$ 为一非交换的结合代数，单位元素为 1，而维数为 2^n, 通常称 $\Lambda(E^*)$ 为外代数.

二、 微分形式

设 M 是 n 维微分流形，$T^*(M)$ 是它的余切丛. 称

$$\Lambda^k(M)=\bigcup_{p\in M}\Lambda^k(T_p^*(M)) \tag{5.21}$$

为 p 次余切外幂丛.

定义 5.6 对 n 维微分流形 M 及它的余切外幂丛 $\Lambda^k(M)$，设 π 是由 $\Lambda^k(M)$ 到 M 上的投影映射. 考虑映射

$$\omega: M \to \Lambda^k(M)$$

如果满足

$$\pi\circ\omega = id_M \tag{5.22}$$

即

$$\omega(p)\in\Lambda^k(T_p^*(M)) \quad p\in M$$

则称 ω 是 M 上的一个 k 形式. 又若对任意 k 个 C^∞ 向量场 $X_1,\cdots,X_k$，函数

$$\omega(X_1,\cdots,X_k): M\to \mathbf{R}$$

$$\omega(X_1,\cdots,X_k)(p) = \omega(p)(X_{1(p)},\cdots,X_{k(p)}) \tag{5.23}$$

都是 C^∞ 的，则称 ω 是一个 k 微分形式，在不致混淆的情况下，也可简称为 k 形式（余切外幂丛 $\Lambda^k(M)$ 上的 C^∞ 截面）.

给定 M 的一个坐标邻域 (U,φ)，设 $(x^1,\cdots,x^n)$ 是 $\varphi(U)$ 的坐标，$\frac{\partial}{\partial x^1},\cdots,\frac{\partial}{\partial x^n}$ 是 $T_p(M)$ 的基，$dx^1,\cdots,dx^n$ 是 $T_p^*(M)$ 里的对偶基，则

$$\{dx^{i_1}\wedge\cdots\wedge dx^{i_k};\ 1\leqslant i_1<\cdots<i_k\leqslant n\} \tag{5.24}$$

是 $\Lambda^k(T_p^*(M))$ 的基，因此 ω 有局部表示

$$\omega = \sum_{1\leqslant i_1<\cdots<i_k\leqslant n} a_{i_1\cdots i_k}(x^1,\cdots,x^n)dx^{i_1}\wedge\cdots\wedge dx^{i_k} \tag{5.25}$$

因为

$$a_{j_1\cdots j_k}(x^1,\cdots,x^n) = k!\,\omega\left(\frac{\partial}{\partial x^{j_1}},\cdots,\frac{\partial}{\partial x^{j_k}}\right)(x^1,\cdots,x^n) \tag{5.26}$$

所以 ω 为 k 形式的充要条件是每个 $a_{i_1\cdots i_k}(x^1,\cdots,x^n)\in C^\infty(U)$.

根据前面外代数的讨论，我们有

定理 5.1 在所有微分形式组成的集合 $\Lambda(M)$ 上可以定义一个满足结合律的乘法——外积；若 ω 是 k 形式 θ 是 l 形式，则

$$(\omega\wedge\theta)(p) = \omega(p)\wedge\theta(p) \tag{5.27}$$

是 $k+l$ 形式，它满足

$$\omega \wedge \theta = (-1)^{kl} \theta \wedge \omega \tag{5.28}$$

所以是非交换的，又易知外积满足结合律，所以 $\Lambda(M)$ 构成非交换的结合代数.

三、 形式的后拉

设M和N都是微分流形，$F: M \to N$是 C^∞ 映射，作为N上 0 形式即N上的 C^∞ 函数的后拉，已在 § 3 里定义. 对N上的k形式 $\omega(k>0)$，定义它的后拉即M上k形式 $F^*\omega$ 为

$$\begin{aligned} F^*\omega(p)(X_1,\cdots,X_k) &= DF(p)'(\omega(F(p)))(X_1,\cdots,X_k) \\ &= \omega(F(p))(DF(p)X_1,\cdots,DF(p)X_k) \end{aligned} \tag{5.29}$$

式中 $X_1,\cdots,X_k$ 为 $T_p(M)$ 中的任意元素. 由此可见，这是一个反对称的k线性函数，属于 $\Lambda^k(T_p^*(M))$. 从局部坐标可以看出 $F^*\omega$ 是M上的k-形式，称为N上k形式ω的后拉.

四、 外微分运算

在代数 $\Lambda(M)$ 上还可以进行外微分运算.

定理 5.2 设M是n维微分流形，$\Lambda(M)$ 是M上的由外形式所组成的代数，则存在唯一的线性映射 $d_M: \Lambda(M) \to \Lambda(M)$使得

(1) 若 $f \in \Lambda^0(M) = C^\infty(M)$，则 $d_M f = df$（即 f 的微分）

$$\tag{5.30}$$

(2) 若 $\omega \in \Lambda^r(M)$，$\theta \in \Lambda^s(M)$，则

$$d_M(\omega \wedge \theta) = d_M\omega \wedge \theta + (-1)^r \omega \wedge d_M\theta \tag{5.31}$$

(3) $d_M^2 = 0$ (5.32)

定理 5.3 设 $F: M \to N$是 C^∞ 映射，则

$$F^* \circ d_N = d_M \circ F^* \tag{5.33}$$

定理 5.4（Poincaré 引理） 设U是 $\mathbb{R}^n$ 中凸开集，$\omega \in \Lambda^k(U)$，$k \geqslant 1, d\omega = 0$，则存在$\theta \in \Lambda^{k-1}(U)$，使有 $d_U\theta = \omega$. (5.34)

附录三　渐 近 展 开

大家知道，一个级数不一定收敛于某个函数，而一个函数（即使是 C^∞ 的）也不一定能展开成某种特定形式的级数，如幂级数．但是在很多问题中(例如考虑变系数微分方程的解)却往往需要考虑函数的级数展开．这里碰到的一个很大障碍就是级数不一定收敛，为了克服这一困难，分析中便出现了渐近展开的理论．

渐近展开的研究始于 Poincaré 与 Stieltjes．其目的是将某一函数近似地(在某种意义下)展成一个级数，并考虑此级数与该函数之间的关系．

§1. 渐近展开的概念

定义 1.1　函数序列 $\{\varphi_n(x)\}$ 当 $x \to x_0$ 时称为是一个渐近序列，如果对任何 n，关系式

$$\varphi_{n+1}(x) = o(\varphi_n(x)) \quad x \to x_0 \tag{1.1}$$

都成立．

定义 1.1 中 $x \to x_0$ 也可以替换为 $x \to \infty$．

[例 1]　$\{(x - x_0)^n\}$ 当 $x \to x_0$ 时是一个渐近序列．

[例 2]　$\{1/x^n\}$ 当 $x \to \infty$ 时是一个渐近序列．

[例 3]　$\{e^x/x^n\}$ 当 $x \to \infty$ 时是一个渐近序列．

定义 1.2　设 $\{\varphi_n(x)\}$ 是一个渐近序列，$f(x)$ 是某一函数，如果对任何 N 都有

$$f(x) = \sum_{n=1}^{N} a_n\varphi_n(x) + o(\varphi_N(x)) \quad (x \to x_0) \tag{1.2}$$

则称形式级数 $\sum\limits_{n=1}^{\infty} a_n\varphi_n(x)$ 是 $f(x)$ 当 $x \to x_0$ 时的一个渐近展开，

并记作

$$f(x) \sim \sum_{n=1}^{\infty} a_n \varphi_n(x) \quad (x \to x_0) \tag{1.3}$$

显然，渐近展开式里的那些系数 a_n 可以通过 (1.2) 用下面的递推公式求出来

$$a_m = \lim_{x \to x_0} \left[f(x) - \sum_{n=1}^{m-1} a_n \varphi_n(x) \right] \Big/ \varphi_m(x) (m = 1, 2, \cdots) \tag{1.4}$$

因此一个函数按某个渐近序列的渐近展开是唯一的．但是反过来，同一个形式级数

$$\sum_{n=1}^{\infty} a_n \varphi_n(x)$$

却可以是不同的函数的渐近展开．实际上，给定一个 $x \to x_0$ 时的渐近序列 $\{\varphi_n(x)\}$，我们便可以在函数间建立起一个等价关系

$$f(x) \sim g(x) \Longleftrightarrow \text{对任何 } n \text{ 都有 } f(x) - g(x) = o(\varphi_n(x)) \quad (x \to x_0)$$

如果 $f(x)$ 的渐近展开存在，则由于

$$\begin{aligned} a_m &= \lim_{x \to x_0} \left[f(x) - \sum_{n=1}^{m-1} a_n \varphi_n(x) \right] \Big/ \varphi_m(x) \\ &= \lim_{x \to x_0} \left[g(x) - \sum_{n=1}^{m-1} a_n \varphi_n(x) + o(\varphi_m(x)) \right] \Big/ \varphi_m(x) \\ &= \lim_{x \to x_0} \left[g(x) - \sum_{n=1}^{m-1} a_n \varphi_n(x) \right] \Big/ \varphi_m(x) \\ &\qquad (m = 1, 2, \cdots) \end{aligned}$$

这表示等价于 $f(x)$ 的函数 $g(x)$ 也有同一个渐近展开．反过来，如果 $f(x)$ 与 $g(x)$ 有相同的渐近展开，它们必等价．所以一个渐近展开式就代表了一个函数等价类．

［例 4］ $\dfrac{1}{1+x} \sim \displaystyle\sum_{n=1}^{\infty} (-1)^{n-1} \frac{1}{x^n} \quad (x \to \infty)$

由于

$$\lim_{x \to \infty} \frac{x^m}{(1+x)e^x} = 0 \quad (m = 1, 2, \cdots)$$

故

$$\frac{1-e^{-x}}{1+x} \sim \sum_{n=1}^{\infty}(-1)^{n-1}\frac{1}{x^n} \quad (x \to \infty)$$

定理 1.1 （**Borel 技术**） 对任何给定的序列 $\{a_n\}$，总存在 $f \in C^\infty(\mathbf{R})$，使得

$$f(x) \sim \sum_{n=1}^{\infty} a_n/x^n \quad (x \to \infty) \tag{1.5}$$

证. 取 $\rho \in C^\infty(\mathbf{R})$，使得

$$0 \leqslant \rho(x) \leqslant 1$$

$$\rho(x) = \begin{cases} 0 & x \leqslant 1 \\ 1 & x \geqslant 2 \end{cases}$$

我们令

$$f(x) = \begin{cases} 0 & x = 0 \\ \displaystyle\sum_{n=1}^{\infty} a_n \rho\left(\frac{x}{2^{n+|a_n|}}\right)\Big/ x^n & x \neq 0 \end{cases} \tag{1.6}$$

由于对每个 $x \neq 0$，级数只有有限项不为零，所以 $f(x)$ 有意义且 $f \in C^\infty(\mathbf{R})$. 而由

$$\begin{aligned} &\lim_{x \to x_0} x^N\left[f(x) - \sum_{n=1}^{N} a_n/x^n\right] \\ &\quad = \lim_{x \to \infty}\left\{x^N \sum_{n=1}^{N} a_n\left[\rho\left(\frac{x}{2^{n+|a_n|}}\right) - 1\right]\Big/ x^n \right. \\ &\qquad \left. + \sum_{n=N+1}^{\infty} a_n \rho\left(\frac{x}{2^{n+|a_n|}}\right)\Big/ x^{n-N}\right\} \\ &\quad = \lim_{x \to \infty} \frac{1}{x} \sum_{n=N+1}^{\infty} a_n \rho\left(\frac{x}{2^{n+|a_n|}}\right)\Big/ x^{n-N-1} \end{aligned} \tag{1.7}$$

及

$$\left| a_n \rho\left(\frac{x}{2^{n+|a_n|}}\right)\Big/ x^{n-N-1} \right| \leqslant \frac{|a_n|}{2^{n+|a_n|}}$$

$$(n > N+1, x \geqslant 2^{n+|a_n|})$$

(1.7) 右端出现的级数收敛，所以 (1.7) 极限为 0. 这就表示

$$f(x) \sim \sum_{n=1}^{\infty} \frac{a_n}{x^n} \quad (x \to \infty)$$

定理证毕.

注. 设 $f \in C^{\infty}(\mathbf{R})$. 取

$$a_n = \frac{1}{n!} f^{(n)}(0) \quad (n = 0, 1, 2, \cdots)$$

则 $f(x)$ 当 $x \to 0$ 时的渐近展开恰好就是它的形式幂级数

$$\sum_{n=0}^{\infty} \frac{f^{(n)}(0)}{n!} x^n$$

§2. 渐近展开的简单运算

为讨论简单起见,我们只考虑渐近序列为 $\{x^n\}$ $(x \to 0)$ 的情形. 定义形式级数的加、乘、复合运算如下.

定义 2.1 设 $A = \sum_{n=0}^{\infty} a_n x^n$, $B = \sum_{n=0}^{\infty} b_n x^n$ 是两个形式级数. 它们的和 $A + B$ 是形式级数 $\sum_{n=0}^{\infty} (a_n + b_n) x^n$, 它们的积 AB 是形式级数 $\sum_{n=0}^{\infty} C_n x^n$, 其中

$$C_n = \sum_{i=0}^{n} a_i b_{n-i} \quad (n = 0, 1, 2, \cdots) \tag{2.1}$$

显然, 形式级数 $1 + 0 \cdot x + 0 \cdot x^2 + \cdots$ 具有单位元素的性质: $A \cdot 1 = 1 \cdot A = A$. 另外,对形式级数 $A = \sum_{n=0}^{\infty} a_n x^n$, 只要 $a_0 \neq 0$, 就可以求得形式级数 $A^{-1} = \sum_{n=0}^{\infty} \xi_n x^n$, 使得 $AA^{-1} = A^{-1}A = 1$. 事实上, 由

$$\begin{cases} a_0 \xi_0 = 1 \\ a_0 \xi_1 + a_1 \xi_0 = 0 \\ a_0 \xi_2 + a_1 \xi_1 + a_2 \xi_0 = 0 \\ \cdots\cdots\cdots\cdots\cdots\cdots \end{cases} \tag{2.2}$$

可以递推地唯一确定 $\xi_n (n = 0, 1, 2, \cdots)$. 显见, 全体形式级数

组成一个交换环.

如果形式级数 $B=\sum_{n=0}^{\infty}b_nx^n$ 中 $b_0=0$，我们还可以定义 A 与 B 的复合 $A\circ B$. 为此对每个 k，可作形式级数

$$\sum_{n=0}^{\infty}C_{n,k}x^n=a_0\cdot 1+a_1\cdot B+\cdots+a_kB^k \tag{2.3}$$

显然有

$$C_{n,n}=C_{n,n+1}=C_{n,n+2}=\cdots$$

令 $C_n=C_{n,n}$ $(n=0,1,2,\cdots)$，则可引入以下的定义.

定义 2.2 $A\circ B=\sum_{n=0}^{\infty}C_nx^n$. (2.4)

定理 2.1 设 $A(x)\sim A$，$B(x)\sim B$，则

(1) $A(x)+B(x)\sim A+B$; (2.5)

(2) $A(x)B(x)\sim AB$; (2.6)

(3) 当 $a_0\neq 0$ 时，$\dfrac{1}{A(x)}\sim A^{-1}$; (2.7)

(4) 当 $b_0=0$ 时，$A[B(x)]\sim A\circ B$. (2.8)

证 (2.5) 是显然的. 由

$$A(x)=\sum_{i=0}^{n}a_ix^i+o(x^n)$$

$$B(x)=\sum_{j=0}^{n}b_jx^j+o(x^n)$$

可得

$$\begin{aligned}A(x)\cdot B(x)&=\left(\sum_{i=0}^{n}a_ix^i+o(x^n)\right)\left(\sum_{j=0}^{n}b_jx^j+o(x^n)\right)\\&=a_0b_0+(a_0b_1+a_1b_0)x+\cdots\\&\quad+\sum_{i=0}^{n}(a_ib_{n-i})x^n+o(x^n)\end{aligned}$$

(2.6) 得证. 而由

$$A[B(x)]-\sum_{i=0}^{n}C_ix^i=A[B(x)]-\sum_{i=0}^{n}a_iB^i$$

$$+\sum_{i=0}^{n} a_i B^i - \sum_{i=0}^{n} C_i x^j$$

$$= o(B^n) + \sum_{j=n+1}^{\infty} C_{j,n} x^j$$

$$= o(x^n)$$

知(2.8)成立．最后，设

$$A(x) \sim \sum_{n=0}^{\infty} a_n x^n$$

取

$$F(x) = \frac{1}{a_0(1-x)}, \quad G(x) = 1 - \frac{A(x)}{a_0}$$

则

$$F(G(x)) = \frac{1}{A(x)}.$$

而通过计算，不难得出 $F \circ G = A^{-1}$．定理证毕．

定理 2.2 若 $A(x) \sim \sum_{n=0}^{\infty} a_n x^n$，且 $\int_0^x A(t)dt$ 存在，则可逐项积分

$$\int_0^x A(t)dt \sim \sum_{n=0}^{\infty} \frac{a_n}{n+1} x^{n+1} \tag{2.9}$$

证．由于

$$|A(t) - a_0 - a_1 t - \cdots - a_n t^n| \leqslant C|t|^{n+1} \quad (|t| < \alpha)$$

所以当 $|x| < \alpha$ 时，积分后便可得

$$\int_0^x A(t)dt - a_0 x - \frac{a_1}{2} x^2 - \cdots$$

$$- \frac{a_n}{n+1} x^{n+1} = o(x^{n+1})$$

定理证毕．

定理 2.3 若 $A(x) \sim \sum_{n=0}^{\infty} a_n x^n$, $A'(x) \sim \sum_{n=0}^{\infty} b_n x^n$，则有

$$b_n = (n+1)a_{n+1} \quad (n = 0,1,2,\cdots) \tag{2.10}$$

证．令

$$A_n(x) = A(x) - \left(b_0 x + \frac{b_1}{2} x^2 + \cdots + \frac{b_{n-1}}{n} x^n \right)$$

则

$$A_n'(x) = A'(x) - \sum_{j=0}^{n-1} b_j x^j = o(x^{n-1})$$

而由中值定理

$$A_n(x) - A(0) = x \cdot o(x^{n-1}) = o(x^n)$$

即 $A(x) \sim A(0) + b_0 x + \frac{b_1}{2} x^2 + \cdots$

注意到渐近展开的唯一性便得

$$a_{n+1} = \frac{b_n}{n+1} \quad (n = 0, 1, 2, \cdots)$$

定理证毕．

定理表明，如果 $A(x) \sim \sum_{n=0}^{\infty} a_n x^n$，而 $A'(x)$ 也可按 $\{x^n\}$ 渐近展开，则展开式可由原展开式逐项微分得到．

参考文献

[1] Alinhac, S., On the reduction of pseudodifferential operators to canonical form, *J. Diff. Equs.*, **31**(1979), pp. 165—182.

[2] Barros-Neto, J., An introduction to the theorem of distributions, Maral Dekkel, Inc., New York, 1973 (中译本：J. 巴罗斯-尼托，广义函数引论，上海科学技术出版社，1981).

[3] Beals, R. and Fefferman, C., On local solvability of linear partial differential equations, *Ann. of Math.*, **97**(1973), pp. 482—498

[4] Duistermaat, J. J., Fourier integral operators, Lecture Notes, Courant Institute, 1973.

[5] Duistermaat, J. J. and Hörmander, L., Fourier integral operators II, *Acta Math.*, **128**(1972), pp. 183—270.

[6] Hörmander, L., Linear partial differential operators, Springer-Verlag, Berlin, 1963 (中译本：L. 霍曼德尔：線性偏微分算子，科学出版社，1980).

[7] Hörmander, L., On the existence and the regularity of linear pseudo-differential equations, *Enseigement Math.*, **17**(1971), pp 99—163.

[8] Hörmander, L., Fourier integral operators I, *Acta Math.*, **127**(1971), pp. 79—183.

[9] Hörmander, L., Propagation of singularities and semiglobal existence theorems for pseudo-differential operators of principal type, *Ann. of*

Math., **128**(1978), pp. 569—609.
[10] Hörmander, L., Spectral analysis of singularities, ***Ann. of Meth. Studies,*** Princeton Univ. Press (1979), pp. 3—50.
[11] Hörmander, L., Subeliptic operators, ***Ann. of Math. Studies,*** Princeton Univ. Press (1979), pp .127—208.
[12] Kumano-go, H., A calculus of Fourier integral operators on Rn and the fundamental solution for an operator of hyperbolic type, ***Comm. P. D. E.,*** **1**(1976), pp. 1—44.
[13] Kumano-go, H., Fundamental solution for a hyperbolic system with diagonal principal part, *Comm. P. D. E.,* **4**(1977), pp. 959—1015.
[14] Melin, A. and Sjöstrand, J., Fourier integral operators with complex-valued functions, Lecture Notes in Math., 459(1975), pp. 120—223.
[15] Melrose, R. B., Differential boundary value problems of principal type, *Ann. of Math. Studies,* Princeton Univ. Press, (1979), pp. 81—112.
[16] Menikoff, A., Hypoelliptic operators with double characteristics, ***Ann. of Math. Studies,*** Princeton Univ. Press 1979, pp. 65—80.
[17] Nirenberg, L., Lectules on linear partial differential equations, Regional Conference Series 17, A. M. S., Providence, R. **I.** 1973 (中译本: L. 尼伦伯格,線性偏微分方程讲义,上海科学技术出版社, 1980).
[18] Nirenberg, L. and Treves, F., On local solvability of linear partial differential equations. Part I. Necessary conditions, ***Comm. Pure Appl. Math.,*** **23**(1970) 1—38, Part II. Sufficient conditions, ***Comm. Pure Appl. Math.,*** **23**(1970), pp. 459—510; **24**(1971), pp. 279—288.
[19] Singer, I. M. and Thorpe, J. A., Lecture notes on elementary topology and geometry, Scott-Foresman, Gienview Illinois, 1967.
[20] Taylor, M., Pseudodifferential operators, Princeton Univ. Press, 1982.
[21] Taylor, M., Propagation, reflection and diffraction of singularities of solutions to wave equations, *Bulletin A. M. S.,* **84**(1978), pp. 589—611.
[22] Treves, F., Topological vector spaces, distributions and kernels, Academic Press, New York, San Francisco, London, 1967.
[23] Treves, F., Basic linear partial differential equations, Academic Press, New York, San Fracisco, London, 1975.
[24] Treves, F., Hypoelliptic partial differential equations of principal type, Sufficient condition and necessary conditions, ***Comm. Pure Appl. Math.,*** **24**(1971), pp. 631—670.
[25] Treves, F., Solutions of Cauchy problems moduls flat functions, ***Comm.*** *P. D. E,* **1**(1976), pp. 45—72.
[26] Treves, F., Introduction to pseudodifferential and Fourier integral operators, Plenum Press, New York, 1980.
[27] Yosida, K., Functional analysis, Fifth edition, Spring-Verlag Press, 1978 (中译本: 吉田耕作,泛函分析,人民教育出版社, 1980).

《现代数学基础丛书》已出版书目

1 数理逻辑基础(上册) 1981.1 胡世华 陆钟万 著
2 数理逻辑基础(下册) 1982.8 胡世华 陆钟万 著
3 紧黎曼曲面引论 1981.3 伍鸿熙 吕以辇 陈志华 著
4 组合论(上册) 1981.10 柯 召 魏万迪 著
5 组合论(下册) 1987.12 魏万迪 著
6 数理统计引论 1981.11 陈希孺 著
7 多元统计分析引论 1982.6 张尧庭 方开泰 著
8 有限群构造(上册) 1982.11 张远达 著
9 有限群构造(下册) 1982.12 张远达 著
10 测度论基础 1983.9 朱成熹 著
11 分析概率论 1984.4 胡迪鹤 著
12 微分方程定性理论 1985.5 张芷芬 丁同仁 黄文灶 董镇喜 著
13 傅里叶积分算子理论及其应用 1985.9 仇庆久 陈恕行 是嘉鸿 刘景麟 蒋鲁敏 编
14 辛几何引论 1986.3 J.柯歇尔 邹异明 著
15 概率论基础和随机过程 1986.6 王寿仁 编著
16 算子代数 1986.6 李炳仁 著
17 线性偏微分算子引论(上册) 1986.8 齐民友 编著
18 线性偏微分算子引论(下册) 1992.1 齐民友 徐超江 编著
19 实用微分几何引论 1986.11 苏步青 华宣积 忻元龙 著
20 微分动力系统原理 1987.2 张筑生 著
21 线性代数群表示导论(上册) 1987.2 曹锡华 王建磐 著
22 模型论基础 1987.8 王世强 著
23 递归论 1987.11 莫绍揆 著
24 拟共形映射及其在黎曼曲面论中的应用 1988.1 李 忠 著
25 代数体函数与常微分方程 1988.2 何育赞 萧修治 著
26 同调代数 1988.2 周伯壎 著
27 近代调和分析方法及其应用 1988.6 韩永生 著
28 带有时滞的动力系统的稳定性 1989.10 秦元勋 刘永清 王 联 郑祖庥 著
29 代数拓扑与示性类 1989.11 [丹麦] I.马德森 著
30 非线性发展方程 1989.12 李大潜 陈韵梅 著

31　仿微分算子引论　1990.2　陈恕行　仇庆久　李成章　编
32　公理集合论导引　1991.1　张锦文　著
33　解析数论基础　1991.2　潘承洞　潘承彪　著
34　二阶椭圆型方程与椭圆型方程组　1991.4　陈亚浙　吴兰成　著
35　黎曼曲面　1991.4　吕以辇　张学莲　著
36　复变函数逼近论　1992.3　沈燮昌　著
37　Banach 代数　1992.11　李炳仁　著
38　随机点过程及其应用　1992.12　邓永录　梁之舜　著
39　丢番图逼近引论　1993.4　朱尧辰　王连祥　著
40　线性整数规划的数学基础　1995.2　马仲蕃　著
41　单复变函数论中的几个论题　1995.8　庄圻泰　杨重骏　何育赞　闻国椿　著
42　复解析动力系统　1995.10　吕以辇　著
43　组合矩阵论(第二版)　2005.1　柳柏濂　著
44　Banach 空间中的非线性逼近理论　1997.5　徐士英　李　冲　杨文善　著
45　实分析导论　1998.2　丁传松　李秉彝　布　伦　著
46　对称性分岔理论基础　1998.3　唐　云　著
47　Gel'fond-Baker 方法在丢番图方程中的应用　1998.10　乐茂华　著
48　随机模型的密度演化方法　1999.6　史定华　著
49　非线性偏微分复方程　1999.6　闻国椿　著
50　复合算子理论　1999.8　徐宪民　著
51　离散鞅及其应用　1999.9　史及民　编著
52　惯性流形与近似惯性流形　2000.1　戴正德　郭柏灵　著
53　数学规划导论　2000.6　徐增堃　著
54　拓扑空间中的反例　2000.6　汪　林　杨富春　编著
55　序半群引论　2001.1　谢祥云　著
56　动力系统的定性与分支理论　2001.2　罗定军　张　祥　董梅芳　著
57　随机分析学基础(第二版)　2001.3　黄志远　著
58　非线性动力系统分析引论　2001.9　盛昭瀚　马军海　著
59　高斯过程的样本轨道性质　2001.11　林正炎　陆传荣　张立新　著
60　光滑映射的奇点理论　2002.1　李养成　著
61　动力系统的周期解与分支理论　2002.4　韩茂安　著
62　神经动力学模型方法和应用　2002.4　阮　炯　顾凡及　蔡志杰　编著
63　同调论——代数拓扑之一　2002.7　沈信耀　著
64　金兹堡-朗道方程　2002.8　郭柏灵　黄海洋　蒋慕容　著

65 排队论基础 2002.10 孙荣恒 李建平 著
66 算子代数上线性映射引论 2002.12 侯晋川 崔建莲 著
67 微分方法中的变分方法 2003.2 陆文端 著
68 周期小波及其应用 2003.3 彭思龙 李登峰 谌秋辉 著
69 集值分析 2003.8 李 雷 吴从炘 著
70 强偏差定理与分析方法 2003.8 刘 文 著
71 椭圆与抛物型方程引论 2003.9 伍卓群 尹景学 王春朋 著
72 有限典型群子空间轨道生成的格(第二版) 2003.10 万哲先 霍元极 著
73 调和分析及其在偏微分方程中的应用(第二版) 2004.3 苗长兴 著
74 稳定性和单纯性理论 2004.6 史念东 著
75 发展方程数值计算方法 2004.6 黄明游 编著
76 传染病动力学的数学建模与研究 2004.8 马知恩 周义仓 王稳地 靳 祯 著
77 模李超代数 2004.9 张永正 刘文德 著
78 巴拿赫空间中算子广义逆理论及其应用 2005.1 王玉文 著
79 巴拿赫空间结构和算子理想 2005.3 钟怀杰 著
80 脉冲微分系统引论 2005.3 傅希林 闫宝强 刘衍胜 著
81 代数学中的 Frobenius 结构 2005.7 汪明义 著
82 生存数据统计分析 2005.12 王启华 著
83 数理逻辑引论与归结原理(第二版) 2006.3 王国俊 著
84 数据包络分析 2006.3 魏权龄 著
85 代数群引论 2006.9 黎景辉 陈志杰 赵春来 著
86 矩阵结合方案 2006.9 王仰贤 霍元极 麻常利 著
87 椭圆曲线公钥密码导引 2006.10 祝跃飞 张亚娟 著
88 椭圆与超椭圆曲线公钥密码的理论与实现 2006.12 王学理 裴定一 著
89 散乱数据拟合的模型、方法和理论 2007.1 吴宗敏 著
90 非线性演化方程的稳定性与分歧 2007.4 马 天 汪宁宏 著
91 正规族理论及其应用 2007.4 顾永兴 庞学诚 方明亮 著
92 组合网络理论 2007.5 徐俊明 著
93 矩阵的半张量积:理论与应用 2007.5 程代展 齐洪胜 著
94 鞅与 Banach 空间几何学 2007.5 刘培德 著
95 非线性常微分方程边值问题 2007.6 葛渭高 著
96 戴维-斯特瓦尔松方程 2007.5 戴正德 蒋慕蓉 李栋龙 著
97 广义哈密顿系统理论及其应用 2007.7 李继彬 赵晓华 刘正荣 著
98 Adams 谱序列和球面稳定同伦群 2007.7 林金坤 著

99 矩阵理论及其应用 2007.8 陈公宁 编著
100 集值随机过程引论 2007.8 张文修 李寿梅 汪振鹏 高 勇 著
101 偏微分方程的调和分析方法 2008.1 苗长兴 张 波 著
102 拓扑动力系统概论 2008.1 叶向东 黄 文 邵 松 著
103 线性微分方程的非线性扰动(第二版) 2008.3 徐登洲 马如云 著
104 数组合地图论(第二版) 2008.3 刘彦佩 著
105 半群的 S-系理论(第二版) 2008.3 刘仲奎 乔虎生 著
106 巴拿赫空间引论(第二版) 2008.4 定光桂 著
107 拓扑空间论(第二版) 2008.4 高国士 著
108 非经典数理逻辑与近似推理(第二版) 2008.5 王国俊 著
109 非参数蒙特卡罗检验及其应用 2008.8 朱力行 许王莉 著
110 Camassa-Holm 方程 2008.8 郭柏灵 田立新 杨灵娥 殷朝阳 著
111 环与代数(第二版) 2009.1 刘绍学 郭晋云 朱 彬 韩 阳 著
112 泛函微分方程的相空间理论及应用 2009.4 王 克 范 猛 著
113 概率论基础(第二版) 2009.8 严士健 王隽骧 刘秀芳 著
114 自相似集的结构 2010.1 周作领 瞿成勤 朱智伟 著
115 现代统计研究基础 2010.3 王启华 史宁中 耿 直 主编
116 图的可嵌入性理论(第二版) 2010.3 刘彦佩 著
117 非线性波动方程的现代方法(第二版) 2010.4 苗长兴 著
118 算子代数与非交换 L_p 空间引论 2010.5 许全华 吐尔德别克 陈泽乾 著
119 非线性椭圆型方程 2010.7 王明新 著
120 流形拓扑学 2010.8 马 天 著
121 局部域上的调和分析与分形分析及其应用 2011.4 苏维宜 著
122 Zakharov 方程及其孤立波解 2011.6 郭柏灵 甘在会 张景军 著
123 反应扩散方程引论(第二版) 2011.9 叶其孝 李正元 王明新 吴雅萍 著
124 代数模型论引论 2011.10 史念东 著
125 拓扑动力系统——从拓扑方法到遍历理论方法 2011.12 周作领 尹建东 许绍元 著
126 Littlewood-Paley 理论及其在流体动力学方程中的应用 2012.3 苗长兴 吴家宏 章志飞 著
127 有约束条件的统计推断及其应用 2012.3 王金德 著
128 混沌、Mel'nikov 方法及新发展 2012.6 李继彬 陈凤娟 著
129 现代统计模型 2012.6 薛留根 著
130 金融数学引论 2012.7 严加安 著
131 零过多数据的统计分析及其应用 2013.1 解锋昌 韦博成 林金官 著

132 分形分析引论 2013.6 胡家信 著
133 索伯列夫空间导论 2013.8 陈国旺 编著
134 广义估计方程估计方程 2013.8 周 勇 著
135 统计质量控制图理论与方法 2013.8 王兆军 邹长亮 李忠华 著
136 有限群初步 2014.1 徐明曜 著
137 拓扑群引论(第二版) 2014.3 黎景辉 冯绪宁 著
138 现代非参数统计 2015.1 薛留根 著